花時間 特別編集

嚴選327款花卉植物、850款相近品種，
從購買、插花到照顧，優雅享受有花的日子

「花」的實用圖鑑

深野俊幸、大田花卉 監修
林安慧 譯

知道花兒們的名字
讓有花的生活更加充滿樂趣

無論是花、葉還是果實，都各自都擁有著獨特的名字，
如果能夠記下它們的名字，瞭解花兒的特色及種類，
那麼有花陪伴的日子，一定能比過去增加更多樂趣！

本書嚴選出 327 種花店常有的花材，
想要妝點日常還是贈送親友時，就可以大大派上用場。

這種花有哪些顏色？
現在當季的花卉有那些？
也想知道這朵花的花語。
本書依照不同需要，
提供了各式花卉實用百科知識，
那麼就跟我們一起，
與美麗花兒們開心同樂吧！

與花的相遇就像是一期一會，
僅僅只有在某個時候才能夠擁有、
這份屬於來自於大自然的禮物。

即使僅有著一朵花，也能夠讓氛圍格外舒適，
無論在什麼時候，都可以產生無窮的生命力，
療癒人心外、也激勵著我們，
花兒，總是溫柔又默默地擁抱著人們。

想將與花相處的美好時光，當作禮物送出去？
不論是給自己或者是家人，還是非常重要的人，
絕對可以為平凡無奇的日常生活，
帶來無可比擬的愉悅感受。

用什麼花朵裝飾，該送對方哪一種鮮花等等，
各種與花相關的疑問，都可以透過本書獲得幫助。

本書的使用方法

本書會將花店中提供的如切花、葉材等等花材，分成5大主題來做介紹。

Part 1
全年皆有的花

Part 2
充滿季節感的花

Part 3
花材
（香氣濃郁的花、適合做成乾燥的花、其他類別的切花）

Part 4
葉材
（銀葉類植物、香草植物、藤蔓植物、其他類別的葉材）

Part 5
觀果植物

花色・葉片顏色・切果顏色

會出現在花市裡，切花、切葉及果實的各種顏色種類。

紅● 粉紅● 橘● 黃● 白◯ 紫● 藍●
綠● 棕● 黑● 灰● 複色◎

＊複色：指的是有 2 種以上的顏色，這裡不列入人工染色的花材。
＊葉片顏色：指的是葉片的表面色彩。

植物百科

植物本身的各種情報資訊。

科・屬＝植物學上的分類。

原產地＝該種植物被發現的地區；如果是園藝品種的話，則是會標註母株植物的原產地。

香氣＝依照有 ◯ 或無 —，來標註有無香氣。

開花期＝依循四季、在自然狀態下的開花時期；至於切花的部分，花期與上市時期幾乎都完全不同，也不會特別標明僅有切花流通的植物。（台日部分花期會有差異）

英文名稱＝在國外的英文名稱

日文名＝在日本的名稱。（本書保留日本原文供對照參考）

花語＝根據花朵形狀、顏色的聯想，加上歷史、宗教等傳說典故而產生的花朵語言，通常會隨著國家或文化的不同，而各有不一樣的解釋。

切花・切葉・切果資訊

在實際覽逛流通於花市上的花材植物時，可事先瞭解的各種情報。

上市時期＝該項花材以切花或切葉流通於花市裡＝出現在花店裡販售的時期，會隨著氣候或區域而有不同，同時還會記載是國產或進口、主要產地、上市的高峰期（當季）等資訊。

花朵尺寸＝自然狀態下的花朵大小，也會有關於花朵直徑、花穗長度、花朵密集度等等說明，作為插花搭配時的參考。

葉片大小＝以一片為單位、平展開來的葉片，按照大中小三種標準來標記；大的是超過 30cm，中為 5～30cm，小則是指 5cm 以下葉片。

觀果大小＝單顆果粒的尺寸，按照大中小三種標準來標記；大的是超過 3cm，中為 1.5～3cm，小則是指 1.5cm 以下。

植莖高度（枝長）＝出現於花市時的一般長度。

花材壽命／葉材壽命／觀果壽命＝購買花材的保鮮期限，通常會隨著氣候而有差異。

換水＝該項花材的換水需求會分成3個等級，以◎頻繁、◯適度、△較少來標明。

乾燥＝是否適合做成乾燥花，會以◯╳來標示。能夠簡單以吊掛方式來乾燥的花材就標示◯，至於乾燥以後會讓花朵、葉片還是果實不斷掉落而缺乏觀賞價值的花材，就會以╳做標註。

＊與花材相關的所有資訊，都是截至到 2020 年 3 月為止最新內容。
＊植物大小會依據品種而有不同，請根據實際尺寸來搭配。
＊每一種植物都有清楚的標註品種名稱，但部分品種將來也有可能不會再出現於花市中。（台灣與日本花市上花材品種不一定全部相同）

花材寫真

能夠看清楚花材形狀的正面寫真，有時還會再加上特寫、側面、背面的寫真照片。至於其他與該項花材主要寫真不同的品種，則會放在「Other Type」來介紹。

名稱

介紹的植物一般通用名稱，有時也會與正式名稱不同。本書以台灣通用花材名稱為主，但保留日本通用日文原文名稱，供讀者查詢參考。

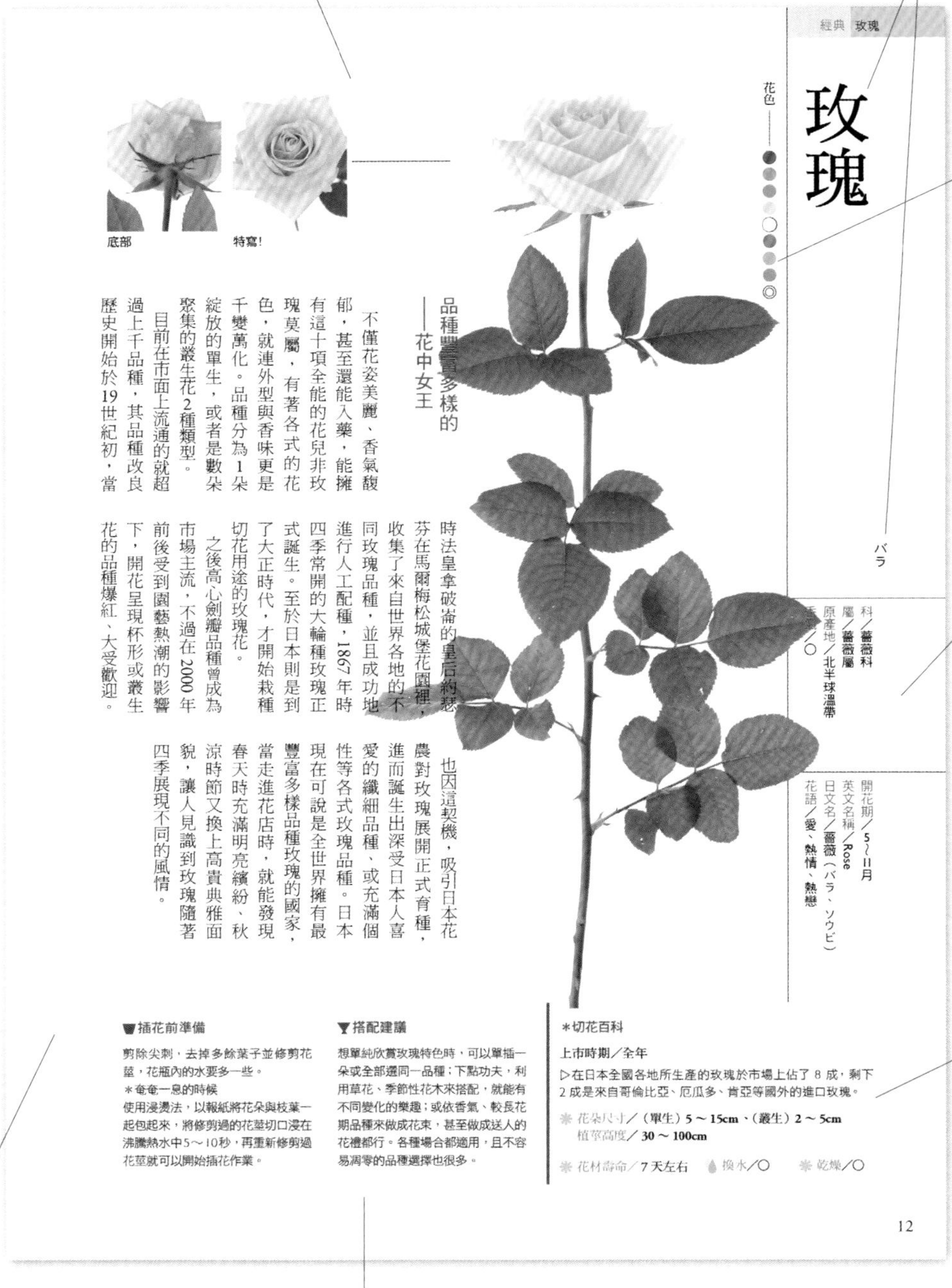

經典 玫瑰

玫瑰

バラ

花色

底部

特寫！

品種豐富多樣的——花中女王

不僅花姿美麗、香氣馥郁，甚至還能入藥，能擁有這十項全能的花兒非玫瑰莫屬，有著各式的花色，就連外型與香味更是千變萬化。品種分為1朵綻放的單生，或者是數朵聚集的叢生花2種類型。

目前在市面上流通的就超過上千品種，其品種改良歷史開始於19世紀初，當時法皇拿破崙的皇后約瑟芬在馬爾梅松城堡花園裡，收集了來自世界各地的不同玫瑰品種，並且成功地進行人工配種，1867年時四季常開的大輪種玫瑰正式誕生。至於日本則是到了大正時代，才開始栽種切花用途的玫瑰花。

之後高心劍瓣品種曾成為市場主流，不過在2000年前後受到園藝熱潮的影響下，開花呈現杯形或叢生花的品種爆紅、大受歡迎。

也因這契機，吸引日本花農對玫瑰展開正式育種，進而誕生出深受日本人喜愛的纖細品種、或充滿個性等各式玫瑰品種。日本現在可說是全世界擁有最豐富多樣品種玫瑰的國家，當走進花店時，就能發現春天時充滿明亮繽紛、秋涼時節又換上高貴典雅面貌，讓人見識到玫瑰隨著四季展現不同的風情。

科／薔薇科
屬／薔薇屬
原產地／北半球溫帶
香氣／○

開花期／5～11月
英文名稱／Rose
日文名／薔薇（バラ、ソウビ）
花語／愛、熱情、熱戀

插花前準備

剪除尖刺，去掉多餘葉子並修剪花莖，花瓶內的水要多一些。

＊奄奄一息的時候

使用浸燙法，以報紙將花朵與枝葉一起包起來，將修剪過的花莖切口浸在沸騰熱水中5～10秒，再重新修剪過花莖就可以開始插花作業。

搭配建議

想單純欣賞玫瑰特色時，可以單插一朵或全部選同一品種；下點功夫，利用草花、季節性花木來搭配，就能有不同變化的樂趣；或依香氣、較長花期品種來做成花束，甚至做成送人的花禮都行。各種場合都適用，且不容易凋零的品種選擇也很多。

＊切花百科

上市時期／全年

▷在日本全國各地所生產的玫瑰於市場上佔了8成，剩下2成是來自哥倫比亞、厄瓜多、肯亞等國外的進口玫瑰。

花朵尺寸／（單生）5～15cm、（叢生）2～5cm
植莖高度／30～100cm

花材壽命／7天左右　換水／○　乾燥／○

12

插花前準備

購買花材後，插花前的各種準備還是給水多寡等參考資訊。基本上，在將植物放入水中之前，花莖（花枝）需要修剪出新的切口，也會提供當花材看起來奄奄一息時的急救方法。若是想瞭解更詳細的處置方式，可參考專欄的花材養護＊其一（p183）、其二（p243）。

搭配建議

為了讓花材整體搭配起來更加迷人，這裡會提供一個重點建議，並歸納出該如何組合、搭配花材時的選擇方法等等。

Contents

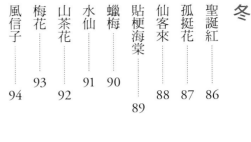

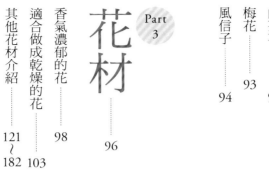

Part 1

全年皆有的花

不受春夏秋冬四季限制，
隨時都很容易入手的經典花卉，
具有著十足的存在感，
無論是哪一款，都能讓花藝更為豐富熱鬧。

想要送花給親朋好友卻不清楚喜好時，
經典款絕對不必擔心會出錯，
種類多樣，光挑選花卉時也能充滿樂趣。

All Seasons Flower

玫瑰

花色

底部

特寫！

バラ

科／薔薇科
屬／薔薇屬
原產地／北半球溫帶
香氣／○

開花期／5～11月
英文名稱／Rose
日文名／薔薇（バラ、ソウビ）
花語／愛、熱情、熱戀

品種豐富多樣的——花中女王

不僅花姿美麗、香氣馥郁，甚至還能入藥，能擁有這十項全能的花兒非玫瑰莫屬，有著各式的花色，就連外型與香味更是千變萬化。品種分為1朵綻放的單生，或者是數朵聚集的叢生花2種類型。

目前在市面上流通的就超過上千品種，其品種改良歷史開始於19世紀初，當時法皇拿破崙的皇后約瑟芬在馬爾梅松城堡花園裡，收集了來自世界各地的不同玫瑰品種，並且成功地進行人工配種，1867年時四季常開的大輪種玫瑰正式誕生。至於日本則是到了大正時代，才開始栽種切花用途的玫瑰花。

之後高心劍瓣品種曾成為市場主流，不過在2000年前後受到園藝熱潮的影響下，開花呈現杯形或叢生花的品種爆紅、大受歡迎。

也因這契機，吸引日本花農對玫瑰展開正式育種，進而誕生出深受日本人喜愛的纖細品種、或充滿個性等各式玫瑰品種。日本現在可說是全世界擁有最豐富多樣品種玫瑰的國家，當走進花店時，就能發現春天時充滿明亮繽紛、秋涼時節又換上高貴典雅面貌，讓人見識到玫瑰隨著四季展現不同的風情。

插花前準備

剪除尖刺，去掉多餘葉子並修剪花莖，花瓶內的水要多一些。

＊奄奄一息的時候

使用浸燙法，以報紙將花朵與枝葉一起包起來，將修剪過的花莖切口浸在沸騰熱水中5～10秒，再重新修剪過花莖就可以開始插花作業。

搭配建議

想單純欣賞玫瑰特色時，可以單插一朵或全部選同一品種；下點功夫，利用草花、季節性花木來搭配，就能有不同變化的樂趣；或依香氣、較長花期品種來做成花束，甚至做成送人的花禮都行。各種場合都適用，且不容易凋零的品種選擇也很多。

＊切花百科

上市時期／全年

▷在日本全國各地所生產的玫瑰於市場上佔了 8 成，剩下 2 成是來自哥倫比亞、厄瓜多、肯亞等國外的進口玫瑰。

花朵尺寸／（單生）**5 ～ 15cm**、（叢生）**2 ～ 5cm**
植莖高度／**30 ～ 100cm**

花材壽命／**7 天左右**　換水／○　乾燥／○

關於花的鮮度與花苞

確認花瓣的色澤與縐摺

即使是不容易開花的品種，隨著時間進程，也會看起來像是即將要綻放，但如果花瓣背面或花萼呈現乾褐、縐摺的狀況時，就是花朵新鮮度下降的證明。

黑點或捲曲就是不健康的葉子

儘管花朵本身很漂亮，還是會在葉片上發現黑點或捲曲的問題，因此在購買的時候也要記得檢查葉子，只要葉子是健康的，那麼花朵也會非常有元氣。

會開的花苞與不開的花苞

被綠色花萼包裹住的堅硬花苞就不會開花，一般來說，只要是開始冒出花瓣顏色的花苞就會開花，但是也會有不開的情況發生。

Memo

位在中央的花朵
在培育階段就會先剪除

開在中央花莖上的就是第一朵花，如果讓它開花的話會吸走養分，使得四周的花苞難以成長，因此在培育階段就會直接摘掉。記得在插花之前，將已經變成乾褐色的花梗剪掉。

切花主要常見種類

高心型

花瓣捲曲而中心高尖，極為優雅的一種花型，而花瓣前端呈現尖狀品種，則會特別稱之為高心劍瓣型，過去這一款花型是切花市場主流。

Lovely Girl

杯型

花瓣會環繞著成為杯狀，分成會一路開花到中心位置的開放式杯型，以及外圍呈現杯型、但中心花瓣會細密整齊排列的淺杯型花朵型態。

Felice Towa

簇生型

大小不一的花瓣重疊交合在一起，人氣很高的一款花型。另外中心花瓣會明顯有四等分的品種，則會特別稱為四分簇生型。

Vanilla Catalina

彩球型

花瓣細密叢生，會開成球型或半球型的花朵形狀，常見用於園藝用小輪玫瑰，花型簡單又可愛，但在切花市場上則是較少見的一款。

Green Ice

芍藥型

儘管花瓣不捲曲，但因為花瓣形狀與大小呈不規則，因此花開後形狀非常膨鬆，也因開花後看起來十分華麗，就被稱為芍藥型，圓圓的模樣是其最大魅力。

Ann 杏

變異型

這款明顯與一般玫瑰花型截然不同的品種，直接歸類稱為變異型，例如當花朵綻放時，可以在花的中心清楚看到花蕊的品種等等，各自都擁有其獨特之處。

White Rarokku

從最經典到最人氣品種

Paris

Yves Piaget

Samurai 08 日本武士

Amada

Sea Anemone

The Nature

Schnabel

Vase

Jumillia

Cheer Girl

Prime Charm+

All 4 Love+

Angel kiss

Elegant Dress

Daphne

Carey

Gabriel

Spray Wit

Avalanche

Fair Bianca

Catarina

Marie Laurencin

Éclair

Green Field

La Chance

Sarah

Julia

Rarokku

Margo

Carpe Diem+厄瓜多皇家

Shine On

Mango Riva

大理花

花色 ——

特寫！

ダリア

科／菊科
屬／大麗菊屬
原產地／墨西哥、瓜地馬拉
香氣／-

開花期／5～11月
英文名稱／Dahlia
日文名／天竺牡丹（テンジクボタン）
花語／華麗、優雅

傲視花界的碩大花朵易搭的新品種不斷推出

漂亮又兼具華麗感的大理花，江戶時代末期從荷蘭遠渡重洋而來，昭和年代以前都只是種植在花園裡的花種，直到1999年出現了艷驚世人的黑紅大輪品種「黑蝶」，大理花才成為切花的一種並且快速累積人氣。順著這波契機，也誕生出花莖長達30 cm的巨大輪品種，或是像右圖一樣圓滾滾、球狀的可愛品種，也有鮮豔紅白雙色的複色品種等，且延續當時的大輪品種熱潮，大理花到現在仍是花藝搭配時，不可或缺的花材主角。

大理花每年都會培育出多款新品種面市，從華麗的裝飾花型到各式花型姿態，再加上鮮豔明亮、複色等不同色彩外，也誕生出具有中性色的品種、花瓣外圍色淺而中心花瓣色濃的大理花等，種類多樣繽紛。近幾年，保鮮期較長的球狀花型品種也陸續增加中，花農們也不斷致力於培育更方便搭配、保鮮期更長的品種。

現在全年都能在花市找到大理花的蹤影，夏天到秋天是露天栽種、自然成長的大理花；晚秋至春天則是利用溫室，由人力精心培育出來、無論花色還是持久度都更好的大理花。

插花前準備

去掉葉子並修剪花莖，不過要注意花莖是中空的，小心別折斷。

＊奄奄一息的時候

使用浸燙法，以報紙將花朵與枝葉一起包起來，將修剪過的花莖切口浸在沸騰熱水中大約10秒，重新修剪過花莖就可以開始插花作業。

搭配建議

圓滾滾的花型依照不同角度擺放，營造出高低落差感，就能讓花朵顯得生動耀眼，而且在不同角度下，對於花瓣所塑造出來的模樣，欣賞方法也會跟著不一樣。另外還可以善用花莖原本長度，靜靜品味透過光線映照下的美麗花瓣，也是一種樂趣。

＊切花百科

上市時期／全年

▷產地遍布日本各地，其中長野縣及福島縣一整年都能出貨，秋田縣則是專門推出獨家品種，盛產季節在9～10月。

花朵尺寸／3～30cm、植莖高度／40～80 cm

花材壽命／5～10天

換水／○　乾燥／×

關於花的鮮度

外圍的花瓣容易受損

大理花在花苞狀態時不會出貨，因此花朵的鮮度就必須靠花瓣來判斷，而花瓣會從外圍開始損傷，只要看到有受損，表示花朵的保鮮期也許已經不佳。

避免挑選花萼顏色暗沈的花朵

記得要查看花朵的底部，確認花萼色澤，如果花瓣翻捲、花萼顏色暗沈的話，就表示花朵已經開了一段時間，另外也別忘了一併檢查葉片色澤是否明亮。

如何讓花開得更久

整朵花浸入水中防止乾涸

大理花怕乾，所以在給水之後，可以將整朵花浸入花瓶的水中，花朵就能夠開得更久，由於花瓣數量相當多又非常纖細，所以在處理時動作要輕柔些。

花瓣背面也要噴灑水分

花瓣容易乾燥、容易翻捲是大理花的特徵，可以使用大理花專用的保鮮劑，往花瓣背面噴灑的話，花的保鮮度就可以一口氣拉得更長一些。

已經受損花瓣用花剪剪除

外圍已經受損變色的花瓣不要用手拔除，請使用花剪從靠近花瓣根部附近剪除，大理花因為花瓣非常多，即使剪除一部份，還是可以再欣賞好一陣子。

切花主要常見種類

標準裝飾型

可說是最為標準的一般常見大理花的花型，一片片的舌狀花瓣整齊地層疊綻放，看起來非常地華麗，品種也相當豐富。

Antique Roman

非標準裝飾型

大片的舌狀花瓣不會整齊地排列，而是會有些捲曲，花瓣前端會像是朝外反折一樣地盛開，會有如同海浪舞動般的花型等等，花姿非常繽紛。

Malcoms White

球狀型

花瓣會朝內側捲曲起來，並且整體會開成圓圓的一顆球模樣，花朵直徑超過 5cm 以上，若直徑在 5cm 以下的則會稱為蓬蓬菊花型，以做為區別。

The Wizard of Oz

半仙人掌型

花瓣前端比較細長且邊緣往外翻捲，就是這一款花型的最大特徵，另外花瓣的根部部分會比較開闊一些，很值得好好欣賞這些細膩的不同花型變化。

Carnelian

睡蓮型

圓形花瓣接連綻放的模樣，不僅美麗還充滿神秘感，因為外型會讓人聯想到盛開時的睡蓮，因此有了這樣的命名。

Irene

從最經典到最人氣品種

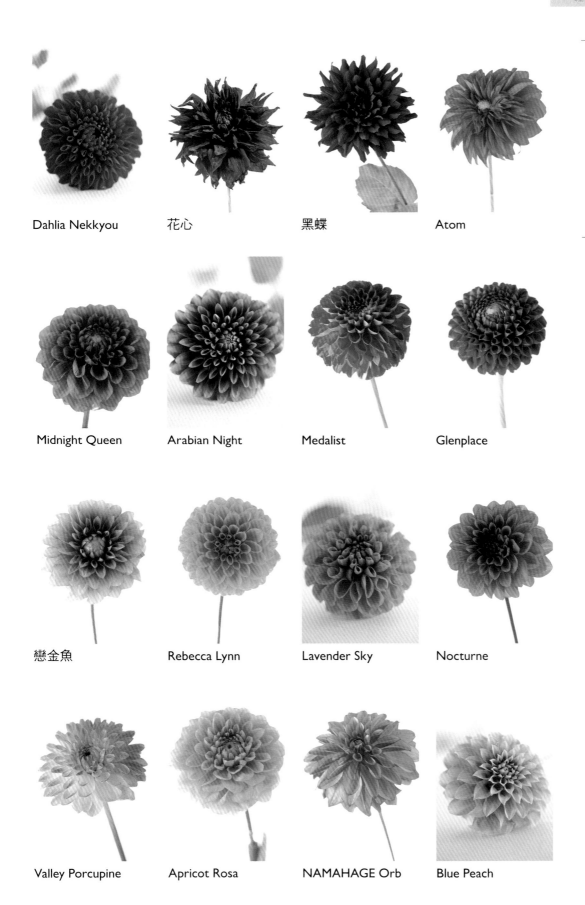

Dahlia Nekkyou

花心

黑蝶

Atom

Midnight Queen

Arabian Night

Medalist

Glenplace

戀金魚

Rebecca Lynn

Lavender Sky

Nocturne

Valley Porcupine

Apricot Rosa

NAMAHAGE Orb

Blue Peach

Eona G

Ayapy

Tiara

純愛

Sexy Pose

La La La

Hamilton Junior

田園

Yellow Quartz

雪之音

小舟

Portlight Pair Beauty

Silk Hat

白蝶

雪國

White Mille Feuille

菊花

キク

花色

科／菊科
屬／菊屬
原產地／中國
香氣／〇

開花期／9～11月
英文名稱／Florist's daisy
日文名／菊（きく）、家菊（いえぎく）
花語／高貴、高潔、思慮深遠

底部

特寫！

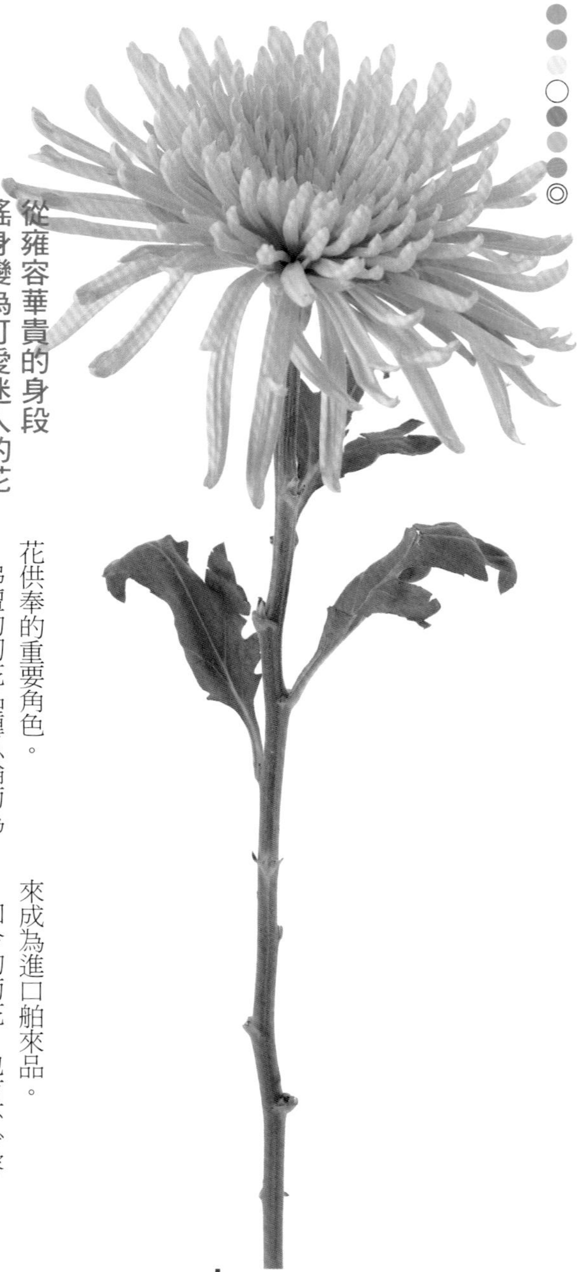

從雍容華貴的身段搖身變為可愛迷人的花

在日本鮮花產量第一就是菊花，從平安時代開始就深受貴族所喜愛，還因祈求不老長壽、生意興隆，而成為無論是重陽節、大小慶典，都能派上用場的花，江戶時代更發展出菊花園藝這門專業。在日本不僅擁有雅致、華麗的歷史過往，更成為佛壇上鮮花供奉的重要角色。

佛壇的切花品種以輪菊為主，常見品種有花瓣捲曲的熱鬧大輪、圓滾滾的可愛花型、或是溫柔的中性色彩，甚至也有洋溢異國情調的複色品種等，而這些都是19世紀後半，以在歐洲廣獲喜愛的日本菊花為基礎，由荷蘭花商所培育出來的新品種。經歷歲月的洗鍊，整體形象改頭換面的日本菊花，也反過來成為進口舶來品。

如今的菊花，也有不少容易被誤認為是大理花的大輪品種，成為讓人印象深刻、一見難忘的花卉。過去對於菊花都是以黃、白、紫紅等顏色來稱呼，但隨著人氣品種的不斷增加，大家也開始以品種名稱來稱呼、選購菊花。但無論花朵怎麼樣配種進化，保有賞花期長的特色依舊一樣出類拔萃。

▼插花前準備

整理多餘的葉子，可以用手折斷過長的花莖，如果是要插在吸水海綿上時，使用花剪或刀片皆行。

＊奄奄一息的時候
修剪花莖、插入水量偏多的花器。

▼搭配建議

因為菊花花莖給人粗大不細緻的印象，所以搭配時的關鍵技巧就是利用周邊花材來做遮掩，朝上伸展的花朵只要找對角度，就能夠呈現出獨有風情。由於保鮮期非常長，只要更換搭配的花材或者是換上新的花器，就能夠延長賞花期。

＊切花百科

上市時期／全年

▷豪華的大輪品種產地不斷增加，加上來自馬來西亞、哥倫比亞的品種，全年都能夠有充足鮮花貨源。主花季在3月、7～12月。

花朵尺寸／（單生）4～20cm、（叢生・小輪）2～5cm
植莖高度／60～90cm
花材壽命／14天以上　換水／〇　乾燥／╳

關於花的鮮度與花苞

損傷會從花瓣外圍開始

菊花屬於慢慢綻放的一種花朵，因此也就會從最早開花的外圍花瓣開始劣化，要避免已經褪色或萎縮的花，記得挑選即使是花瓣最外圍都還很漂亮的花。

檢查葉子是否有精神

新鮮與否靠葉子來判斷就能夠一目了然，要是葉子垂頭喪氣，表示已經開花一段時間了、保鮮期所剩不長，具有元氣的花朵葉片應是恣意伸展、充滿活力。

會開的花苞與不開的花苞

叢生菊的花苞要判斷能不能開花，就是花苞飽滿鼓起，已經看得到花瓣模樣的才會開（左），至於花苞還是綠色且迷你而小小的就不會開花（右）。

如何讓花開得更久

噴水讓萎縮葉子恢復元氣

在插花的時候要是發現葉子下垂沒有精神時，可以使用噴霧器充分噴溼葉片背面來幫助恢復元氣，不過在噴水時要注意，花朵如果沾到水很容易受損。

金屬花器裡要置入別的材質容器

菊花是討厭金屬的一種花，要是使用錫罐等做為花器時，花莖就容易發黑、壞死，因此若想使用金屬花器的話，要在裡面另放入別種材質的器皿做隔離。

切花主要常見種類

單瓣型

花瓣會環繞在花心四周綻放，儘管是最為簡單的花型，但因屬於叢開類型所以看起來非常繽紛熱鬧，如果分切花枝來使用的話，整體花藝分量會更加豐盛。

Sei Amelie

裝飾型

立體花瓣重疊交錯盛開，因此也被稱為重瓣型，華麗與存在感十足的分量是其最大魅力；另外也有花瓣前端捲曲，呈現出熱情風貌的品種。

Marble

球型

花瓣密集地聚在一起，呈現出半球狀或球狀花朵造型，分為單朵與叢開兩種類別，在眾多菊花品種當中，屬於瓶插保鮮期相當耐久的一款。

Ferry

蜘蛛型

管狀花瓣是最大特色，花瓣雖然細長卻非常筆挺，因此整朵花也顯得很有精神，纖細輕盈的外表產生更多搭配運用的趣味外，也保有著菊花的獨特個性。

Baltazar

匙瓣型

花瓣擁有長條形狀，但因為在前端處呈現圓形像是湯匙一樣形狀而得名，別稱又叫做風車型，除了單色以外，還有多彩繽紛的複色品種。

Dublin

Black Knight

Bitter Choco

Red Tornado

Sei Marletta

L'époque

Beach Fromage

VIP

Pianissimo

Etrusko

Sei Opera

Xenia

Leon

Silent

Sei Pyxis

Sei Spieth

Alenka

Anastasia Green

Olive

Globe Green

Zembla Lime

Sei Pirate

Golden Pingpong
乒乓菊

Remidas

Alien

Harvest

Paladov Dark

Jenny Orange

Pompon Orange

Cocoa

Silky Girl

Alenka Salmon

Tompiers

洋桔梗

トルコギキョウ

科／龍膽科
屬／洋桔梗屬
原產地／北美、墨西哥
香氣／－

開花期／6～8月
英文名稱／Prairie gentian
日文名／トルコ桔梗（ギキョウ）
花語／愉快的談話、希望

花色 ——

花苞

特寫！

層層疊疊的重瓣花型 繽紛多彩十分動人

細長花莖上開滿了波浪般的花朵，亦稱土耳其桔梗，原產於美洲大陸，屬於龍膽科植物的一員，儘管跟土耳其還是桔梗都沒有任何關係，但因為花苞型似土耳其人的纏頭巾而得名，總之，名稱的由來說法非常多，日本則是在昭和年代初期時引進。

透過花農的育種，日本也展開了正式的品種改良，並於1980年代時誕生出眾多優秀品種，也讓洋桔梗產量成為繼菊花、玫瑰、康乃馨、百合後最多的一款，日本因此成為洋桔梗育種大國，現在無論是在荷蘭還是美國，都很風行種植日本的洋桔梗品種。

最原始的品種大約是紫色這種單瓣花型，不過在園藝品種方面就以粉紅、白色為主，另外像是綠色、咖啡色、杏色等花色也十分豐富，而波浪或鋸齒狀花瓣讓洋桔梗變得更加華麗絢爛。另一方面也能發現花市上出現減少單枝開花的數量，改而讓單朵花變得更為豐富有分量的新品種，但是即使花朵外觀看起來無比熱鬧，薄而耐受度高的花瓣依舊非常輕透。花的保鮮期也很長，與其他花材的搭配度更是非常出色。

▼插花前準備

先修剪花莖，而被花萼包住的小花苞並不會開花，所以如果沒有造型上需要的話可以剪除。

＊奄奄一息的時候
直接修剪花莖。

▼搭配建議

夏季保鮮期也很長的一款花，光是將白或綠色洋桔梗一整把插在花器裡，就有清涼感受。叢生花朵、也適合分枝剪開使用，無論是搭配其他花材或者是綁成花束，都能夠營造出豐富感。且不論哪一種花色，綠色花苞都可以成為搭配時的視覺焦點。

＊切花百科

上市時期／全年

▷全國各地都有出貨，到了產量較少的12～3月時，則以台灣生產為市場主流，而在海外也會生產出日本的品種。

花朵尺寸／3～10cm、植莖高度／40～90cm

花材壽命／7～14天

換水／○　乾燥／✕

關於花的鮮度與花苞

檢查外圍的花瓣狀況

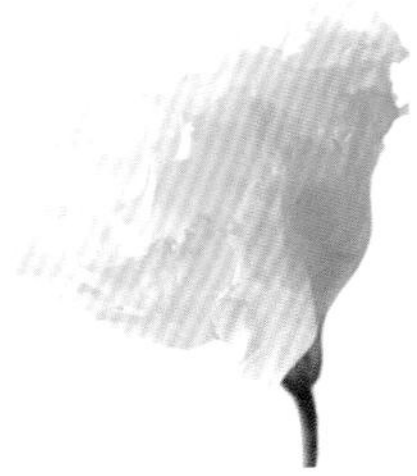

當鮮度下滑時，最外圍花瓣就會開始捲縮起來，但是從正面並不容易發現，不妨觀察底部來檢查確認吧，要是發現已經有受損狀況就不要挑選購買。

會開的花苞與不開的花苞

已經有些微變色並且開始鼓起的花苞就會開花，至於依舊是小而淺綠，看起來仍緊閉的花苞就不會開花，但是即使不開花，也能成為很棒的視覺焦點。

葉子沒有精神捲縮起來時...

只要給予充足的水分，葉子就會筆挺、顯得非常有精神（左）；一旦捲縮成圓形，葉子看起來沒有光澤的話，就是鮮度已經不再的跡象（右），因此要記得挑選葉子看起來精神奕奕的花枝。

切花主要常見種類

單瓣型

看起來楚楚可憐，清爽乾淨的花型是最大魅力，花莖細長優雅而纖細，在搭配其他花材時想要營造動感，或者是想表現出輕盈感時，是重要的配置角色。

Blue Fizz

波浪型

花瓣邊緣呈現出大波浪褶紋模樣而獲得這樣的稱呼，在重瓣型當中屬於花型看起來格外豐富的一種，充滿高貴又優雅的氣質，非常受新娘們的喜愛。

Monroe

鋸齒型

花瓣前緣會呈現出細密的不規則鋸齒模樣，鋸齒狀態則會依據品種而各有不同，但都同樣呈現出時尚氣息，就算是單瓣花型也一樣華麗非凡。

薰衣草美人

玫瑰型

花瓣呈現慵懶而捲曲綻放的模樣，看起來就像是杯型玫瑰，以中～小輪品種居多，儘管花朵數量不多，依舊能夠營造出高雅氣息。

Piccorosa Red

Memo

兩款不一樣的品種
瓶插保鮮能力都是一樣的

洋桔梗一般花莖上都會結有不少花苞（右），但隨著品種改良且大輪花朵漸受喜愛，都會在栽種期間摘除多餘花苞，培育出只開大約三朵的大花型（左），這種品種一樣具優秀保鮮期，能長時間欣賞。

從最經典到最人氣品種

Reina Blue Flash

Clare Blue

Julius Lilac

Voyage Blue

Pink Fizz

Elio Lavender

Newly Nation Blue Flash

NF Lavender

Amber Double Mojito

Cecil Green

Celeb Rich White

Reina White

Amber Double Marron

NF Cassis

Bon Voyage Sweet Pink

NF Mango

繡球花

花色

●
●
○
●
●
●
●
◎

アジサイ

科／繡球花科
屬／繡球屬
原產地／東南亞、南北美
香氣／－

開花期／5～7月
英文名稱／Hydrangea
日文名／紫陽花（アジサイ）
花語／耐心的愛

特寫！

依隨著季節更替 品味不同的花色幻化

在梅雨水幕的天空下，綻放著美麗姿態的繡球花們，或藍或粉紅的花朵帶來了絲絲涼意。但看起來以為是花瓣的部分，其實是稱為裝飾花的花萼，中心處才是真正的小花。而這種裝飾花開得猶如手毬般的品種，也常見以切花形式出現在花市裡。

至於繡球花園藝品種的起源，來自江戶時代傳進歐洲的日本原生種，模樣清純迷人的額繡球在品種改良後，誕生出了粉紅色系、盛開時有如手毬般的西洋繡球，色彩種類也自此開始繽紛起來。在日本則以藍色系繡球花佔多數，主因是土壤為弱酸性，若鹼性越高，種出來的繡球花色就會成為紅色系。

如果想欣賞彷彿剛從庭院剪下，還帶著新鮮氣息的繡球花，推薦挑選在初夏時節上市，日本國產的美麗藍色系繡球花，接著還可以看到白或粉紅系的安娜貝爾品種，以及花序呈現圓錐狀的槲葉繡球陸續登場，至於色彩鮮豔的進口繡球部分，也會有中性色彩、典雅色調的秋色繡球上市。花店裡一年到頭都能看得到繡球花，只是會跟隨著季節，品種、顏色也各有不同。

插花前準備

剪除多餘葉子並斜剪枝條，接著取出枝條中間的白芯，或者是直接敲碎枝條切口。

＊奄奄一息的時候

修剪枝條，剝除枝條外側的皮後，整個浸入深水中。

搭配建議

在組合多朵繡球花時，可以利用高低落差來安排花朵上下位置，就能夠展現出花朵蓬蓬的立體感，要是視覺上過於龐大的話，不妨修剪一下花朵吧。而且層疊交錯的花朵，就是非常好用的天然劍山。

＊切花百科

上市時期／（繡球、秋色繡球）全年、（安娜貝爾）5～11月

▷日本產季是4～12月，而來自荷蘭、哥倫比亞、紐西蘭的進口貨供應也十分穩定。

花團尺寸／5～30cm、 植莖高度／20～120cm

花材壽命／5～14天以上

換水／△　乾燥／○

關於花的鮮度

檢查花萼是否含有水分

儘管花朵看起來十分美麗，但有時候花萼已經開始萎縮了，這正是花朵缺水的一大跡象，處理方法就是以噴霧器來補充水分，或者是直接摘除枯萎部分。

查看葉片伸張角度

在插花時，要是發現葉片低垂沒有精神時，就是缺水的一大徵兆，這時可以摘除葉片，枝條再剪新的切口，或者是直接浸入深水等等，重新再給與水分補充。

如何讓花開得更久

花莖前端削出銳利切面

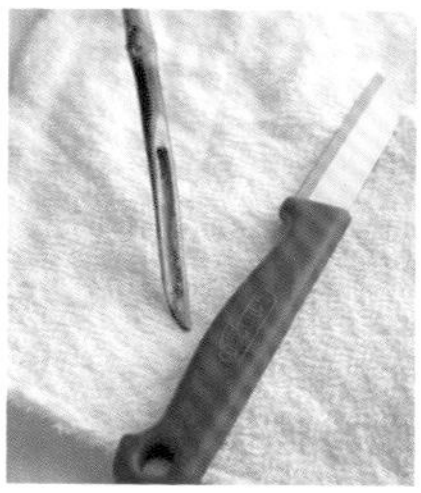

開始插花以前，可以如圖所示、將枝條斜切出大大的斜切口，記得要將內部像棉花一樣的白芯全部挖除，多了這一道手續，就能夠提高花朵的吸水性。

也可以做成漂亮的浮花

當整朵花都已經奄奄一息的時候，何不嘗試看看做成浮花？這樣不僅可以讓花瓣直接吸水，能夠有效地將賞花期限拉更長，也能變身為極可愛的裝飾。

切花主要常見種類

西洋繡球

開花有如手毬狀，擁有藍、紫、粉紅、白、綠等豐富顏色，就算單獨插放一枝，也宛如畫般優雅，當然也可以拆分來使用，流通於花市裡的多為這一款品種。

秋色繡球

近幾年人氣非常旺的古典花色品種，擁有著各式各樣的混色，出現在市面上的有日本國產也有進口貨，在與其他花材做搭配時，可以成為絕佳的點綴焦點。

額繡球

日本原生的繡球花，同時具有雄蕊與雌蕊的小小兩性花周圍環繞著裝飾花，裝飾花看起來就像是框架（額緣）一樣，因而取了這樣的名稱。

重瓣繡球

切花市場上的流通貨量還不是很多，但如果是盆栽種植的話就很容易看到，花瓣重疊的模樣不僅非常有分量，也讓人充分感受到繡球花的雅致的氣息。

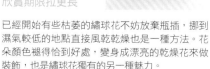

Memo

做成乾燥花
欣賞期限拉更長

已經開始有些枯萎的繡球花不妨放棄瓶插，挪到濕氣較低的地點直接風乾乾燥也是一種方法。花朵顏色褪得恰到好處，變身成漂亮的乾燥花來做裝飾，也是繡球花獨有的另一種魅力。

從最經典到最人氣品種

Sky Blue

Aqua Blue

Spike Blue

Gokigenyou

白色品種

True White

Shabby Lavendre

Soft Blue

魔幻系列

Painted Lady

Antique Green

綠色品種

Glowing Alps(紫色)

Glowing Alps(粉紅)

本紫陽花

Pink Annabelle

康乃馨

カーネーション

花色

底部

特寫！

科／石竹科
屬／石竹屬
原產地／南歐、西亞
香氣／〇（部分品種）

開花期／4～6月
英文名稱／Carnation
日文名／阿蘭陀石竹（オランダセキチク）
花語／熱愛著你、純粹的愛

花色繽紛且保鮮期長 是絕佳的搭配花材

康乃馨是母親節的代名詞，這個送花給母親的節日，誕生於1914年的美國，起源就是在此之前幾年，一名女子為了懷念已經過世的母親，決定在她忌日這一天送花而開始。母親節這個節日是在大正年代初期傳進日本，第二次世界大戰後普及到整個社會。

康乃馨的栽種歷史非常久遠，最早可以溯源至古希臘羅馬時代，當時做為編織花冠之用。至於日本的話，據說是在明治時代末期，從東京一處小型溫室開始種植，到了大正時代起就已經是常見花卉了。

1995年透過DNA移植技術，誕生出具有藍色花色的新品種，而這款藍色康乃馨也是日本向世界證明所擁有的研發能力，成為轟動一時的大新聞。

最近幾年切花市場上，雖然哥倫比亞進口的高品質康乃馨數量越來越多，但是日本國內的產量卻依然不受影響，總產量是排在菊花、玫瑰後的第3名，而且不分季節都能買得到，豐富的色彩非常容易搭配外，而且花期也非常久，種種優點都是康乃馨備受喜愛的原因。至於新品種不斷增加中的小花型康乃馨，則是跟纖細可愛風格的草花十分搭配。

插花前準備

整理多餘葉子，修剪花莖。

＊奄奄一息的時候

使用浸燙法，以報紙將花朵與枝葉一起包起來，將修剪過的花莖切口浸在沸騰熱水中大約5秒，重新修剪過花莖就可以開始插花作業。

搭配建議

花瓣有著許多縐折、整體花型特色不明顯的一款花，若以康乃馨做為主角時，就需要避免與充滿個性的花款搭配在一起。花莖的節點很容易折到受損，因此整理花材時要格外注意。插花時，花瓶的水量可以稍少一些。

＊切花百科

上市時期／全年

▷日本國產全年都能買到，至於來自哥倫比亞或中國的進口花則佔整體市場約60%，上市量在母親節前會達到高峰。

花朵尺寸／2.5～9cm、植莖高度／40～80cm

花材壽命／夏季7天左右、冬季14天以上

換水／〇　乾燥／╳

關於花的鮮度與花苞

觀看花萼顏色來判斷好壞

挑選的時候，首先要觀察的是花萼部分，如果顏色暗沉或者不夠水嫩的話，很明顯地就表示花已經不新鮮了，光憑花朵色澤鮮豔與否，是無法做出正確的判斷的。

確認節點是否有彎折

花莖上的節點細胞很容易破損或凹折，在與其他花材搭配時，記得要特別注意手上力道，一般來說，通常溫度低的時候也特別容易受損。

會開的花苞與不開的花苞

花莖結滿許多花苞的叢生品種，會讓人有賺到的感覺，但是真正會開花的只有花苞前端已經有露出花瓣顏色，如圖左邊的花苞才會開，至於右側這種不會開花的綠色花苞，剪除的話可以減少花朵營養被浪費掉。

切花主要常見種類

劍瓣型

花瓣擁有極深的裂痕，並且具有無數的皺褶，一直以來就是大家熟悉的裝飾性品種，同時也是在描繪康乃馨這種花卉或圖樣時，必定會出現、充滿特色的花型。

Peachy Mambo

圓瓣型

花瓣邊緣沒有鋸齒、或者鋸齒不明顯的一款花型，擁有豐富的褶邊，因此外型比劍瓣型給予人更加溫柔可親的印象，最近此類花型有越來越多的趨勢。

Putumayo

星型

帶有鋸齒的花瓣變得細長，整體看起來就像是長劍一樣，呈現尖而細長的獨特形狀，也稱為極劍瓣型，充滿特色的花形也帶來了畫龍點睛的效果。

Star Snow Tessino

單瓣型

分為單瓣以及半重瓣型，是很容易與石竹混淆的一款花型。纖細小巧的小輪品種很容易搭配，也可以用在自然不造作的組合或者加入花束之中。

Sonnet Merah

Memo

可以數小時不吸水
非常耐旱的花材

康乃馨是保水性非常高的一種花，如果只是辦一場派對的時間的話，就算離水裝飾也無須擔心花朵會枯萎。

依照品種不同
部分還帶有香味

約半數品種的康乃馨有香味，若將花摘下來的話，香氣大約 3 天左右就會消失，所以切花如果還能聞得到香味，就是還很新鮮。

Yukari Scuro

Moondust Princess Blue

Nobbio Burgundy

Don Pedro

Pop Music

Farida

Star Fruity Tessino

Satellite

Sonnet Hearty

Paris

Jupiter

Chypre

Hermes Orange

Hermes

Prado Mint

Zephyr

非洲菊

花色

ガーベラ

科／菊科
屬／大丁草屬
原產地／南非
香氣／ー

開花期／3～5月、9～11月
英文名稱／Gerbera
日文名／花車（ハナグルマ）
花語／神秘、希望、充滿著光

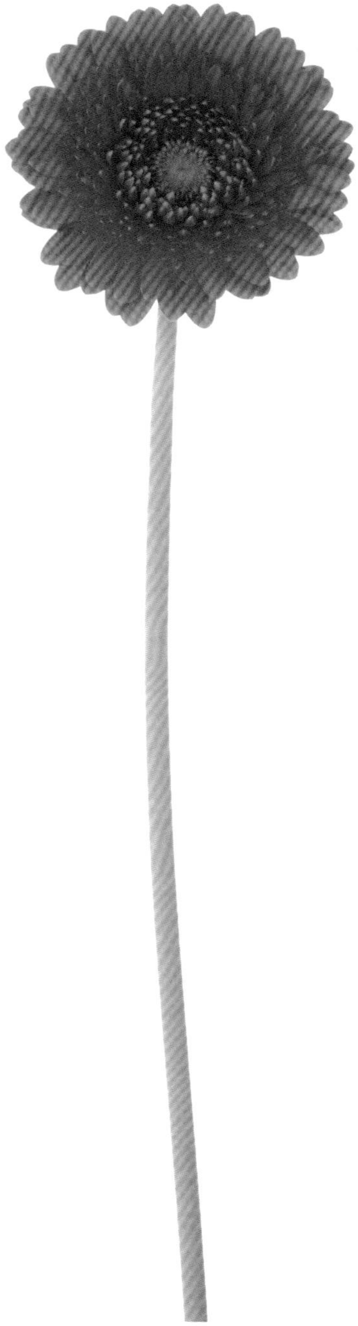

特寫！

底部

迷人的色彩與花型還在不斷改變進化中

花朵的花瓣開到了極致，陽光明媚般的可愛模樣，繽紛亮眼的花色，無論是發表會的獻花還是入學、告別儀式時的花禮，都是不可或缺的選擇。

非洲菊的歷史可以追溯至19世紀末，在南非發現了野生的原始品種而開始，經過英國、法國等國家進行品種改良，而日本也是早在20世紀初期就開始引進，到了1935年左右，日本國內自己培育的非洲菊品種也曾經出口到海外，但是現在花農栽種的幾乎全都是海外品種。

而品種更新非常快速也是非洲菊的一大特色，一般來說，非洲菊的花苗在栽種後2～4年，生產能力就會降低，因此花農都會趁著這個機會更替種植新品種花苗。

現在非洲菊主流是如左邊照片的重瓣花型，以充滿特色的花型活躍於市場上，另外還有蜘蛛型、波浪型、球型以及花瓣表裡顏色不一樣的品種等等，每一年都不斷推陳出新有各種新品種登場，至於在最近幾年最受到矚目的，則是以花苞型態登場的「花苞非洲菊」，花朵會隨著花瓣盛開而展現不同模樣，可說是非常創新而劃時代一款非洲菊。

插花前準備

直接修剪花莖。

＊奄奄一息的時候

使用浸燙法，以報紙將花朵與枝葉一起包起來，將修剪過的花莖切口浸在沸騰熱水中約5秒、再泡入水中，重新修剪過花莖就可以開始插花作業。

搭配建議

引人矚目的明豔花色，不論做成花束或與其他花材搭配都能成為視覺焦點，混合多種色彩、僅以非洲菊為主角的花束也很值得推薦。泡過水的花莖容易腐爛，因此建議特別是在夏季時要勤換水，或者進行一定幅度的修剪，插花時水量則可以少一些。

＊切花百科

上市時期／全年

▷產地分布在日照量大的溫暖地帶，日本市面上僅流通在地生產的花卉，季節是4～5月。

花朵尺寸／（小）**9cm以下**、（中・大）**9～15cm**
植莖高度／**40～60cm**

花材壽命／**5～10天**　換水／○　乾燥／×

關於花的鮮度

避免選到花瓣沒有光澤的花朵

新鮮的非洲菊花瓣會非常有光澤，並且水平地展開，但要是花瓣已經出現捲翹甚至掉落狀態時，要注意這就是花朵已經開始腐敗的跡象。

花粉狀態也能檢視新鮮度

也有不會有花粉的新品種，但是多數非洲菊只要經過時日，花粉就會逐漸消失，因此在挑選時，除了注意花瓣狀態以外，也別忘了仔細觀察花心的狀態。

如何讓花開得更久

花莖水平修剪

斜剪花莖增加切面面積，幫助花朵更容易吸水的作法，對非洲菊來說卻是大忌，因為花莖內部為海綿狀，容易造成花莖腐敗，所以平剪最好。

已經變色的花莖直接剪除

泡在水中多天的花莖會變成褐色，這表示花莖細胞已屬於壞死狀態，為了讓花朵能夠正常吸收水分，請將花莖直接一口氣剪除到綠色部分吧。

將整朵花放進小型花器裡欣賞

勤快地修剪下，花莖當然會越變越短，在已經沒有多餘花莖可以修剪的最後，不妨挑選小型花器放進去，一樣可以繼續欣賞美麗的花朵。

切花主要常見種類

單瓣型

最接近非洲菊原生種、最為基本的一種花型，花心有黑與淺色這兩種，因此即使花色一樣，會因為花心的顏色不同，而產生不同的視覺效果。

Pilates

重瓣型

有除了花心以外全都開滿花瓣的類型，也有連花心都看不見，全被花瓣所覆蓋的類型等等，所以就算都屬重瓣型，還是有著各式不同的模樣。

Freddy

蜘蛛型

如同繡針般的細長花瓣，彷彿煙火綻放，而花瓣沒有翹起來也是特色。也由於花瓣前端帶有尖角，與其他花材搭配時，能營造輕快的氣氛。

Aldonzo

波浪型

花瓣像是海浪拍打般捲曲，展現出其他花型所沒有的獨特姿態，光靠這款花的外型來做搭配，能散發出戲劇性十足的活力。主要以大輪品種居多。

Pasta Holland

變異型

模樣是球狀或花心極大化的花型，充滿個性，讓人很難一眼認出它是非洲菊。不過花莖的處理方式則與普通非洲菊相同，插花時水量可以偏少。

Pocoloco

花苞型

雖是提早採摘，但會挑選能夠盛開的品種，花市也以花苞非洲菊來稱呼它。由於花期較長，欣賞每日的不同變化，也成為這款花的最大魅力。

Mure Cake

從最經典到最人氣品種

Bride

Rembrandt

Hollywood

Ustica

Pasta Rosata

Terra Himalia

Penelope

Iggy

Bolero DiviDivi

Garden Ghost

Lauren

Jay Jay

Stardust

Petit Ciccia Malo

Sponge Bob

Corvara

百合

花色

花苞

特寫!

婚喪喜慶的經典花卉 始點來自於日本原生種

高貴而優雅地綻放，不僅香味馥郁還非常耐久，無論是日常插花還是祝賀之用，百合都是不可或缺的一大主角。原生種百合在全世界約有100種左右，這當中被評鑑為特別美麗的15種，就是盛開於日本山林中的本土品種，包括切花在內，原生種的山百合、日本百合，一直以來都維持著原有樣貌而廣獲喜愛，也成為百合的一大特色。

各式各樣經過改良的園藝品種，一般人也能夠輕鬆地在花市買到，對品種改良做出貢獻的，正是來自日本的原生百合。江戶時代末期被引進到歐洲，之後因為日本熱風行，進而在歐洲也擁有廣大人氣，日本甚至還有過靠著出口山百合、鐵炮百合球根來賺取外匯的風光年代。從19世紀後半開始進行的育種，就是以日本百合為基礎，誕生出了各式各樣不同的園藝品種。

其中最具代表性的一款就是東方百合Oriental Hybrid（右圖），是擁有山百合等基因的大輪品種，其中最受歡迎的香水百合Casablanca，更在1980年代後半到1990年初於日本颳起了百合旋風，現在也成為了大眾最為熟悉的一款百合。

ユリ

科／百合科
屬／百合屬
原產地／北半球的溫帶
香氣／○

開花期／5～8月
英文名稱／Lilly
日文名／百合（ユリ）
花語／尊嚴、純潔、潔白

插花前準備

花朵開始綻放時，得將會弄髒花瓣的花蕊上花粉仔細摘除；整理多餘葉子，修剪花莖。

＊奄奄一息的時候
修剪花莖。

搭配建議

即使只單插上一朵依舊有模有樣的就是百合了，如果在百合花之間點綴上豐美的小花，整體造型看起來會更加華麗，或是與季節性草花、大型葉材做搭配也非常完美，至於人氣的重瓣百合要是挑選較小的花型，能與其他花材更容易做搭配。

＊切花百科

上市時期／全年

▷幾乎全為日本國產，以埼玉縣、高知縣、新潟縣為主，另外全國各地也都有生產出貨，上市量最大季節在5～7月。

花朵尺寸／**3～25cm**、植莖高度／**40～120cm**

花材壽命／**7～14天**

換水／○　　乾燥／×

關於花的鮮度與花苞

檢查花瓣前端是否有皺折

基本來說花期相當持久，但是花瓣前端還是會隨著時間出現皺折、顏色變得透明，要是花瓣不再有光澤、摸起來不夠厚實，就表示已經滿開過了一段時日了。

會開的花苞與不開的花苞

百合即使是花苞也會一一綻放，但是如果是完全閉合、呈現淡綠色的花苞並不會開花，因此不需要的花苞可以直接摘除，讓營養分留給其他花朵。

如何讓花開得更久

多用點心思可助花朵綻放

位在中央的花苞通常小且不會開花，可以直接剪除，透過這個方式能讓其他花朵更容易綻放，或者開出顏色更美麗的花朵。

花粉要及早摘除

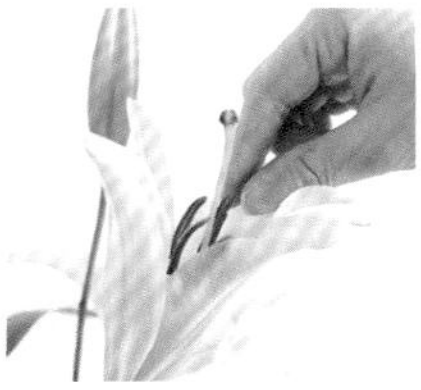

花店都會摘除已經盛開百合的花粉，在家裡發現百合花苞開始打開時，可以用手指將還很硬的花粉整個摘下來，這樣就不怕花粉沾染到花瓣。

用膠帶就能輕鬆沾取花粉

當花粉沾到花瓣或衣服時，不用太過驚慌，使用膠帶以點按方式沾取起來就可以了，要注意如果用抹除方式的話，反而容易讓花粉擴散開來。

切花主要常見種類

東方百合(OH)

屬大輪品種以濃烈香氣而獨具魅力，還有花瓣上有斑點的品種，也是在市面上流通量最大的一款，香水百合、西伯利亞香水百合都屬這一類。

Marco Polo

OT系列百合

將東方系列百合與中國百合混種後，在2000年初誕生的品種，擁有清澈黃、橘色的大輪品種也屬於這個系列。

Valverde

LA系列百合

朝頂端盛開、鮮艷花色是這款百合最大特色，顏色選擇十分豐富，生長快速而結實，新品種也不斷增加中的一個系列，但幾乎沒有任何香氣。

Corleone

鐵炮育種百合(LH)

將鐵炮百合彼此互相混種後誕生的品種，擁有著長而纖細、花瓣僅有前端綻放的優雅花型，成為新娘捧花的人氣選擇。

新美白花

Memo

越接近夏季
品種越加繽紛多彩

配種 Hybrid 系列全年都有，原生種則僅有夏季可見，圖片右側是原生種系列之一的姬百合，花朵尺寸在 3～4cm 左右、屬於小輪品種；左側的為花朵尺寸接近 20cm 的 Conca D'Or 培育種，百合可說無論顏色還是大小選擇都相當豐富。

從最經典到最人氣品種

Sweet Sugar(LA)

Samantha(OH)

Dalinda(OH)

Montagne(LA)

Lipgloss(OH)

乙女百合(原生種)

Companion(OH)

Sorbonne(OH)

Green Lily Alp

Anouska(OH)

My Wedding(OH)

Villa Blanca(OH)

姬百合(原生種)

Montego Bay(OH)

Cesare(LA)

El Divo(LA)

海芋

花色 ———

カラー

科／天南星科
屬／馬蹄蓮屬
原產地／南非
香氣／○（僅限濕地型白色海芋）

開花期／6～7月
英文名稱／Calla、Calla lily
日文名／阿蘭陀海芋（オランダカイウ）
花語／少女的賢淑

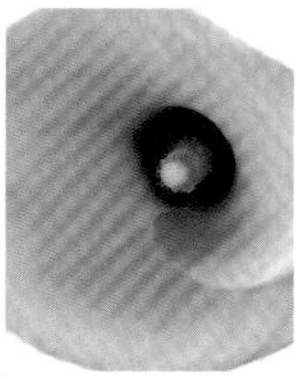

特寫！

中間的棒狀部分是花、看起來像花瓣的部分則是花萼。

簡單的花型 帶來成熟大人品味

海芋就像是一張紙捲起來般的簡單花朵，看起來如同花瓣的部分其實是稱為佛焰苞的花萼，真正的花朵是中央的棒狀部位。

利用海芋的獨特花型與花莖線條設計出來的花藝作品，既時尚又充滿成熟氣息，在婚禮宴席上擁有著無比的高人氣，廣受喜愛。海芋的英文名稱來自於希臘文Kallos（美），也有源於天主教神父們衣袍的顏色（衣襟）等等說法。

海芋擁有兩種類型，溼地型植株的海芋會在晚秋～初夏之間上市，花朵尺寸偏大，花色有白、粉紅、綠色這3種；球根的陸生型海芋則是全年都有花期，花色選擇十分豐富，不過值得矚目的是花朵偏小、更容易搭配的Captain系列，除了有紫色的Violetta（左圖）以外，還有著粉紅、橘色、黃色等。

Other Type

Gold Crown

Sapporo

▼插花前準備

挑選還沒有出現花粉的新鮮花朵，修剪花莖。

＊奄奄一息的時候
修剪花莖。

▼搭配建議

單插一種或者與葉材搭配組合，整體作品就能夠非常有型，花莖容易彎曲的陸生型海芋，無論是彎折還是成圈狀都可以任其自由發揮，至於怕乾的溼地型海芋，如果太過乾燥時不妨噴水加濕，不論是哪一款海芋，到了夏天最好還是勤快地換水為佳。

＊切花百科

上市時期／全年

▷日本國產部分，濕地型海芋11～5月上市，陸生型則全年都有，也會從紐西蘭、非洲、中南美等地進口陸生型海芋。

❋ 花朵尺寸／5～15cm、植莖高度／30～120cm

❋ 花材壽命／7天左右

換水／○　❋ 乾燥／✕

蘭花

ラン

高貴又氣質典雅的蘭花，佔種子植物種類10分之1這麼多，不僅數量驚人，還各自擁有著強烈風格、並被歸類在不同植物屬中，接下來，就為大家整理出本書中所介紹的蘭花種類。

萬代蘭 > p45

獨一無二的模樣，散發著滿滿異國情調的一款大花型蘭花，濃烈的藍紫色為主外，切花市場上的萬代蘭花色，近幾年也不斷增加中。

不喜歡寒冷 請放置在溫暖場所

冬季時會出現缺水的狀況，這時不妨擺到溫暖處欣賞吧，若花朵出現缺水問題，稍微浸泡在35℃以下的溫水中會很有效。

莫氏蘭 > p46

擁有豐富亮麗的花色、滿溢熱帶風情，價格實惠也相當好搭配運用，加上開花狀態很不錯，是想讓作品變得出色、不可或缺的花材。

Singa Gold

過於乾燥時 整株泡進水裡

夏天時容易因為空調而變得乾燥，當花朵因此而顯得沒有光澤時，不妨浸到水裡泡一下，整朵花反過來泡到水裡都沒問題。

石斛蘭 > p47

流通量第一名。價格非常親民，因此無論是家中裝飾還是婚喪喜慶活動，都有它的蹤影。進口貨主要來自泰國，國產的話則產自沖繩。

Lavia

花開多一點 有賺到的感覺

花苞要盛開會需要吸收更多營養，因此購買時，比起滿是花苞的花枝，挑選已經開滿花朵的花枝，能擁有更久長的欣賞期。

嘉德麗雅蘭 > p42

擁有著皺褶花瓣、鮮豔色彩還有濃烈花香的一款優雅蘭花，以常運用在活動儀式上的大輪品種為主，搭配用的小輪品種也很受好評。

Pamela Hetherington

大輪品種 依照花朵數定價

嘉德麗雅蘭的大輪品種，是依照花朵數量來制定價格的獨特類別，因此就算只是1枝，開2朵花或3朵花的價格也不一樣。

蝴蝶蘭 > p43

像是展開翅膀一樣的姿態而得名，可說是婚喪喜慶或高級送禮的經典選擇。另外，花朵較小且顏色繽紛多樣的新品種，也很受到矚目。

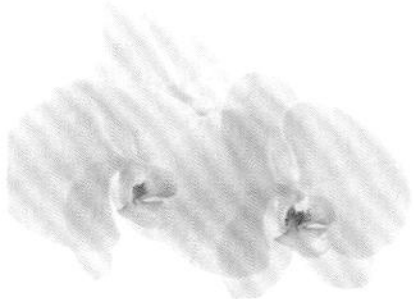

花瓣非常脆弱

光從花瓣需要使用棉布或薄紙包覆固定再出貨，就知道蘭花有多麼纖細脆弱，嘉德麗雅蘭也是一樣，出貨前都會經過仔細的包裝。

東亞蘭 > p44

淡色、低明度色階原本是東亞蘭的特色，不過現在增加了雪白以及粉紅色等品種，與日本蘭花配種後所誕生的典雅花色，也很具有人氣。

唇瓣要小心照顧

蘭花的花朵都是接連著一起綻放，因此很容易碰觸到其他的花材，由於唇瓣部分很容易一碰就掉，所以要多加注意不被其他花朵勾到。

關於花的鮮度與花苞

檢查花瓣的光澤、新鮮度

花會由下往上依序開，因此即使一整枝開滿了花朵，但是下方花朵看起來卻缺少了光澤或活力，那麼這株蘭花的新鮮程度就不算是最好。

花瓣會受損絕對嚴禁寒冷

進口蘭花在空運時因為擺放在貨艙中，有可能因為過冷而凍傷，因此在溫度較低的時節裡挑選蘭花時，記得挑選花瓣沒有損傷的花朵。

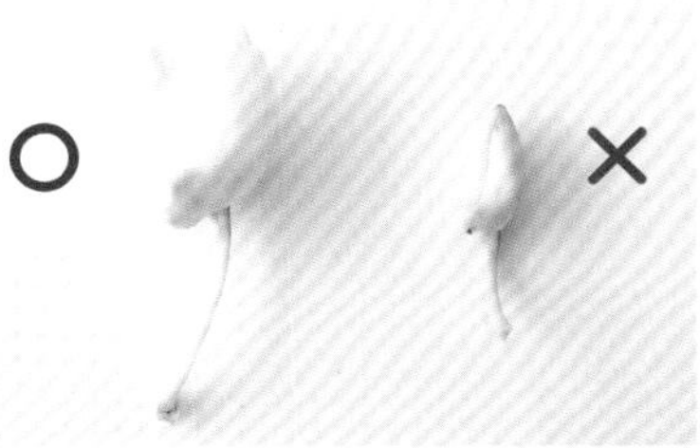

會開的花苞與不開的花苞

在花莖前端會結出花苞的品種是莫氏蘭和石斛蘭，已經稍稍開啟的花苞會順利開花，但如果花苞還是呈現閉合狀態就不會開花。

如何讓花開得更久

活用保水性絕佳優點與其他花材搭配

蘭花保水性非常好，因此如果只是幾個鐘頭的派對的話，不需要插在水中即可做裝飾，就算一朵一朵地鋪在桌面上，還是能夠營造出華麗的氛圍。

善加利用保鮮管就能夠單朵來裝飾

蘭花屬於花朵連著一起綻放的花卉，若僅需裝飾單朵蘭花時，最好用的容器就是保鮮管了，將已分枝分朵的蘭花連同花莖一起插進裝水的保鮮管內，就可以直接使用。

文心蘭 > p136

柔順的花莖上開滿了小小的嬌俏花朵，是給人優雅印象的一款蘭花，也有香氣十足的品種，進口貨以台灣出產的文心蘭為最大宗。

很怕乾燥得隨時補充水分

花小且花瓣較薄，因此對於冷氣要格外注意，花朵很容易變得乾燥，不妨利用噴水等方式，每天給花朵補充一次水分。

仙履蘭 > p163

可愛而嬌氣的模樣加上不規則點點或線條花紋，在蘭花當中也是別具個性的一款，在花市上以單枝結單花的類型為主。

對於大片唇瓣一定要小心處理

強壯且花期久，但因唇瓣大很容易掉落，要格外注意。且因為一枝花莖上僅一朵花，一旦唇瓣掉落，整朵蘭花就算報廢了。

火焰蜘蛛蘭 > p48

花瓣雖然非常細長卻是相當結實，自由伸展的花莖上點綴著眾多花朵，不僅展現出分量感十足，也顯得華麗萬分。

蜻蜓萬代蘭 > p48

Chark Kuan Blue

這款蘭花是由兩種蘭花交配後誕生的品種，經由萬代蘭繼承到紫色以及充滿存在感的碩大花型，還從蜘蛛蘭獲得了花期久的優良基因。

嘉德麗雅蘭

カトレア

科／蘭科
屬／嘉德麗雅蘭屬
原產地／熱帶美洲
香氣／○

開花期／3～4月
英文名稱／Cattleya
日文名／日の出蘭（ヒノデラン）
花語／優美的貴婦、成熟魅力

花色——●●●○●●◎

優雅的花朵以及外型香氣更是無比迷人

嘉德麗雅蘭不僅高雅又擁有絕佳氣質，有著讓人無法忽視的存在感，大片花瓣帶有皺褶，而香氣也十分誘人，堪稱是洋蘭中的女王。原生種約有30種左右，但是包含近緣屬之間的交配種都一樣稱為嘉德麗雅蘭，也因此也誕生出了各式繽紛的新品種。

這款原產地是熱帶美洲的花卉，首次被帶到到英國是在19世紀前半，當時為了要完好無損帶回當地採集到的植物，才將嘉德麗雅蘭當作保護的緩衝材料使用，可說是在陰錯陽差之下飄洋過了海。

目前與蝴蝶蘭雙雙都是葬禮上常使用的高級花卉，因此切花平常很少會出現於日本花店裡，必須仰賴提前下訂購買。不算長的花莖上會分別開出2～4朵花，品種也是從大輪到小輪都有，花朵具備各種大小不同尺寸。

白色花朵的小輪品種、Tiny Kiss，花瓣纖細，營造出輕巧的模樣。

特寫!

Other Type

小輪品種

Mystic Lady

▼插花前準備

修剪花莖。
＊奄奄一息的時候
修剪花莖，或者直接讓整個花浮浸在水面上。

▼搭配建議

如果想襯托出大輪品種的華麗感，花材搭配就要簡單，例如添加上一枝小輪品種，整體氛圍就能夠更上一層。由於花枝較短，想要搭配做大型花藝時，可以將花插進保鮮管來使用。大輪品種的花朵很有分量，花瓣又很纖細，因此處理時要格外小心。

＊切花百科

上市時期／全年

▷日本的溫室栽培非常穩定出貨，但因葬禮上的使用量高，花市流通較多的季節則在冬天到春天間。

❋花朵尺寸／7～15cm、植莖高度／10～50cm

❋花材壽命／5～14天

換水／○　❋乾燥／×

蝴蝶蘭

花色 ——

○ ◎

特寫！

Midi 蝴蝶蘭花色豐富，其中又以黃色最適合新年。

コチョウラン

科／蘭科
屬／蝴蝶蘭屬
原產地／東南亞、南亞
香氣／—

開花期／4～6月
英文名稱／Moth orchid
日文名／胡蝶蘭（コチョウラン）
花語／華麗、我愛你

從大輪到小輪品種 滿足各式需求

蝴蝶蘭可說是妝點人生重大成就時不可少的高級花卉，因此在所有蘭花品種當中，送禮需求度也非常高。圓形花瓣伸展開來的模樣，看起來像是飛舞的蝴蝶般，而擁有了蝴蝶蘭之名。至於學名的擬蛾蘭，就如同字面上的意思，外觀類似飛蛾，儘管如此，花朵本身可是無比優美、十分雅致。

現在所能看到的品種，是經過將近100年漫長歷史進行品種改良而來，而且無論是切花還是盆花，白色大輪的蝴蝶蘭，更是在各種婚喪典禮上最不可或缺的重要點綴。

至於在普通場合裡，以能夠輕鬆搭配的Midi蝴蝶蘭品種最受喜愛，而且比起大輪品種，花朵較小的蝴蝶蘭價格也更加實惠，甚至還能找到橘、萊姆黃、豆沙紅以及複色等大輪品種所沒有的花色。

Other Type

小輪的品種

插花前準備

在出貨前必須以棉花或薄紙包覆，就知道蝴蝶蘭的花瓣有多麼嬌貴，因此一定要記得細心整理。需修剪花莖。

＊奄奄一息的時候

修剪花莖，或者整枝花浸泡在35℃以下的溫水中，並放置30分鐘～1小時左右。

搭配建議

想要做為日常生活裡的裝飾時，不妨挑選花朵數量較少的花枝，Midi蝴蝶蘭無論是當作主角還是配角，都能夠展現華麗氛圍。大輪品種則是以盆花栽植方式最為常見，但與其他花材搭配的設計就可以自由發揮。

＊切花百科

上市時期／全年

▷在國產花量減少的夏季，花市會使用台灣或越南進口蘭花，而Midi蝴蝶蘭在市面上的數量也不斷在增加。

花朵尺寸／**3～10cm**、植莖高度／**20～80cm**

花材壽命／**10～14天**

換水／○　乾燥／✕

東亞蘭

シンビジウム

花色——●●●●○●●●◎

科／蘭科
屬／蕙蘭屬
原產地／亞洲、澳洲等地
香氣／○

開花期／11～3月
英文名稱／Cymbidium
日文名／霓裳蘭（ゲイショウラン）
花語／無修飾的心、真摯的感情

底部

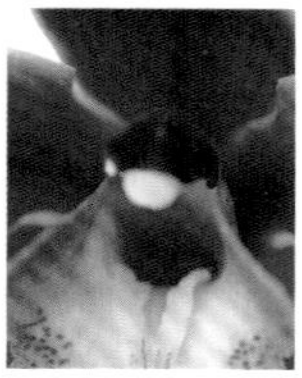

特寫！

從中性色到通透亮色 連濃厚深色也一應具全

東亞蘭起源是原生於緬甸、泰國的蘭花，在歐洲經過改良以後，搖身一變成為花朵數量繁多且開成一大串的華麗模樣，擁有蠟塑般質感以及中性花色是其最大特色，最近更增加了淡粉紅色、白色等等清透花色的新變化。

花瓣十分結實，保鮮期也很久，甚至還能夠將花朵直接浸入裝滿水的玻璃花器裡，做成水中花來觀賞，可應用的範圍相當廣泛這一點，也是東亞蘭的獨有特色。

而最近幾年，被稱為Table Cymbi、花莖短且花朵小的品種也逐漸受到市場矚目，因為是特別將原生於日本、中國的東方蘭一類重新進行品種改良，所以大多數都是咖啡色系的低調色彩，也能用來裝飾日常生活。

有著粉彩色的Vanilla Ice，屬於花市裡流通量大的明亮色系類型。

Other Type

中性色的品種

▼插花前準備

花市大都會選在開花的狀態下出貨，因此記得挑選花瓣沒有受損的花枝；修剪花莖。

＊奄奄一息的時候

修剪花莖，或者整株花浸泡在35℃以下的溫水中，並放置30分鐘～1小時左右。

▼搭配建議

華麗盛開的類型適合送禮，通透花色看起來十分清爽，而咖啡色或中性花色則可以做為具有大人味的花禮，至於小朵的東亞蘭，在製作小型作品或迷你花束時，只需要添加一枝就能大大提升整體品味。

＊切花百科

上市時期／全年

▷國產是從秋季到初夏間上市，3月以及年底是上市旺季，紐西蘭進口的鮮花則會在5～11月間流通。

❋ 花朵尺寸／ **3 ～ 8cm**、 植莖高度／ **30 ～ 100 cm**

❋ 花材壽命／ **14 天以上**

換水／◎ ❋ 乾燥／✕

萬代蘭

バンダ

花色

特寫！

底部

科／蘭科
屬／萬代蘭屬
原產地／熱帶亞洲、澳洲
香氣／－

開花期／6～7月
英文名稱／Vanda
日文名／翡翠蘭（ヒスイラン）
花語／優雅、優雅之美

花瓣上滿布的別緻斑點，正是萬代蘭獨有特色。

Other Type

Suksamran Spots

瀰漫著異國風情的網紋花樣與濃厚色彩

散發著異國風情的大朵花兒連著成串綻放，具有著十足的視覺張力，而且大片花瓣水平開展，擁有獨特網狀斑點紋路更讓人印象深刻，Vanda是古印度的梵語，來自具有附生意涵的Vandaka一詞，這是因為萬代蘭得依附樹木生長而得名。

在蘭花品種當中，萬代蘭以擁有性格的藍色而著稱，不過最近幾年開始看到台灣或泰國栽種的新顏色出現，讓花色快速豐富起來，無論是高彩度粉紅、甜美粉紅、中性複色到典雅茶色、豆沙色，甚至是白色，花色變化之多完全壓倒其他蘭花品種。

出現在市面上的萬代蘭有兩種，一種是只有將花朵使用在花藝搭配上，另一種則是帶有大型氣根以及葉片的盆栽型。

▼插花前準備

直接修剪花莖；冬季會有缺水的問題出現，所以記得要擺放在溫暖的室內會比較好。

＊奄奄一息的時候
修剪花莖，或者整株花浸泡在35℃以下的溫水中，並放置30分鐘～1小時左右。

▼搭配建議

與充滿南國風情的綠色葉材非常搭，也適合與其他個性花材配在一起。而帶有濃烈花色的萬代蘭，加上亮綠色的莢蒾等花材，則會顯得十分時尚；萬代蘭盆栽也可以直接當作室內裝飾，能欣賞到全株的姿態，而等花謝後，再把花枝整個摘除掉即可。

＊切花百科

上市時期／全年

▷幾乎全來自泰國、台灣，一部份由溫室栽培的國產萬代蘭會在夏季上市。

花朵尺寸／**5～10cm**、植莖高度／**10～50cm**

花材壽命／**14天左右**

換水／◎　乾燥／✕

莫氏蘭

モカラ

花色——◎

特寫!

科／蘭科
屬／莫氏蘭屬
原產地／熱帶亞洲、澳洲
香氣／○（部分有）

開花期／7～11月
英文名稱／Mokara
日文名／—
花語／優美、氣質

花朵風格清新自然　惠而不費、且容易搭配

粉紅、黃、橘或斑點花紋等等各式各樣時尚流行色彩，豐富的不禁讓人聯想到熱帶天堂，莫氏蘭除了有蘭科萬代蘭屬得基因以外，還融合了其他2種蘭花一起進行改良而成。

圓而帶有一定厚度的花瓣會完全舒展開來，不過多數花型都像是更為纖細、小型的萬代蘭，花朵則是會滿滿地集中綻放，由於價格非常親民，可輕鬆做搭配利用，因此也成為備受喜愛的一款蘭花，因為單支莫氏蘭看起來就很具分量，無論做為作品的主角或配角都很合適。

花期非常長，在炎熱季節時就成為相當難得的花材之一，只是這款蘭花不耐冷又怕乾燥，冬季時要注意擺放地點，最好是選擇擺置於暖和的室內。

開滿了小朵花的Calypso（右）以及Singa Gold品種。

Other Type

Blue Boy

Gold Nugget

插花前準備

色彩亮麗的花朵就代表著新鮮，購買前要先檢查花苞或花瓣有沒有凹損之處；需修剪花莖。

＊奄奄一息的時候

修剪花莖，或者整株花浸泡在35℃以下的溫水中，並放置30分鐘～1小時左右。

搭配建議

因為擁有圓形花瓣，因此很容易與玫瑰、大理花這些圓形花朵融為一體，堪稱最佳搭檔，至於黃、橘色系的莫氏蘭則是可以與向日葵一起搭配出充滿夏天氣息的組合，要是將色彩搶眼的橘與粉紅莫氏蘭結合在一起，可百分百演繹出明媚南洋風。

＊切花百科

上市時期／全年

▷來自泰國、馬來西亞的進口莫氏蘭一整年都有，主要季節是7～8月。

花朵尺寸／**2～3cm**、植莖高度／**30～60cm**

花材壽命／**14天以上**

換水／○　乾燥／╳

石斛蘭

デンファレ

科／蘭科
屬／石斛蘭屬
原產地／熱帶亞洲、澳洲
香氣／—

開花期／6～9月
英文名稱／Dendrobium Phalaenopsis type
日文名／—
花語／合適、能幹、不受誘惑

花色 —

Other Type

Jewel Peach

Pure White

石斛蘭的細長花莖與花朵呈現完美比例，Sonia（右）以及Anna。

最為大家熟悉也最受喜愛的蘭花

花朵輕盈地綻放於細長花莖上，石斛蘭給人非常正式的感覺，且在所有蘭花當中，流通量更是第一，因為價格非常實惠，無論是日常的插花搭配，或者是婚喪喜慶典禮，各種場合都能夠看得到石斛蘭的存在，加上花朵並不嬌弱且保鮮期又久，也常成為餐點菜盤上的裝飾。

花色除了有紫紅的深色系外，還有容易與其他花材組合的粉紅、白、綠等淡色系，顏色非常豐富。雖然一整年都能買到石斛蘭的切花，但因為是熱帶性植物，所以很不耐寒。

所謂的石斛蘭，是以石斛蘭屬當中長得像蝴蝶蘭的Phalaenopsis 這個品種做為基礎，經過改良而成的園藝品種，全名是秋石斛蘭（Dendrobium Phalaenopsis type），簡稱為 Denphalae，而非石斛蘭屬與蝴蝶蘭屬交配產生的品種。

特寫！

▼插花前準備

花苞直到開花前都會需要足夠養分，因此不妨挑選已經差不多都開了花的花枝，能放比較久；需修剪花莖。

＊奄奄一息的時候

直接修剪花莖，或者整株花浸泡在35℃以下的溫水中，並放置30分鐘～1小時左右。

▼搭配建議

花莖越是長的類型，就容易因為花朵的重量而彎曲，不妨依照花莖長度來搭配。如果是做成新娘捧花，可活用石斛蘭柔軟花莖設計成瀑布型捧花，看起來就會非常完美。由於花朵十分耐久，夏季時做花藝搭配還是花束禮物都很合適。

＊切花百科

上市時期／全年

▷來自沖繩的高品質切花全年都有，至於泰國、新加坡的切花，因為對中國出口量漸增，往日本的貨量則逐漸減少。

花朵尺寸／**3～5cm**、植莖高度／**30～60 cm**

花材壽命／**14 天以上**

換水／〇　乾燥／╳

火焰蜘蛛蘭

アランセラ

花色 ——

◎

特寫！

科／蘭科
屬／火焰蜘蛛蘭屬
原產地／東南亞
香氣／－

開花期／7～11月
英文名稱／Aranthera
日文名／－
花語／渴望

筆直的修長花莖成為搭配時的重點

火焰蜘蛛蘭是由蜘蛛蘭以及火焰蘭這兩種蘭花交配而成的品種，因為花瓣細長，所以整體看起來十分輕盈、嬌小。

具厚度如同上蠟般充滿質感的花朵，不僅結實且非常耐久，彷彿跳舞般的無數花朵就分散開在花莖上，挑選花莖較長的花枝，就能夠展現出華麗的氛圍。

插花前準備

修剪花莖。

＊奄奄一息的時候

因天寒導致吸水性不佳時，可以使用浸燙法，將花浸泡在35℃的溫水中。

搭配建議

不需要剪短、分枝，利用花莖較長的特色來做組合，建議好好靈活運用花莖微微彎曲的模樣吧。因為不耐寒，所以空間溫度要控制在8℃以上。

＊切花百科

上市時期／全年

▷泰國、馬來西亞產一整年都看得到，旺季是7～8月。

花朵尺寸／3 ～ 5cm、植莖高度／30 ～ 80 cm

花材壽命／14天以上　換水／○　乾燥／×

蜻蜓萬代蘭

アランダ

花色 ——

◎

花苞

特寫！

科／蘭科
屬／蜻蜓萬代蘭屬
原產地／馬來西亞
香氣／－

開花期／7～11月
英文名稱／Aranda
日文名／－
花語／獲得、優美

承繼了萬代蘭鮮豔華麗的紫色

蜻蜓萬代蘭是將萬代蘭與蜘蛛蘭這兩種蘭花交配誕生的園藝品種，1930年代左右由馬來西亞改良，可說是比較新的一款蘭花。

承繼自萬代蘭鮮豔華麗的紫色色系及充滿存在感的花型，至於蜘蛛蘭的部分則擁有其耐久的優良基因，讓這款蘭花成為更容易搭配的切花選擇之一。

插花前準備

修剪花莖。

＊奄奄一息的時候

因天寒導致吸水性不佳時，可使用浸燙法，將花浸泡在35℃的溫水中。

搭配建議

小花朵不會太過密集，通常會當作配角花材來使用，只要添加一枝蜻蜓萬代蘭，就能立刻營造出熱帶氛圍。也因不耐寒，溫度需控制在8℃以上。

＊切花百科

上市時期／全年

▷來自泰國、馬來西亞的切花，一整年貨量都很穩定流通。

花朵尺寸／3 ～ 5cm、植莖高度／30 ～ 80 cm

花材壽命／14天以上　換水／○　乾燥／×

Basic Knowlege—❶

花材種類

將花藝搭配不可欠缺「花」的種類及特色知識學起來吧！也能做為挑選花材時的參考。

綠葉

在插花時，指的是可以被善加利用的綠葉植物，有單枝或枝條分杈的選擇，葉片則有圓形造型或者是細長線條狀等等，外觀模樣十分多種。

●銀葉植物　指帶有白色系的綠色葉子，大多數的葉片表面都擁有細毛，另外也有葉片像是撒上一層粉、非常有質感的品種，帶來柔和感受。

●彩葉植物　具有酒紅、咖啡等顏色的綠葉，大多數都是原產於熱帶的植物，充滿活力的外觀也是一大特徵。

●斑葉植物　泛指葉片上有著白、黃、綠色等斑駁花紋或線條的植物。

枝葉類

將樹木枝條切下的花材，大致分3個種類，一是開著像是梅花等花朵可以賞花的枝條類，再來就是可供觀賞的葉子或果實類，當想呈現山野自然、和風逸趣、季節感時，就能扮演重要角色。

藤蔓類

所有藤蔓植物都歸在這一類，植莖非常柔軟，有的下垂、有的朝左右伸展，甚至是纏繞著附近花葉生長，除了綠葉以外，也會有開花的種類。

乾燥花

將植物乾燥而成，包含花朵、綠葉、果實、藤蔓、枝條、切片水果等，種類豐富。如果以花材來講，則通通稱為乾燥花。

花

開花狀態下的花材總稱，隨四季變化而有各式不同的花。而鮮花所具有的花莖線條、葉子模樣，一起構成花的整體，同樣是賞析重點。

●球根花　從球根開出花朵的植物總稱，仰賴蓄積了豐富養分的球根來生長、開花，而帶有球根的切花在最近也越來越受喜愛。

●花樹　指的是在所有開花樹木裡，花朵開的格外美麗的樹種，在切花部分來說，也是最能夠感受到季節感的重要花材。

果實

在結著種子或果實的結果狀態下上市的花材，也稱果實花材，除了木果外也有草花類的果實，或是在成熟變色前（綠色）的果實，還有已經變成紅、黃色的果實，各自展現出不同樣貌。

●結果藤蔓　並非所有結果的花材都是朝上生長，也有結果在藤蔓上使得枝條低垂的類型。

花材

植物素材的總稱，依照狀態分為鮮花、乾燥花、永生花和人造花這4種，並且各自再繼續細分成：花、枝葉、果實這3種，而植物以外的材料就通通稱為花藝資材。

鮮花

切花、盆花等都包含在內、自然（新鮮）狀態下的所有花卉總稱，因為對照人造花、乾燥花等經過加工的花卉，所以直接稱為鮮花。

永生花

鮮花經過加工以延長保存時間的一種花材。抽出植物本身的水分後，再注入特殊液體，能夠擁有近似鮮花的柔軟質感的加工方法，除了花朵以外，綠葉、果實也都可以加工，且因為能使用色素來添加彩色，所以擁有許多自然界植物所沒有的豐富顏色。

人造花

由人工製造的花朵，無論是花、綠葉或果實都有，種類多樣，除了有模擬真花的人造花外，也能呈現獨特色彩與質感的作品，甚至水果也有。

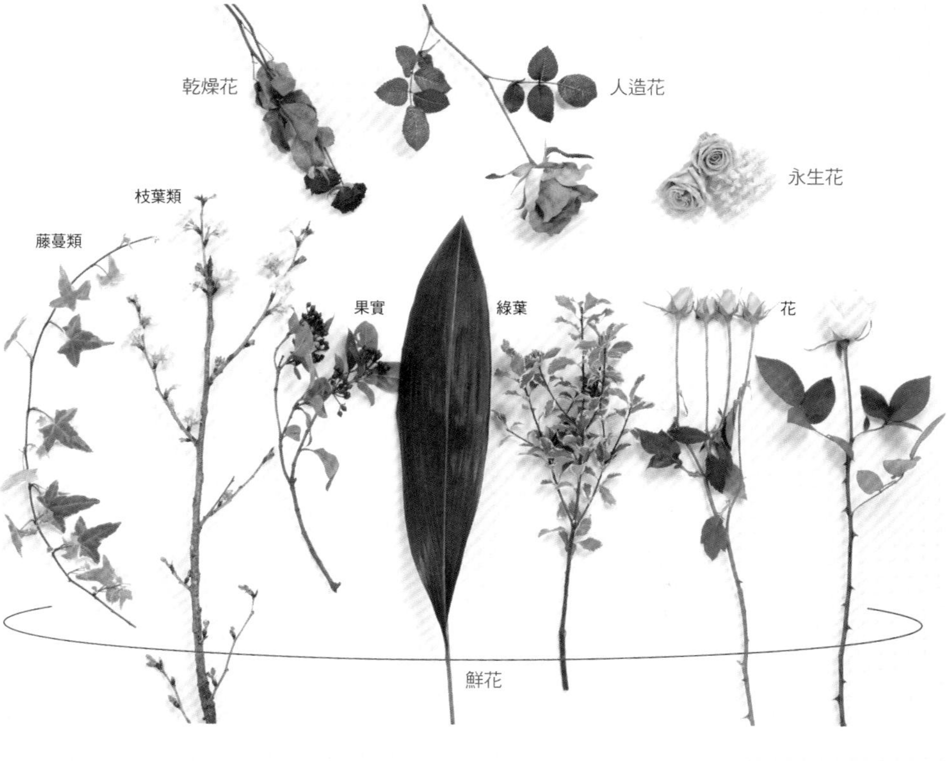

Part 2

演繹季節感的花卉

春、夏、秋、冬，
四季專屬的代表性花卉，
在這裡通通一次收集好。
當然，切花總是比大自然的節奏再早一些，
提前讓人感受季節的到來，
但在特別的節日或是想送一份花禮時，
絕對能適時派上用場！

Seasonal Flower

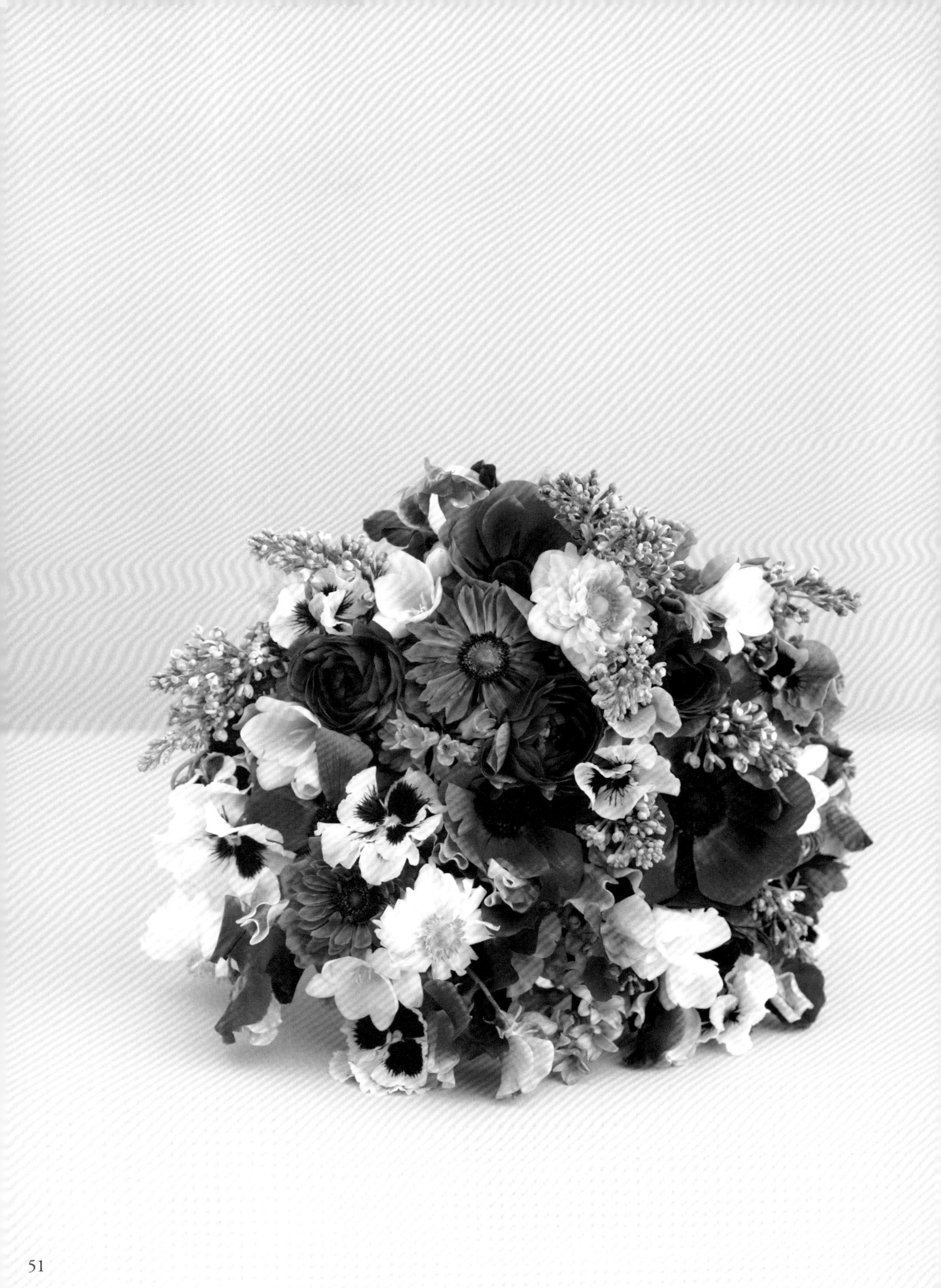

鬱金香

チューリップ

科／百合科
屬／鬱金香屬
原產地／中亞、北非
香氣／○（部分有）

開花期／3～4月
英文名稱／Tulip
日文名／鬱金香（ウッコンコウ）
花語／愛的告白、單戀、博愛

花色

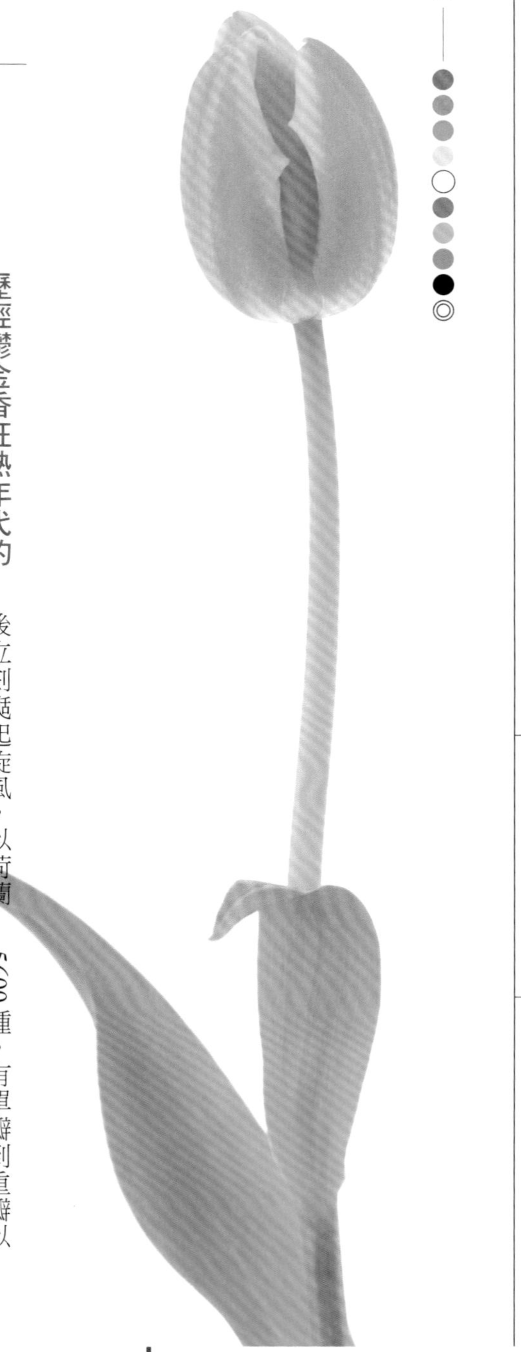

開花

特寫！

歷經鬱金香狂熱年代的可愛的春天球根花

擁有亮麗的花色再加上可愛的花朵形狀，鬱金香可以說是春天球根花的一大代表，從誕生故鄉的中亞到地中海沿岸地帶，總共約有150種原生種，而且因為受到鄂圖曼王朝的喜愛，根據記錄在16世紀之際已經出現約1000種之多的品種。

1560年左右傳入到歐洲後立刻颳起旋風，以荷蘭為中心開始盛行鬱金香的育種以及栽種，這使得球根價格上揚，沒有多久時間更成為炒作對象，到了1630年代中葉左右，一顆球根的價格甚至飆漲到好幾棟房屋的天價，但之後再懸崖式崩跌，這也就是歷史上所謂的鬱金香狂熱年代。

目前荷蘭皇家球根&植物出口協會，其所掌控的鬱金香球根品種就多達約5600種，有單瓣到重瓣以及花邊等等多樣的花型，而切花更是會隨著季節而有不同的花型、花色變化流通於花市中。

即使剪下做為切花，鬱金香還是會繼續生長，會隨著花莖的伸展而使得造型很容易改變的一款花，不過最近幾年因為會使用藥劑處理過，讓花莖不會再伸長，可以維持原有的花藝造型不變。

插花前準備

整理多餘葉子，修剪花莖，這時候要記得將尾端的白色部分保留下來，這裡是養分積存的地方。

＊奄奄一息的時候
修剪花莖後插入深水中。

搭配建議

想要使用大量繽紛花色的花朵時，挑選相同花型會比較好做配置，而溫暖的房間或日照良好的窗邊會加速開花，因此想要讓鬱金香開得久，最好就是擺放在溫度變化小的玄關等處，帶有球根的鬱金香則賞花期會更久。

＊切花百科

上市時期／11～4月

▷生產切花的前3名縣市分別為新潟、富山、埼玉，至於球根多數是來自荷蘭，富山縣則專門培育獨家品種。

花朵尺寸／3～8cm、 植莖高度／20～50 cm

花材壽命／5～7天

換水／○ 乾燥／×

切花主要常見種類

皇冠型

屬於花朵底部鼓脹，而花瓣邊緣漸尖的花型，因為整個形狀就像是一座皇冠而獲得這樣的名稱。雖然花型簡單，但獨特的外型非常引人矚目。

White Liberstar

單瓣型

這是最為早期的單純花型，卻也越來越少見，雖然花瓣看起來有 6 片，但其實外側有 3 片是由花萼演變而成，只有內側的 3 片才是花瓣。

Pink Diamond

原生類

這一類指的是原生種或類似原生種的品種，單瓣型的小花在滿開時，就會開得像星星，由於花莖並不長，購買時連同球根一起會更容易搭配。

Polychroma

重瓣型

在突然變異下所誕生的花型，重疊的花瓣數量會依照品種而有不同，有些僅是比單瓣型多出幾片，但也有由數十枚細小花瓣所組成。

Gerbrand Kieft

百合型

如其名，花瓣前端呈尖狀，像是百合般的花型。古時以這款花型為主流，因此在原產地土耳其的建築物壁畫上，經常可以看得到這樣的設計。

Ballerina

花邊型

花瓣邊緣擁有細小的鋸齒狀，鋸齒裂開深淺則會隨著品種而各有不同，會再分為單瓣與多瓣兩種，不過多瓣花邊型的品種年年增加當中。

Exotic Sun

鸚鵡型

花瓣會有不規則鋸齒狀或捲曲，形狀就像是鸚鵡（parrot）的羽毛一樣而得名，要是整朵花完全綻放開來，能夠欣賞到充滿活潑動感的變化。

Mysterious Parrot

如何讓花開得更久

將葉子完整地摘除

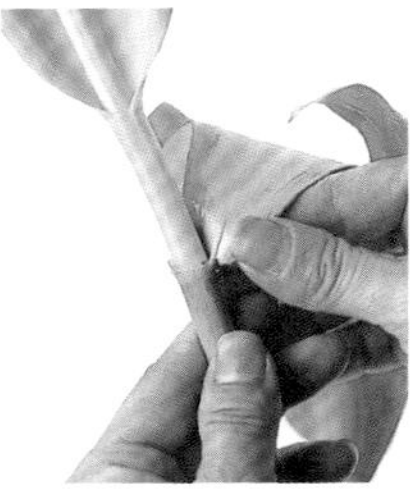

摘除葉片的時候，可以利用大拇指指腹從葉子底部小心剝除下來，絕對不能撕扯葉片，要注意不要傷害到花莖。

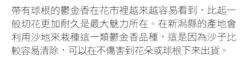

Memo

帶有球根的鬱金香人氣急速攀升中

帶有球根的鬱金香在花市裡越來越容易看到，比起一般切花更加耐久是最大魅力所在。在新潟縣的產地會利用沙地來栽種這一類鬱金香品種，這是因為沙子比較容易清除，可以在不傷害到花朵或球根下來出貨。

Pink Vision

Brown Sugar

Orange Juice

Red Dress

春天

Flash Point

Candy Time

Huis Ten Bosch

Pink Magic

Yellow Crown

Limousine

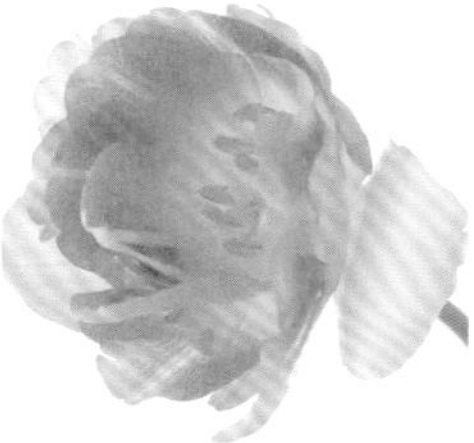
Charming Beauty

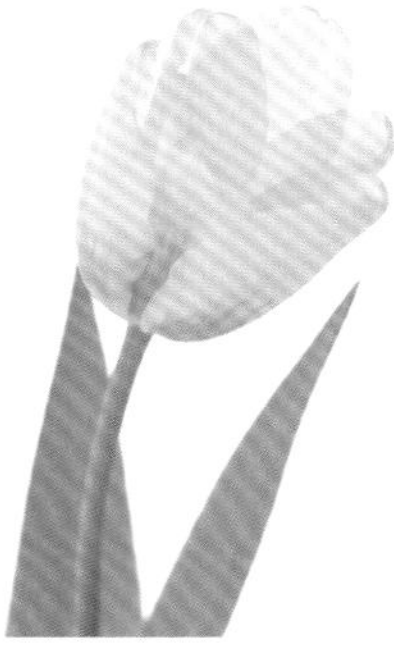
Green Spirit

Happy Generation

Katinka

Negrita Parrot

陸蓮花

ラナンキュラス

花色

特寫!

底部

嬌嫩的花瓣 在春天的氣息中綻放

在早春的切花中，人氣數一數二的當屬陸蓮花了，當圓形花苞綻放時，就能夠看到薄如紙張的花瓣層層疊疊滿開。

陸蓮花最原始生長地就位在歐洲東南部到西亞之間。稱為Ranunculus asiaticus的品種，僅有5枚花瓣的這款原生種經過荷蘭、美國的改良，誕生出花瓣疊加的重瓣以及更豐滿的萬重瓣花型。儘管陸蓮花在明治時代中葉就已經傳入日本，但是真正獲得青睞喜愛卻是已經百年後的平成時代了，在2003年左右由日本育種產生的高品質陸蓮花切花上市，就此一炮而紅。

無論是育種還是生產，陸蓮花在日本幾乎全國產，不論是色彩鮮豔的大輪品種，有大型雌蕊且複色或花瓣有皺褶、充滿性格的陸蓮，以及花瓣翩翩吸引目光的半多重花型等，全都活躍於花市中，而且陸蓮花每一年都還在進化改變，花色、花型也越來越豐富多樣，其中大多數都採系列化培育，這樣的成果獲得世界好評，也出口到包括荷蘭、中國等全地並備受喜愛。

科／毛茛科
屬／毛茛屬
原產地／東歐、南歐、西亞
香氣／○（部分）

開花期／3～4月
英文名稱／Persian buttercup
日文名／花金鳳花（ハナキンポウゲ）
花語／明媚的魅力、名氣

插花前準備

因為花朵很有重量，所以要挑選吸水性良好的花枝；整理多餘葉子，並水平修剪花莖。

＊奄奄一息的時候

以報紙將花枝包起來，將花莖切口浸在沸騰熱水中，約5秒後放回水中，重新修剪過花莖後開始插花作業。

搭配建議

陸蓮花滿開時花型很大，由於花期也比較長，從開始綻放到滿開期間，不妨依序更換其他花材來做搭配；而像是型態特殊的小花或穗狀花朵等，能夠襯托出陸蓮花的圓形花型；半重瓣型的花莖因為能長得很長，更可以欣賞到輕盈的花瓣模樣。

＊切花百科

上市時期／10～6月

▷在旺季的2月時，花市裡流通的都是品質好、花期長的陸蓮花，大輪系列品種會出口，同樣在海外獲得高人氣。

花朵尺寸／**5～20cm**、 植莖高度／**30～60 cm**

花材壽命／**7～14天**

換水／○ 乾燥／╳

關於花的鮮度與花苞

購買已經開花的花朵

買花的時候，以陸蓮花來說建議最好挑選已經開花的花朵，這是因為花苞到綻放前會需要耗費養分，等到花開的時候，花莖就會變得比較脆弱。

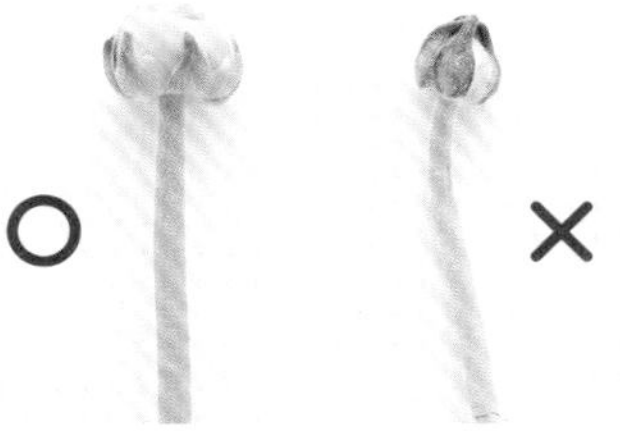

會開的花苞與不開的花苞

與其他品種的鮮花一樣，已經變色且膨脹的陸蓮花花苞就會開花，至於小而堅硬緊閉的花苞就不容易開花，在插花之前可以先做整理。

如何讓花開得更久

別忽略缺水時的徵兆

花朵的狀態可以透過觸摸花莖來確認，只要花莖垂頭、變軟，就是缺水的徵兆。可剪除變軟的花莖並換水。

Memo

花莖質地較光滑
可卡在葉片間做固定

陸蓮花的花莖非常光滑，因此插花時很難固定在想要的位置上，不妨利用帶有葉子的草花或葉材來做搭配，先插好其他的花材，把葉子當成劍山來善用，就可以固定好陸蓮花。

切花主要常見種類

重瓣型

重瓣型是陸蓮花的主流，輕透的花瓣好幾重疊加在一起，而且隨著花朵綻放，整朵花也會跟著變大，至於花瓣數量非常多的品種也會被稱為萬重瓣花型。

Cottun

Rax系列

單瓣與半重瓣花型以叢開的模式出現在花市裡，輕盈綻放的花瓣充滿光澤，在光線照射下格外顯得閃閃發亮，這是由日本所培育出來的品種。

Eris

蓬蓬系列

由小片花瓣集中開放的大輪品種，隨著充滿皺褶的花瓣陸續綻放，整朵花也會跟著變大，花莖比較粗，花期也相當久，是誕生於義大利的一個品種系列。

Merlino

摩洛哥系列

花朵中央雌蕊非常顯眼的花型，花瓣纖細並有著小裂口、捲曲或花紋，與名稱一樣散發著濃濃的異國氛圍。

Seti

變異型

與一般重瓣型花型有非常明顯不同的品種就稱為變異型，像是圖片上的Garros，擁有綠色的花色且花瓣尖而細長等等，擁有獨特韻味。

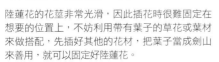

Garros

從最經典到最人氣品種

Charlotte

Thiva

Charlotte Orange

Charlotte Rose

Ponpon Luna

Ponpon Igloo

Theron

Pompon Malva

Lourdes

Kara

Satyros

Gironde

Super White（暫定）

Iris

Savant

Ferrand

香豌豆

スイートピー

花色 —— ● ● ● ○ ● ◎

底部

特寫！

充滿縐褶的花瓣帶來了春天與甜美香氣

輕飄飄的花朵就像是飛舞的蝴蝶，具透明感的花色以及甜香氣息是香豌豆的最大特色，經常妝點在春天的畢業季祝福花束裡。

在原產地義大利西西里島首次被發現時，是17世紀中葉的事情，並從18世紀後半開始，在英國等地為了做為園藝品種而展開了配種改良。至於日本則是在明治時代末期，於現今的神奈川縣橫須賀市開始栽培切花，到了大正時代更開啟了溫室栽培作業。由於香豌豆屬於需要陽光與溫度的花種，產地主要分布在太平洋沿岸地帶。

在五顏六色的花朵中，有著染色風格的有黃、橘色系，最近幾年也開始看得到綠色、巧克力色的染色香豌豆。1月21日是日本紀念日協會制訂的香豌豆日，因此花店在這一天都會被甜甜的香氣所包圍。

染色般的Orange Range（右）及初夏宿根型的香豌豆。

Other Type

First Lady

Toi et moi

式部

科／豆科
屬／香豌豆屬
原產地／義大利西西里島
香氣／○

開花期／4～6月、（宿根型）6月
英文名稱／Sweet pea
日文名／麝香連理草（ジャコウレンリソウ）
花語／離家出走、細膩的喜悅、回憶

▼插花前準備

花苞間隔緊密的花枝就很新鮮，所以購買時要看仔細。插花時要先修剪花莖，想讓花苞順利開花會需要陽光，添加保鮮劑也很有效。

＊奄奄一息的時候
可以使用浸燙法，將花莖浸在沸騰熱水中。

▼搭配建議

挑選能夠襯托香豌豆薄而纖細花瓣的花材非常重要，鬱金香、風信子這類新鮮球根花雖然感覺比較厚實，卻是最佳搭配，只要露出前端低垂的花苞，整體就能夠呈現出躍動感，由於花朵是垂直分布，因此要注意不要壓壞最下面的花朵。

＊切花百科

上市時期／**11～4月**、（宿根型）全年

▷宮崎縣以香豌豆全世界產量第一而自豪，1～2月產量最大，也出口至中國、歐美等地，獲得極大好評。

❋ 花朵尺寸／約 **5cm**、（宿根型）約 **3cm**
植莖高度／**20～50cm**、（宿根型）約 **70cm**

❋ 花材壽命／**5～7天**　換水／◎　❋ 乾燥／╳

白頭翁

アネモネ

花色

特寫!

底部

在春天花朵中有著豔麗花色，大大的花蕊是最大特徵。

科／毛茛科
屬／銀蓮花屬
原產地／地中海沿岸
香氣／－

開花期／2～5月
英文名稱／Anemone、Windflower
日文名／牡丹一華（ボタンイチゲ）
花語／相信你而等待、期待

Other Type

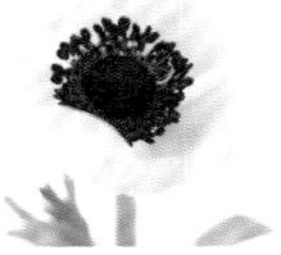
Marianne Panda

Monarch

大紅品種

或紅或藍的濃厚色彩 明顯的花蕊相當搶眼

在春天各種粉嫩色彩爭奇鬥艷之際，白頭翁以濃烈的深色色彩而令人印象深刻。紫黑色的大花蕊在如同花瓣的花萼襯托下，不僅漂亮又格外搶眼，而長得像荷蘭芹的葉子也很獨特。由於白頭翁的花萼對陽光、溫度反應都很敏感，因此會在不斷的開闔間改變花朵方向，因為是在早春暖風吹拂中綻放的花朵，所以英文名稱就是來自於希臘語的風（anemos）一詞。在銀蓮花屬當中，日本還看得到雙瓶梅、打破碗花等這些植物。

目前流通在花市中最為常見的品種，屬於半重瓣型、花朵尺寸約10 cm的大輪——蒙娜麗莎，而擁有白色花瓣、中央為黑色的品種Marianne Panda也很有人氣。購買時記得挑選花萼看起來沒有通透感的花朵。

插花前準備

購買才剛開花的花朵；修剪花莖。
＊奄奄一息的時候
使用浸燙法，以報紙將花朵與枝葉一起包起來，將修剪過的花莖切口浸在沸騰熱水中大約10秒，重新修剪過花莖就可以開始插花作業。

搭配建議

花不開的時候可以提高房間溫度，或是照射陽光，但溫度太高的話，會馬上全部盛開，要特別注意。擁有黑色花蕊的大輪白頭翁，因為視覺搶眼而適合做為主角，至於花蕊為綠色的純淨白色品種，則適合在婚禮上登場。插花時記得容器中的水要淺。

＊切花百科

上市時期／**10～4月**

▷皆為國產，因為具有耐寒性，所以即使較為寒冷地帶也能利用溫室在冬季進行栽培，主要產季在2～3月。

花朵尺寸／**5～10cm**、植莖高度／**10～50 cm**

花材壽命／秋**4～5**天、冬到春**7～10**天

換水／◎　乾燥／╳

小蒼蘭

フリージア

花色

特寫！

科／鳶尾科
屬／小蒼蘭屬
原產地／南非
香氣／○

開花期／3～5月
英文名稱／Freesia、Common freesia
日文名／浅黄水仙（アサギスイセン）
花語／天真無邪、親愛

擁有高貴優雅的姿態以及清新的果香

細而柔軟的花莖上接連開滿了花朵的小蒼蘭，花姿十分地優雅，充滿了香甜的水果氣味，更是經常出現在春天的畢業送別典禮上，儘管香氣濃淡會依品種而有不同，一般來說以黃色、白色品種的香氣最為強烈。

在南非發現了原生種以後，19世紀時開始以英國、荷蘭為中心展開品種改良，而引進日本則是在江戶時代末期。

小蒼蘭的花朵大小尺寸非常多樣，也有重瓣型花型，有很長一段時間都是以海外生產的小蒼蘭品種為市場主流，不過最近幾年在石川縣成功地培育出獨家品種，以Airy Flora的品種名稱發展出10種顏色、流通於花市裡。

一般來說，日本的小蒼蘭出貨時都會帶著細長葉子，但是國外進口的小蒼蘭就只會有花朵而已。

石川縣生產的Airy Flora，屬於花朵大且香氣濃郁的品種。

Other Type

Anouk

Orangina Double

插花前準備

整理多餘葉子，修剪花莖，洗掉花莖上的黏滑部分。
＊奄奄一息的時候
修剪花莖。

搭配建議

盛開的花瓣與小小花苞的組合在做花藝搭配時，能為作品增添輕盈愉快的氛圍。要是想突顯出小蒼蘭花朵接連綻放的獨特花型時，可以在安排位置時特別展現出細長的花莖。

＊切花百科

上市時期／全年

▷做為新年的重要花材，年底時市場流通量特別大，並在2～3月時迎來最高峰。

花朵尺寸／**3～4cm**、植莖高度／**30～70 cm**
花材壽命／**5～7天**
換水／◎　乾燥／╳

桃花

花色 —— ● ○

モモ

科／薔薇科
屬／李屬
原產地／中國
香氣／—

開花期／3～4月
英文名稱／Peach
日文名／桃（モモ）、花桃（ハナモモ）
花語／性情溫和、迷人

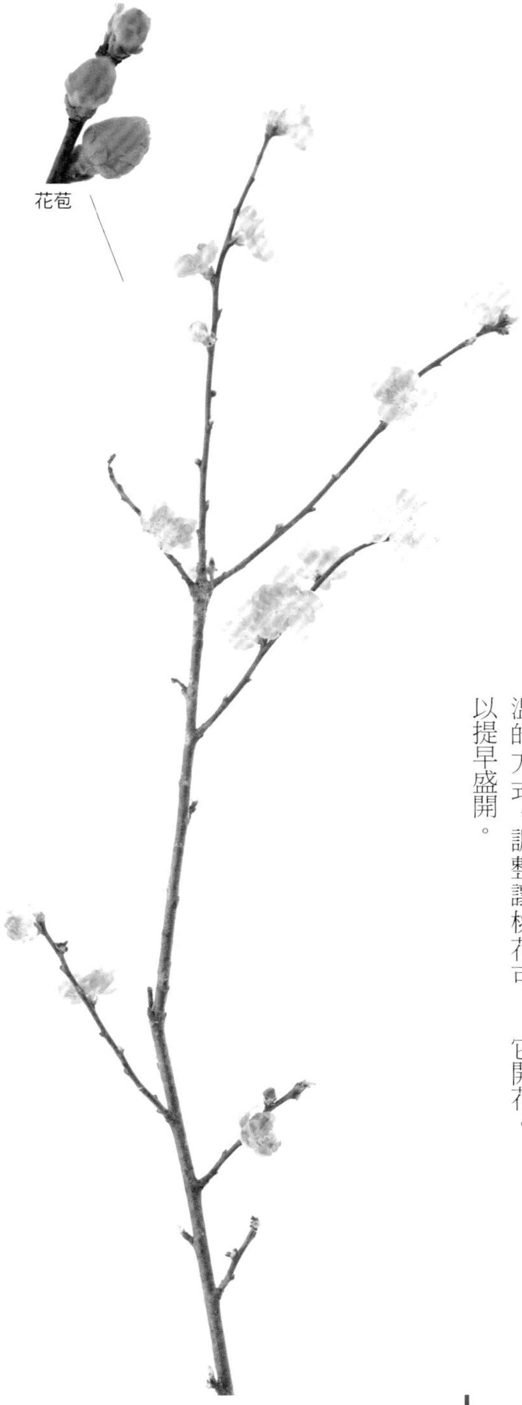

到女兒節的3月3日前，是花市主要上市季節。

可愛動人的紅粉色 用於慶祝著女兒節到來

隨著枝頭冒出的淺綠色新芽，還有滿滿綻放的粉紅小花——桃花，特別是在3月3日的女兒節裡，會與油菜花、鬱金香等屬於春天的花朵一同妝點慶祝。在這個季節流通於花市中的桃花，屬於觀賞花朵為主的桃花，透過將桃枝加溫的方式，調整讓桃花可以提早盛開。

中國自古以來就相信桃花具有長壽不老、辟邪的能力，且因為桃花是女性的象徵，於是在日本也成了女兒節的代表花。

桃花從明治時代以來不斷進行品種改良，誕生出單瓣、重瓣、菊型、複色等各式品種，至於切花則是以單瓣、重瓣花型為主。可愛的圓形花苞，可以利用溫暖空間以及保鮮劑讓它開花。

插花前準備

挑選飽滿的花苞，修剪花枝並在切口處再劃開幾刀，至於細小枝條以斜切方式修剪；保鮮劑相當有用。

＊奄奄一息的時候
修剪花枝並在切口處再做切割。

搭配建議

為了呈現出明媚春色氣氛，不妨搭配春天的花材，運用桃花的長枝條優點，在底部可以點綴油菜花或鬱金香；或者剪短桃花枝條，搭配繽紛三色堇也能呈現出爛漫春光。由於桃花不耐乾燥，做成花藝作品後要不時的噴水，讓整體保持一定濕度。

＊切花百科

上市時期／1～3月

▷花市以國產的催花栽種居多，基本是為了配合女兒節的慶典活動而出貨，2～3月是主要季節。

❋ 花朵尺寸／約 **2cm**、植莖高度／**50～150cm**

❋ 花材壽命／**7 天左右**

💧 換水／○　❋ 乾燥／✕

油菜花

ナノハナ

花色

特寫！

花苞

科／十字花科
屬／蕓薹屬
原產地／歐洲、東南亞
香氣／ー

開花期／2～4月
英文名稱／Canola flower
日文名／菜の花（ナノハナ）、花菜（ハナナ）
花語／活潑、豐饒、財產

亮麗又溫暖 屬於早春的色彩

油菜花田是早春季節最具代表性的一道風景，自西元前彌生時代引入日本以來，過去一直作為菜籽油的來源而大量種植，所以總能看見到遍野的黃色花海、宣告著春天的到來。

油菜花其實是小松菜、蕪菁、芥菜等蔬菜類，開著黃色花朵的總稱，至於切花部分通常指的是大白菜的改良品種，分枝較少的一類會成為切花，也會被稱為花菜。油菜花的花莖較粗，捲曲而蓬鬆的葉子帶有明亮的黃綠色，鮮活的黃色小花會接連綻放，帶來溫暖的氣息。

油菜花大約從12月開始上市，與桃花一同屬於慶祝女兒節的必備花卉之一，由於花朵枝條有趨光生長特性，因此擺放時要想好適合的地點。

而與切花相同品種的油菜花，也會做為春天應景蔬菜出現在菜市場裡。

宣告季節到來的黃色花朵，花苞會從外側開始一路往內開。

▼插花前準備

挑選花苞多的花枝，整理多餘葉子，修剪花莖。

＊奄奄一息的時候

使用浸燙法，以報紙將花朵與枝葉一起包起來，將修剪過的花莖切口浸在沸騰熱水中約10秒、再泡進水裡，重新修剪過花莖就可以開始插花作業。

▼搭配建議

盡量保留花莖長度，配色就以凸顯油菜花、葉的亮麗色彩的對比顏色吧，不過因為花莖較粗壯，所以要避免給予人沉重的感受，反過來也可以剪短花莖，讓視線全部集中在花朵上也很可愛。室內太溫暖的話容易讓花莖受損，需勤快地換水。

＊切花百科

上市時期／12～3月

▷在全國比較溫暖的地區進行栽種，旺季在2～3月。

❋ 花叢尺寸／約8cm、植莖高度／40～70cm

❋ 花材壽命／4～5天

換水／○　❋ 乾燥／×

罌粟花

ポピー

科／罌粟科
屬／罌粟屬
原產地／歐洲、西亞
香氣／－

開花期／3～5月
英文名稱／Poppy、Iceland poppy
日文名／雛芥子（ヒナゲシ）
花語／安慰、忍耐、體貼

花色

側面

底部

花苞

只要一開花就會瞬間滿開，萼片也會跟著脫落。

Other Type

冰島罌粟（紅）

冰島罌粟（黃）

冰島罌粟（粉紅）

瞬間綻放的花朵 擁有著戲劇性的變化

當下垂的圓形花苞萼片一開啟，能欣賞到轉瞬之間所有的花瓣全部舒展開來，罌粟花就是這麼一種其他花卉所沒有、帶著滿滿戲劇性綻放驚喜的花朵，花瓣則如同薄縐紋紙般非常纖細，中央的黃色花蕊也非常醒目。

從冬季到春季間上市的品種屬於冰島罌粟（左圖），另外也看得到稱為鬼罌粟的東方罌粟花 Oriental poppy，以及稱做雛罌粟的 Shirley poppy，至於被叫做喜馬拉雅藍罌粟的綠絨蒿也有少量流通於花市裡。

由於罌粟花的花朵壽命極短，因此購買時以挑選花苞為佳，雖然這樣無法從花苞判斷花朵顏色，但是期待花開瞬間也成為另一種樂趣，在花市裡能夠以實惠價格買到、也是罌粟花的另一大魅力。

▼插花前準備

修剪花莖，由於花莖內的導管容易堵塞，因此要插在淺水裡。

＊奄奄一息的時候

使用浸燙法，以報紙將花朵與枝葉一起包起來，將修剪過的花莖切口浸在沸騰熱水中約5秒、再泡進水裡，重新修剪過花莖就可以開始插花作業。

▼搭配建議

插花時顯露出纖細花莖，並且讓花朵猶如飄浮在空中的設計，就能夠創造出輕盈靈動感，通常都會是不同花色混和綁成束出售，因此整把拿來插在花瓶裡也是一種方式。當室內溫度一高，花朵就會馬上綻放，所以要特別注意擺放的位置。

＊切花百科

上市時期／11～7月

▷冰島罌粟主要是在冬季～春季間上市，以日本國產居多，季節在2～3月間。

花朵尺寸／5～7cm　植莖高度／20～50cm

花材壽命／3～5天

換水／○　乾燥／╳

金合歡

花色 —— ●

ミモザ

科／豆科
屬／相思樹屬
原產地／澳洲
香氣／○

開花期／2～4月
英文名稱／Mimosa、Silver wattle
日文名／銀葉（ギンヨウ）アカシア
花語／豐富的感受性、易感的心

亮麗的鮮黃色 可做成花圈或花束掛飾

象徵著歐洲春天的花樹，在法國全國各地還會舉辦金合歡節，而義大利更是有習慣在3月8日國際婦女節這一天，由男性贈送金合歡花給女性。毛茸茸的圓形小黃花能讓作品顯得更加華麗，做成花圈或花束掛飾後，也能直接變成乾燥花，使得金合歡的人氣年年上升中。

被稱為Mimosa的品種，除了最常見的Acacia baileyana（貝利氏相思）以外，還有在歐洲是主流的Acacia dealbata（法國金合歡）、Acacia podalyriifolia、柳葉金合歡等等，由國內進行育種栽培出來園藝品種也開始流通於市面上，也因近幾年流通量急速增加，光國內生產還不足以應付，因此必須再從義大利進口。因為花苞不太容易開花，建議最好挑選已經充分開花的花枝。

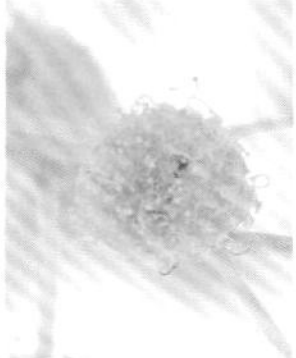

特寫!

Other Type

Acacia podalyriifolia

Acacia baileyana

Acacia dealbata

花苞不易開，要挑選已經綻放的花朵。

▼插花前準備

購買已經盛開的花朵，較細花枝以斜剪方式處理，較粗花枝則在切口處再劃十字，並浸入深水裡。

＊奄奄一息的時候

修剪花枝後並敲打切口後，再浸入深水裡。

▼搭配建議

整理去除多餘葉子，就能夠突顯出花朵的樣子，亮麗動人黃色若搭配對比色的藍紫色花朵，絕對能夠帶來鮮明的印象。為了讓半開的花朵繼續盛開，建議使用專屬保鮮劑的效果會非常好。

＊切花百科

上市時期／11～3月

▷流通在花市裡以國產及義大利進口為主，季節是1～3月，最常見品種是貝利氏相思。

花朵尺寸／約0.5cm、植莖高度／30～120cm

花材壽命／5天左右

換水／○　乾燥／○

大花三色堇・三色堇

パンジー・ビオラ

科／堇菜科
屬／堇菜屬
原產地／歐洲、西亞
香氣／〇（部分有）

開花期／10～5月
英文名稱／Pansy、Viola
日文名／三色堇（サンシキスミレ）
花語／純愛、沈思

花色

花苞

底部

花瓣皺褶的大花三色堇（右）及花型單純的三色堇。

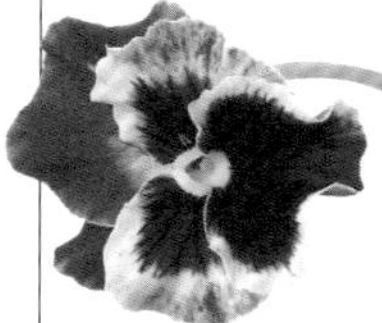
Other Type

Calmen（複色）

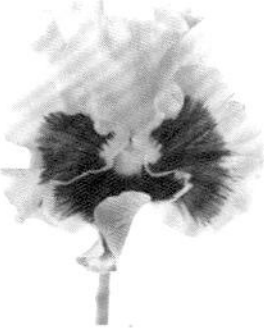
Calmen（複色）

Calmen（複色）

無論長花莖的切花品種或皺褶花瓣品種皆有

在花束或插花作品中被視為迎春花，無論是平易近人的常見品種，還是擁有滿滿皺褶花瓣的豪華品種，選擇繽紛多樣。

由於花朵模樣看起來像是沈思的人，因此三色堇英文名稱就來自於法語的思考（pensée），而在莎士比亞名著《仲夏夜之夢》裡的愛情花汁就是三色堇。

三色堇在園藝上的人氣也很高，每年都會誕生新顏色、花型，一般會將大輪品種稱為Pansy，小輪稱為Viola，但隨著複雜的培育園藝品種的登場，也變得越來越難這樣分。

通常三色堇的植莖大約有15 cm，因此會培育植莖較長的品種做為切花並上市，其中還看得到花朵與花苞加上葉子，植莖達30 cm左右的品種。

▼插花前準備

修剪花莖，由於花莖中空很容易讓花梗從底部折斷，插花時記得要非常小心處理。

＊奄奄一息的時候

以報紙包起來並將花莖浸在沸騰熱水中約5秒、再放回水中，重新修剪過花莖就可以開始插花作業。

▼搭配建議

挑選紫、黃色、複色三色堇做為配角花材時，不僅能讓整體搭配顏色繽紛化，同時更賦予了立體景深效果。皺褶的大輪品種很有存在感，所以做為迷你作品或花束的主角時，能顯得格外迷人可愛。

＊切花百科

上市時期／12～3月

▷植莖較長的品種上市時期從12月開始，但花市裡主要都是混和品種流通，2～3月是季節大宗。

花朵尺寸／3～5cm、植莖高度／20～30cm

花材壽命／5天左右

換水／〇　乾燥／╳

櫻花

花色 ——●○

サクラ

科／薔薇科
屬／李屬
原產地／日本
香氣／－

開花期／2～4月
英文名稱／Japanese cherry
日文名／桜（サクラ）
花語／精神美、優秀美人

在等待春天來臨前，提早先露面的啟翁櫻。

花苞

Other Type

彼岸櫻

修善寺寒櫻

八重櫻

提早描繪出一幅春櫻爛漫的美麗風景

櫻花是代表著日本爛漫春光的花樹，除了有15種野生品種以外，櫻花的園藝品種在全世界有超過300種之多，從過去就被記述在萬葉集、枕草子等古籍中，並且從平安朝開始就視為賞花的一大象徵花卉。

櫻花的切花流通時間從年底到4月左右，在春天正式來臨前，各式各樣的品種就宛如接力一般、依次傳遞著春天的氣息。首先，最先看到的就是早開的啟翁櫻、彼岸櫻，在櫻花前線到來前接著是冠上吉野之名的染井吉野櫻，最後一棒則是濃烈恣意綻放、帶有深粉紅的八重櫻登場。

即使是單瓣型的櫻花，花期也比想像中要長久，花苞都會全部盛開，如果是在寒冷季節時買來裝點，可以享有更久的賞花期。

插花前準備

在櫻花開到5分左右就可以購買，修剪較粗花枝，切口處要劃上幾刀，至於較細花枝則可以斜剪，保鮮劑可以有效延長壽命。

＊奄奄一息的時候
修剪花枝，並在切口劃上幾刀。

搭配建議

無論怎麼擺放都能夠帶來春天氣息的櫻花，跟眾多花材都非常搭，如果能以其他花材遮掩顯黑的櫻花樹枝，則可以感受到更加輕透的粉彩。將淡色的單瓣櫻花與深色八重櫻交錯配置，營造出來的層次感也同樣迷人。

＊切花百科

上市時期／12～4月

▷從年底開始，以山形縣為主的東北地方，人工栽種櫻花會在花市裡流通，2月左右換埼玉縣等地的櫻花上市，季節在2～3月。

花朵尺寸／**1～2cm**、植莖高度／**60～250cm**

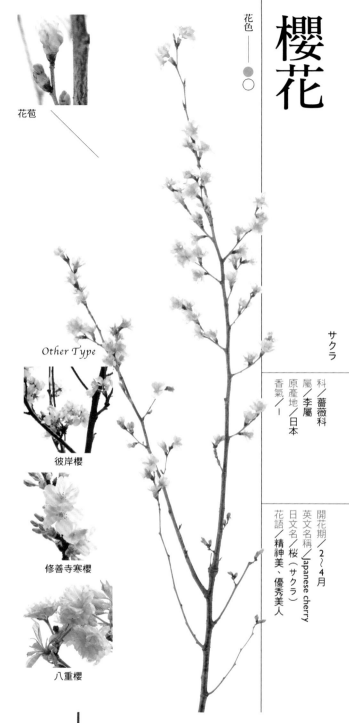

花材壽命／**5～7天**　換水／○　乾燥／╳

鈴蘭

花色——●○

側面

揮灑清新香氣的小巧白色花鐘

飄散著清爽香氣的鈴蘭，屬於宿根草本植物，小巧的鐘型花朵搭配深綠大片葉子，帶來了清新乾淨的氛圍，在花束或插花作品裡只要添加幾朵惹人憐愛的鈴蘭花朵，就能營造出與眾不同的感受，鈴蘭花香氣也是製作香水的原料。

一般花市裡出現的鈴蘭切花或盆花，都是屬於德國鈴蘭的改良品種，與原生在北海道等地，花朵較小、香氣較弱的日本原生種完全不一樣。流通在市面上的鈴蘭全為國產，因此屬於期間限定的花，不過也能夠看得到帶有根部的鈴蘭花上市。

在法國，鈴蘭花被認為能夠帶來幸運，所以習慣在每年5月1日時，將自己的感謝與心意，寄託於鈴蘭贈送給重要的人，街角處也僅在這一天，會出現販售鈴蘭的路邊攤販。

仔細看裡面的花蕊，令人印象深刻又非常可愛。

スズラン

科／天門冬科
屬／鈴蘭屬
原產地／歐洲、東亞、北亞
香氣／○

開花期／4～6月
英文名稱／Lily-of-the-valley
日文名／鈴蘭（スズラン）
花語／幸福歸來、純潔

▼插花前準備

購買時要挑選葉子顏色較深的花枝，由於全株都帶有毒性，特別是根部毒性最強，使用帶有根部的鈴蘭花時，請勿擺放在日常用到的餐具裡；修剪花莖。

＊奄奄一息的時候
修剪花莖。

▼搭配建議

花朵非常迷你，集中花朵做成迷你花束送人也很不錯，看起來既時尚又別具一格。白色小花搭配綠色葉子的鈴蘭，是令人印象深刻的花，與其他花材搭配的時候，建議可以白、綠兩種主色組合起來，營造出清爽氣息。

＊切花百科

上市時期／12～6月

▷僅流通國內生產的鈴蘭，12～3月間為人工栽種，主要季節在4月。

❋ 花朵尺寸／約1cm、植莖高度／10～30cm

❋ 花材壽命／3～5天

換水／◎　❋ 乾燥／╳

花菖蒲

ハナショウブ

花色 ——○●●◎

科／鳶尾科
屬／鳶尾屬
原產地／日本
香氣／—

開花期／6～7月
英文名稱／Japanese iris、Sword-leaved iris
日文名／花菖蒲（ハナショウブ）
花語／好消息

底部　花苞

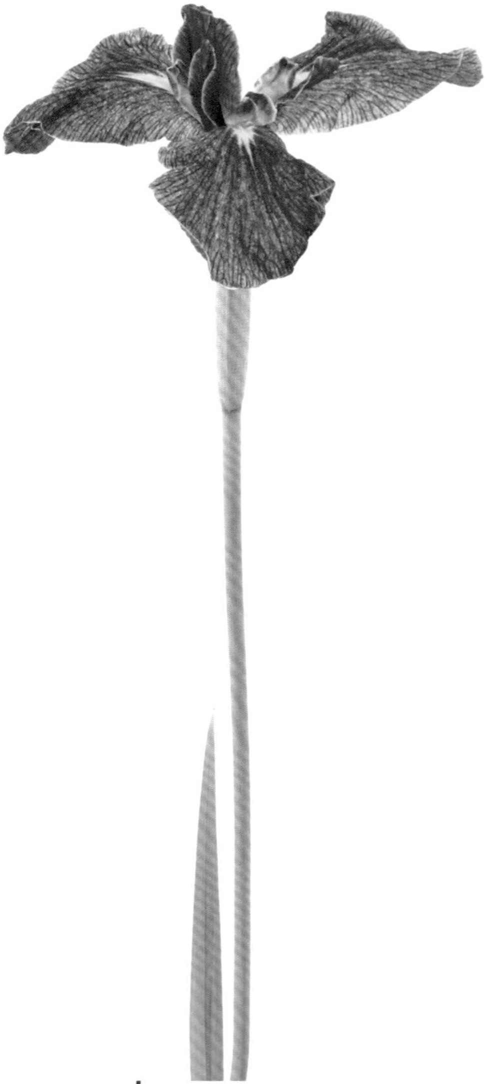

簡潔俐落綻放的大花 深受江戶武士喜愛

每年6月梅雨季節來臨時，日本各地的花菖蒲園就會陸續開放並舉辦鳶尾花節，綻放大片花瓣深具風範的大輪品種，更是盛行於江戶武家間的園藝植物之一。從江戶時代中葉起，這股風潮由江戶擴散到各個城市，在地方大名、富商的保護下，花菖蒲也誕生出三大系統（江戶系、伊勢系、肥後系），不過現在隨著品種雜交日益複雜化，越來越多花種已很難明確做出區分。

花菖蒲的原生種是生長於濕地的紫紅色野花菖蒲，園藝品種則是花菖蒲，至於端午節會用來沐浴除穢的菖蒲，則是屬於天南星科的另一種植物。

切花主要是以5月端午節為最重要時節，由於花菖蒲十分嬌貴，會在僅開出一點花瓣的狀態下就出貨。

獨特的花姿，黃紫雙色呈現著和風韻味。

插花前準備

要注意如果被冷氣空調直吹的話，花有可能就不開了；修剪花莖。

＊奄奄一息的時候
修剪花莖。

搭配建議

一瓣萼片裡會有兩朵花苞，當第一朵花謝了之後摘除花瓣，第二朵花就會比較容易盛開。由於花瓣大而下垂，不妨善加運用長長的花莖，搭配出空間感，如果僅是簡單插上數朵點綴，記得花朵之間不要互相擠壓到。

＊切花百科

上市時期／4～7月

▷主要以5月端午節為重點流通時節，由愛知縣、熊本縣、靜岡縣、茨城縣等地生產。

花朵尺寸／6～12cm、植莖高度／60～100cm

花材壽命／5～10天

換水／○　乾燥／×

紫丁香

花色

特寫！

花苞

國產的紫丁香會帶著葉子出貨，圖為重瓣型。

ライラック

科／木樨科
屬／丁香屬
原產地／南歐、日本
香氣／〇

開花期／4～5月
英文名稱／Lilac、Common lilac
日文名／紫丁香花（ムラサキハシドイ）
花語／初戀的感激、青春無邪

妝點春天到初夏時節 香氣馥郁的花樹

香氣十足的紫、白小花一叢叢地優雅綻放，無論是做為襯托周邊花朵的配角，還是集中一大把變身成華麗氛圍的主角，紫丁香都是遊刃有餘的一款花樹。

它還有一個法語的別稱Lilas，在明治時代從歐洲傳來，北海道札幌市就將紫丁香定為市樹，每一年春天都會舉辦紫丁香節。

紫丁香不僅擁有數百種品種，還分覆輪、重瓣等花型，4～5月間上市的國產紫丁香，帶有類似鈴蘭的香氣而別具魅力；同一時期還看得到日本原生品種的小款紫丁香；摘除所有葉片只剩花朵的則是從荷蘭進口，儘管香味較淺淡卻一整年都能夠看得到。

如果是由4片或5片花瓣組成的紫丁香，還會被稱為幸運紫丁香，具有實現戀愛的魔法。

Other Type

重瓣品種

插花前準備

整理多餘葉子，修剪花莖，切口再劃上幾刀、插進深水裡。使用專屬保鮮劑的效果會非常好。

＊奄奄一息的時候

使用上述方法之後再換一次水，剪短花枝。

搭配建議

開了花的花枝很容易下垂，所以可以安排在其他花朵之間，藉此來做支撐。遮掩住枝條部分並展現出大量花序，看起來會非常時尚。由於紫丁香是開滿了無數的小花朵，添加在花束中或與其他花材搭配時，也能讓整體華貴氛圍再上一層。

＊切花百科

上市時期／全年

▷國產的紫丁香是4～5月間期間限定出貨，荷蘭進口的紫丁香則是全年流通。

花朵尺寸／0.5～1cm、植莖高度／40～120cm

花材壽命／5～7天

換水／△　乾燥／╳

芍藥

シャクヤク

花色

特寫！

科／牡丹科
屬／牡丹屬
原產地／中國北部、蒙古、西伯利亞、朝鮮半島
香氣／○

開花期／5～6月
英文名稱／Chinese peony
日文名／芍藥（シャクヤク）
花語／羞恥、天生的資質

壓倒性的存在感外 嬌豔模樣也令人心醉

婀娜多姿的大輪花朵，讓芍藥一直以來都是美人的代名詞，嬌弱的花瓣一層又一層堆疊，蓬鬆展開的優美模樣，自古以來就深受人們喜愛。

如同芍藥的名字所示，也做為具有消炎、鎮痛、抗菌等作用，是從中國傳入日本的藥草，因模樣太過美麗而轉為觀賞之用，江戶時代還誕生出逾百新品種，在現今熊本縣一帶的肥後藩，就培育出名為肥後芍藥的眾多品種。

中國芍藥在18世紀時引進到荷蘭、法國，在歐洲同樣也颳起一陣品種改良風潮，在這樣東、西方努力下所誕生的園藝品種，被稱為「和芍藥」及「洋芍藥」。前者花型大而簡單，後者花色豐富且主要以重瓣居多，目前有許多兩種雜交後的新品種，也能看到與牡丹交配後所誕生的黃色或新色品種登場。

從小小花苞綻放成華貴嬌豔的大輪花朵，芍藥的開花過程充滿戲劇張力，也是一款當花季一到，就會讓人想一睹芳華的花兒。

插花前準備

整理多餘葉子，洗去花苞表面的蜜液並修剪花莖。

＊奄奄一息的時候
修剪花莖，將切口以火燒過後浸入深水中。

搭配建議

以能夠完整欣賞到芍藥花朵模樣來做搭配，花苞與花朵盛開後的視覺分量會有極大變化，因此花與花之間要預留一定距離，使用花莖較長的葉材或綠意做組合，即使隨意擺放也能自成一幅美景。芍藥不耐乾，若花朵看起來乾乾的要記得噴水。

＊切花百科

上市時期／3～7月、11～12月

▷國產的芍藥會從4月依照產地一路往北陸續出貨，旺季的5月是來自長野縣或新潟縣供應，進口貨則是來自紐西蘭等地。

花朵尺寸／10～15cm、植莖高度／40～80cm

花材壽命／5～7天　換水／○　乾燥／○

從最經典到最人氣品種

夕映

Red Charm

古都之光

America

中野 1 號

Coral Charm

Roosevelt

三禮加

Oriental Gold

Maxima

切花主要常見種類

單瓣型

雖然花瓣總數比較少，但是從花苞到滿開所需時間相對也比較短，是這個花型的最大特色。雄蕊非常明顯，粗而且凸起的則會稱為金蕊型。

Coral King

重瓣型

花心中的雄蕊全數瓣化，變成大片花瓣的類型就稱為重瓣型。洋芍藥大多數都屬於這個花型，花朵十分有分量，花期也很長。

Univer Star

薔薇型

外觀看起來就像是大輪的玫瑰，花朵綻放得無比豐滿，全部的花瓣都會由中心平均地向外開展，等開到最盛之時，就能夠一窺內部纖細的花蕊。

Sarah Bernhardt

托桂型

此花型特徵是外側花瓣較大，中央則是集中著細碎花瓣的開法，也由於內側的花瓣是由雄蕊瓣化而成，只要花朵沒有比重瓣型更大就會以此名來稱呼。

富士

Memo

讓花苞完美綻放的小訣竅

花苞都會被一層糊狀蜜所包覆著，因此對於花瓣還沒開啟的花苞，在插花之前就需要用水將這層蜜仔細洗掉，幫助花瓣能夠順利打開，已經開始綻放的花朵就無須水洗了。

向日葵

ヒマワリ

花色 ●●●○●◎

科／菊科
屬／向日葵屬
原產地／北美
香氣／－

開花期／7～9月
英文名稱／Sunflower
日文名／向日葵（ヒマワリ）
花語／憧憬、崇拜

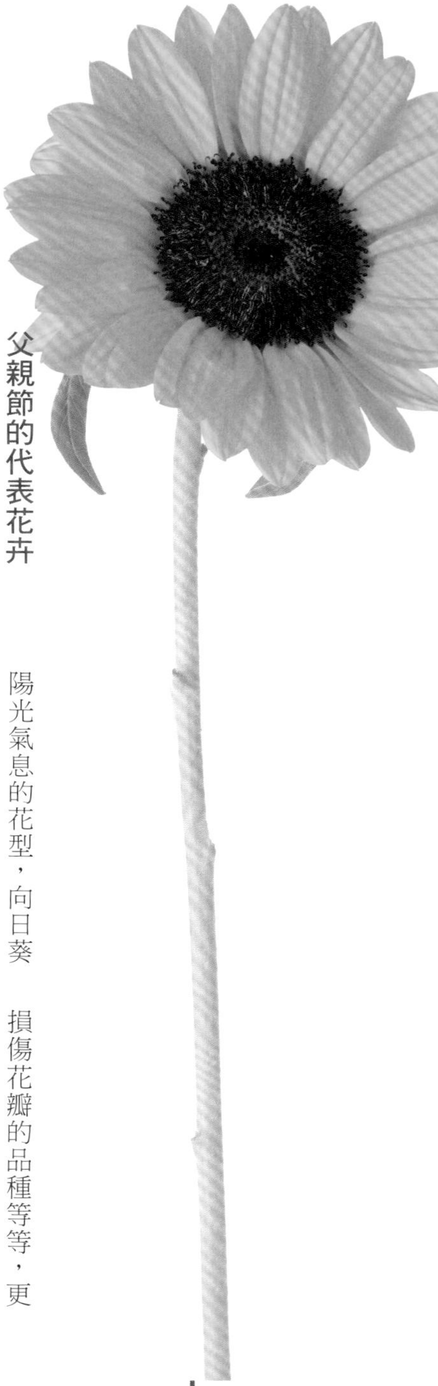

底部

父親節的代表花卉 滿溢維他命般活力色彩

樸素卻又朝氣蓬勃的花朵——向日葵，在其誕生的家鄉北美洲一地，從西元前開始就有食用向日葵種子的習慣，16世紀被帶往西班牙後就開始了品種改良，17世紀時再傳入俄羅斯，同時也經由中國來到了日本。

也因為擁有著維他命一樣的亮麗色彩，再加上充滿陽光氣息的花型，向日葵成為了6月父親節送花的主角。花型包括單瓣、重瓣，花色則以橘、黃色系為主以外，還能看到典雅紅和複色的變化，近幾年甚至有白色向日葵登場。而且為了方便與其他花材一起搭配組合，花心顏色比原始品種要變得淺淡許多。隨著年年的品種改良，出現將原本橫向生長的花朵改為頂天綻放的新品種，或者抑制花粉生成、減少損傷花瓣的品種等等，更易於與其他花卉搭配的向日葵品種正在不斷地進化當中。

從日本誕生的部分新品種也獲得全世界認可，最具代表性如Sunrich系列（右圖）以及Vincent系列，也都是在海外有著高人氣的栽種品種，目前更持續針對人氣品種進行縮短栽種時間、加速讓花朵綻放的改良研究。

▼插花前準備

整理多餘葉子，修剪花莖，夏季時，花莖非常容易腐敗，要使用淺水。

＊奄奄一息的時候

以報紙將花朵與葉子一起包起來，將修剪過的花莖切口浸在沸騰熱水中約10秒後、再插進水裡，重新修剪過花莖就可以開始插花作業。

▼搭配建議

盛夏時節，向日葵的黃、橘色彩，充分展現出夏日的活力及爽快氛圍；過了炎夏高峰，則不妨選擇雅致沈穩的紅、茶色系，早一步迎接秋日氣息。向日葵屬於夏季時花期較長的花朵，只是花莖容易腐壞需要使用淺水，並且得勤快地修剪花莖以及換水。

＊切花百科

上市時期／全年

▷國產的向日葵全年都有，初夏到秋季的流通量最大，尤其在6月父親節時需求倍增。

❋ 花朵尺寸／**5～30cm**、植莖高度／**50～150cm**

❋ 花材壽命／**14天左右**

💧 換水／○　❋ 乾燥／✕

從最經典到最人氣品種

Vincent Tangerine

Vincent Navel

Panache

Maya Double

Sunrich Fresh Lemon

Sunrich Orange

Sunrich Lychee

Starburst Lemon Aura

Prado Red

White Nite

切花主要常見種類

單瓣

令人印象深刻的巨大花心四周，有著花瓣圍成圈而生長，非常簡潔的一種花型，花瓣不會捲曲而是整齊地排列在一起的模樣廣受喜愛。

Vincent Pomero

重瓣

完全看不到花心，中央全被細密花瓣填得滿滿的花型，若想要使用向日葵呈現出高雅氛圍時，這一類花型能扮演重要角色。

東北八重

如何讓花開得更久

勤快換水以及修剪花莖

向日葵有可能從花托處突然折斷，因此在換水時可以摸摸看花朵下的花莖處，如果觸感是軟軟的時候，就可以剪短花莖並重新插放。

梔子花

クチナシ

花色──○

科／茜草科
屬／梔子屬
原產地／日本、中國、台灣
香氣／○

開花期／6～7月
英文名稱／Gardenia、Cape jasmine
日文名／梔子（クチナシ）
花語／非常幸福

花苞

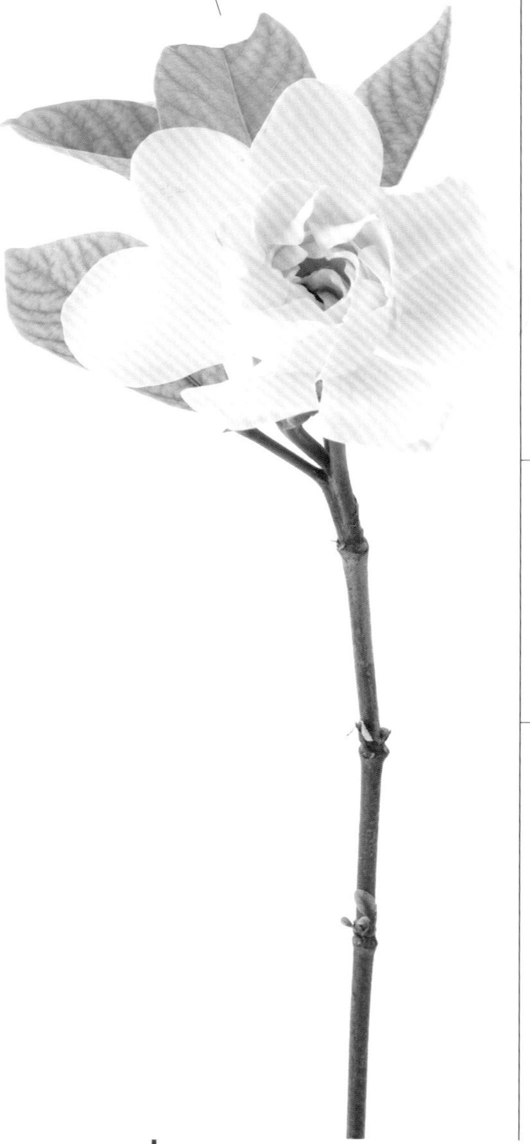

絲綢般的滑順質感 還有獨特的甘甜香氣

在下著梅雨的季節中，白色的梔子花兀自靜雅地盛開著。梔子花與瑞香花、金木犀並稱為三大芳香植物，散發著彷彿茉莉般的濃郁甘甜香味。

日本人將梔子花稱為無言花，名稱來自於果實就算熟透也不會迸裂等，各種說法相當多，而其實堅硬的梔子花果實不僅是中藥材之一，也是食物的天然染色劑。

花型有單瓣與重瓣兩種，但是做為切花而流通於花市裡的，幾乎都是擁有絲綢般花瓣並層疊綻放的重瓣型，花瓣很容易褪色而泛黃，花期約2～4天，常綠的葉片則充滿光澤又很耐久放，在花朵凋落之後，能夠繼續當作葉材來搭配妝點。

花市裡的流通量不多，不過做為期間限定的珍貴花材，梔子花依舊備受喜愛。

單瓣型梔子花，白色花瓣會水平地展開。

插花前準備

購買帶有花苞的花枝，修剪枝條並在切口劃上幾刀後浸入深水中；保鮮劑相當有用。

＊奄奄一息的時候

以報紙包起來後枝條浸在沸騰熱水中大約5秒後、再插進水裡，重新修剪過花枝就可以開始插花作業。

搭配建議

無論是插花還是綁花束時，只要添加一枝梔子花就能呈現出季節感，但因為吸水還有耐久性都不好，適合單獨來配置。由於上市的時間相當短，反而成為六月新娘捧花裡的人氣花材。香氣十分濃烈，注意在狹窄空間裡不要使用太多。

＊切花百科

上市時期／5～7月

▷全都是國產，主要是來自於伊豆大島，最近也開始有極少量的本州貨上市，旺季在5～6月。

花朵尺寸／約 **5cm**、植莖高度／**15～60cm**

花材壽命／**2～4天**

換水／△　乾燥／✕

薑荷花

花色

クルクマ

科／薑科
屬／薑荷屬
原產地／馬來半島
香氣／—

開花期／5～10月
英文名稱／Hidden lily
日文名／春鬱金（ハルウコン）
花語／被你的模樣所吸引

特寫！

真正的花朵非常迷你，就開在萼片裡。

為漫長的炎夏帶來元氣的南國之花

彷彿以花瓣一圈又一圈纏繞而成的獨特花型，其實看似花朵的部分是花萼，真正的花小小地藏身在萼片之中。渾身散發著熱帶風情的薑荷花，與製作咖哩、染料原料的薑黃為同類，皆屬於薑的一種。

原生於亞洲的球根植物，原生種有大約50種之多，適合做為切花用途的小款薑荷花，更是年年不斷增加當中，從粉紅、白、綠這些清透花色到茶色系或中性色彩等等，顏色上的變化可謂是多彩紛呈。

以泰國為主的進口花全年都看得到，另一方面，初夏開始到秋季之間的國產薑荷花，產量也逐漸增加之中，屬於相當耐熱且夏季又相對耐放的花卉，隨著每一年高溫氣候越來越漫長，薑荷花活躍的舞台也越加廣泛。

Other Type

白色品種

插花前準備

夏季時容易因為陽光曬傷萼片尖端，記得檢查清楚再購買；修剪花莖。
＊奄奄一息的時候
修剪花莖。

搭配建議

雖然本身具備著滿滿的熱帶風情，但與其他草花混和搭配時，卻也一樣合拍，且因薑荷花非常耐放，所以只要更換其他花材，就能夠擁有更久長的賞花樂趣，至於綠色品種則不妨視為葉材來搭配運用吧。

＊切花百科

上市時期／全年

▷國產的薑荷花在夏季到秋季間上市，主要季節是7～8月，一小部分流通的進口貨以泰國為主，但時間不固定。

花朵尺寸／5～10cm、植莖高度／20～80cm

花材壽命／7～14天

換水／◎　乾燥／╳

桔梗

花色

キキョウ

科／桔梗科
屬／桔梗屬
原產地／東亞
香氣／－

開花期／6～10月
英文名稱／Balloon flower
日文名／桔梗（キキョウ）
花語／不變的愛、誠實

底部

充滿透明感的星星形狀 散發著和風意趣

盛開在陽光普照山野間的桔梗，是秋天七草中的一員，花朵為充滿透明感的紫或藍紫色，如同紙氣球般滾圓鼓脹的花苞，及筆直花莖上大朵綻放的花兒，都散發著乾淨俐落的日式風韻。

除了曾經在萬葉集、古今和歌集、枕草子中露面過，也作為武士的家紋圖騰，一直以來都深受日本人喜愛。到了園藝盛行的江戶時代還誕生出許多新品種。另一方面因桔梗根具有止咳化痰效果，也是漢方藥材的一種。

桔梗的花瓣並非5片，而是前端分裂成5片的形狀，因此當花朵整個打開時就像是一顆星星，非常可愛迷人。在野花中少見的端莊模樣，讓桔梗無論是插花或是做為茶席上的妝點都很受歡迎，從初夏時節開始以其清爽樣貌出現於花市裡。

豐圓飽滿的花苞，最後會開出美麗的紫色花朵。

Other Type

白色品種

插花前準備

整理多餘葉子，修剪花莖，切口處會流出白色汁液，記得擦拭乾淨或用水洗淨。

＊奄奄一息的時候
敲打花莖並抹上鹽巴後，浸入深水中並靜置大約1小時。

搭配建議

搭配地榆等秋季草花，插入編織藤籃中就能夠展現涼意，或隨意地插入玻璃瓶中，則可以突顯出帶有透明感的花色，也是不錯的方法。桔梗數量不要放太多，利用花莖的筆直線條，更能夠欣賞到美麗星狀花朵，圓滾滾的花苞還有著畫龍點睛的效果。

＊切花百科

上市時期／5～9月

▷在溫暖區域進行栽種，6～7月迎來正式花季，接下來則會是少量上市直到秋季為止。

花朵尺寸／**3～5cm**、植莖高度／**40～60cm**

花材壽命／**7天左右**

換水／△　　乾燥／╳

龍膽

花色

リンドウ

科／龍膽科
屬／龍膽屬
原產地／日本
香氣／－

開花期／9～10月
英文名稱／Gentian
日文名／竜胆（リンドウ）
花語／正義、正確

特寫！

花苞

花朵數量較少的品種、Deep Pink Ashiro。

豪華絢麗的品種以外 花莖細長西洋風格也有

滿滿的花朵接二連三綻放，加上帶有涼爽氣息的花色，是龍膽花的最大特色。在日本山裡常見，自古便是藥草的一種而為人所熟悉，在鮮花種類較少的夏季裡登場，主要旺季落在秋分前後的9月。從夏天到入秋之際，龍膽花的藍、紫色系與眾多花草搭配都很適合，是插花或花束裡不可或缺的花材。花市裡流通的還有9月前不開花的蝦夷龍膽系列，9月後開得很美的笹葉龍膽系列等品種。隨著近幾年氣溫逐年上升，使得龍膽花的出貨可拉到11月，花店裡提供能夠開花的品種的時間也變長了。

花色從深到淺都有，過去以粗莖上開滿花朵的華麗型為主流，不過現在還多了有柔軟花莖，或分枝綻放的類型等，可依照目的來搭配使用。

Other Type

安代之輝

插花前準備

修剪花莖。要注意的是花朵碰到水時，有可能造成花朵閉合不開或產生斑點。

＊奄奄一息的時候

將花莖放入水中，並用手將花莖直接扯斷。

搭配建議

適度整理葉子，可讓花朵模樣更清楚，具和式風情的龍膽花，整把放入編織籃中就很迷人；與秋季草花或葉材、果實等組合，能呈現豐饒的季節感；分切花枝用較低角度插花，即使單枝也能具分量感。深色龍膽花很適合做重點點綴。

＊切花百科

上市時期／5～11月

▷長野縣、岩手縣、山形縣等主要產地擁有獨家品種，同時也出口至荷蘭等國家。

花朵尺寸／1～3cm、植莖高度／40～80cm

花材壽命／10～14天

換水／○　乾燥／×

波斯菊

コスモス

花色

科／菊科
屬／波斯菊屬
原產地／墨西哥
香氣／－

開花期／6～10月
英文名稱／Cosmos
日文名／秋桜（アキザクラ）
花語／少女的純情、真心

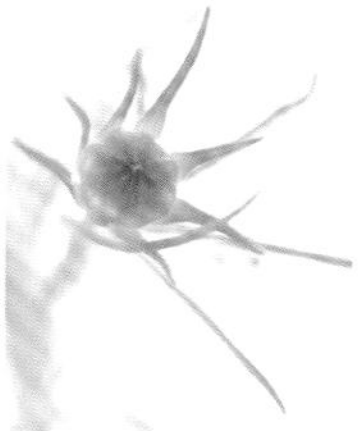

花苞

特寫！

嬌巧可愛的花朵 傳遞屬於秋天的風景

日本稱為秋櫻，簡單的花朵模樣帶著幾分日式意趣，但其實它的原產地在墨西哥。明治時代初期傳入日本，英文命名來源的kosmos是希臘語美麗的意思，源自於花瓣整齊排列綻放而獲得這個名字。

波斯菊從8月起開始上市，除了有粉紅色及白、紫紅色的單瓣型以外，還有花瓣鑲邊的宇宙Picote品種，淡黃或橘色和重瓣型等等，一般在花園裡能看到的波斯菊品種，都可以買到切花，至於在公園裡看起來像是波斯菊的深黃色花朵，則是近親秋英屬的黃花波斯菊。

波斯菊屬於短日下就會長出花芽的短日照植物，但最近也培育出不受日照長短影響的早生品種，從夏季開始就能上市，雖然如此，波斯菊的採收旺季還是落在夏秋交接的陰雨天或颱風出現的季節，由於多數花田是露天栽培，因此花市裡的流通量會受到天氣影響。

波斯菊是只要在房間裡以玻璃瓶插上一朵，就能立刻營造出秋天氛圍的花朵，格外平易近人的模樣，也是波斯菊的獨有魅力。選購切花時要記得挑選花莖緊致堅固的花朵，賞花期也會比較長。

▼插花前準備

整理多餘葉子，摘除泡過水的葉子並修剪花莖。

＊奄奄一息的時候

以報紙將花朵與枝葉一起包起來，將修剪過的花莖切口浸在沸騰熱水中大約5秒、再浸入水中，重新修剪過花莖就可以開始插花作業。

▼搭配建議

與簡單綠色花材約略組合，就能呈現一幅宛如波斯菊花田所描繪出的秋天景色，只單選波斯菊的話也同樣有魅力，不過萬一花瓣有缺角，整體氛圍會跟著改變，插花時要格外小心。花若吹到風，吸水能力可能會下滑，多注意空調風向等。

＊切花百科

上市時期／8～11月

▷從8月中旬開始由冷涼山間地帶出貨，等季節正式進入秋天，平地的出貨量增加，旺季在9～10月。

❋ 花朵尺寸／**3～5cm**、植莖高度／**50～80cm**

❋ 花材壽命／**7天左右**

換水／○　❋ 乾燥／╳

從最經典到最人氣品種

Seashells

Picotee

Double Click Rose Bonbon

Double Click Cranberry

Orange Campus

Sensation Pinky

Yellow Campus

White Versailles

Double Click White Bonbon

Yellow Garden

切花主要常見種類

單瓣型

花瓣會整齊地排放盛開，與菊花一樣在單枝上集中開滿許多花朵，中心為筒狀花，而外側看起來像花瓣的部分則為舌狀花。

Sensation White

重瓣型

花瓣數量多而非常華麗的一款花型，花瓣數量會依據個體而有不同，即使是相同品種也會有半重瓣型出現，不過花期會比單瓣型要來得久。

Saiki

管狀型

捲曲的花瓣就像是紙張捲起來一樣，模樣如同筒狀，盛開方式就像是風車般非常可愛，花朵本身也很有分量，花色有粉紅、白以及紅紫色。

Double Click

關於花的鮮度

從花粉的有無來判斷新鮮度

花型比較大的波斯菊，要挑選花莖紮實緊致的花枝；至於鮮度則要觀察花心，像左邊的花朵中心結滿了眾多花粉，可判斷為正在盛開中。

納麗石蒜

ネリネ

花色 ●●●○●◎

側面

特寫!

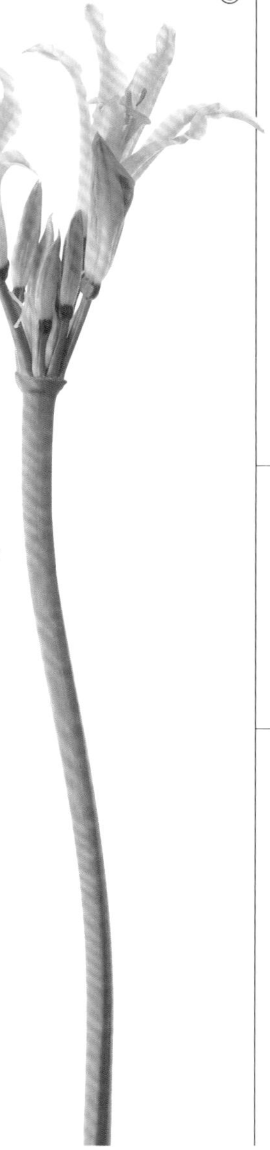

花瓣表面會閃閃發光的鑽石百合。

科／石蒜科
屬／納麗石蒜屬
原產地／南非
香氣／－

開花期／10～12月
英文名稱／Nerine、Diamond lilly
日文名／姫彼岸花（ヒメヒガンバナ）
花語／可愛、閃耀

時尚的細長花瓣 如同珠寶般閃閃發光

這款花瓣前端會翻轉捲曲的時髦花朵，筆直伸展的堅挺花莖頂端會開著數朵如同百合般的花朵。

園藝歷史不算久的石蒜花，從原產地南非來到英國是在1890年左右，之後誕生出眾多不同品種。

會出現在花市上的有納麗石蒜，以及稱為鑽石百合這2種，前者是源自於原生種Nerine Bowdenii，而後者則是以原生種Nerine Sarniensis來各自經過改良的新品種，只有花瓣表面會閃閃發光的品種，才會被稱為鑽石百合，這款花型的花朵數量很多而且非常華麗。國內生產的鑽石百合僅限定在10～11月上市，也因此成為了秋天新娘的搶手貨。石蒜花擁有非常豐富的粉紅色系，另外也有黃杏、白、紫以及複色等等選擇。

Other Type

淡粉色品種

Cherry Ripe

Alios

插花前準備

先摘除雄蕊再修剪花莖，想要賞花期限較久的話，保鮮劑非常有效。
＊奄奄一息的時候
修剪花莖。

搭配建議

與白色花束搭配的時候，可摘除掉花朵底部的花萼，看起來會更加美麗潔白；若是搭配大型花朵或葉子時，則可以強調出奢華濃麗的氣氛，同樣也很迷人；如果能強調出花莖線條，則可以好好地欣賞環繞在四周、華麗綻放的石蒜花花型。

＊切花百科

上市時期／（納麗石蒜）全年（鑽石百合）**3月下旬～6月、9月下旬～12月**

▷國產的鑽石百合在10～11月間上市，荷蘭進口貨是全年都有，紐西蘭進口則是在2～4月。

花叢尺寸／**5～15cm**、植莖高度／**20～60cm**

花材壽命／**10天左右**　換水／◎　乾燥／╳

雞冠花

ケイトウ

花色——
● ● ● ● ● ● ◎

特寫！

彷彿天鵝絨般的花朵 誕生出色彩繽紛品種

一直以來就是花壇裡的常客，也是中元節、秋分掃墓時必備的花朵。原生於印度的一年生草本植物，依照花朵形狀分類為狀如公雞頭冠的雞冠形，球形的久留米雞冠花，羽毛般的羽狀雞冠花以及圓錐狀的尖形雞冠花，另外還有一種花朵扁平綻開的石化雞冠花。切花會保留超過1公尺的長花莖出現於花市裡，至於花朵較小、屬於叢開型小花品種的雞冠花，則因帶有自然野花韻味而受到喜愛。

其誘人魅力就在於天鵝絨似的光澤，帶有溫度的質感及繽紛多彩的花色，由日本改良的新品種就是聞名全球的孟買系列，擁有調色盤一樣眾多顏色，花朵尺寸以及花莖粗細都很容易做搭配，也讓這款花的矚目度不斷提升。

科／莧科
屬／青葙屬
原產地／印度、熱帶亞洲
香氣／－

開花期／7～11月
英文名稱／Celosia、Cockscomb
日文名／鶏頭（けいとう）
花語／不褪色的愛、愛打扮

Other Type

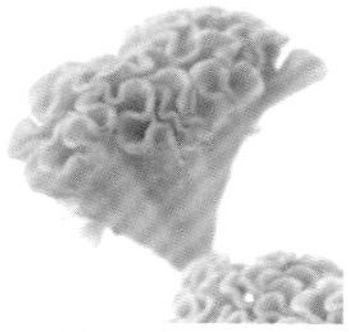
孟買綠Bombay Green

孟買紫Bombay Purple

色彩、形狀有如火焰般的羽狀雞冠花，尺寸多樣。

插花前準備

比起花朵，要先整理更容易受損的葉子。修剪花莖。

＊奄奄一息的時候

以報紙將花朵與枝葉一起包起來，將修剪過的花莖切口浸在沸騰熱水中浸泡大約10秒、再浸入水中，重新修剪過花莖就可以開始插花作業。

搭配建議

春夏時節可以挑選粉紅或淡綠色，到了秋季再換上紅或橘的鮮豔色彩，可依照季節來選擇合適色彩。插花時盡量隱藏住花朵側面或花莖，凸顯出充滿絲絨光澤的花色以及個性獨具的花朵外型；另外擺滿雞冠花的花盒妝點方式也很推薦。

＊切花百科

上市時期／5～12月

▷以戶外花田栽種為主，花市裡流通量最大的季節，在中元節以及秋分掃墓時節。

花朵尺寸／4～20cm、植莖高度／30～120cm

花材壽命／10～14天

換水／○　乾燥／○

秋牡丹

花色 ——●○

シュウメイギク

科／毛茛科
屬／銀蓮花屬
原產地／中國、台灣
香氣／－

開花期／9～10月
英文名稱／Japanese anemone
日文名／秋明菊（シュウメイギク）
花語／淡淡的愛、忍耐

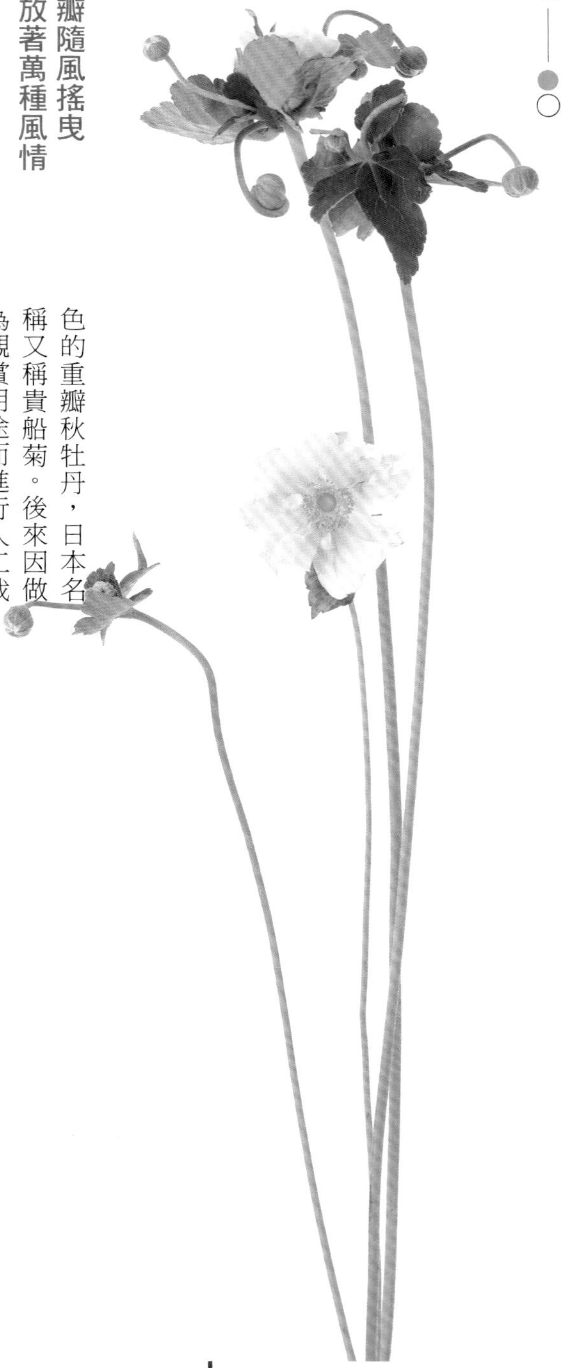

花瓣隨風搖曳 綻放著萬種風情

是一款擁有著早秋氣息的可愛花卉，儘管有秋明菊這樣像是菊花類的別稱，但其實與白頭翁屬於同一種類，形狀不張揚的花朵中心豎立著花蕊，其英文名稱是Japanese Anemone。

在非常久遠以前的年代，就從原產地中國被引進到日本來，於京都市北部貴船一帶落地馴化後進而廣布生長，這就是有著深粉色的重瓣秋牡丹，日本名稱又稱貴船菊。後來因做為觀賞用途而進行人工栽種，並成為極受歡迎的茶席花藝主角之一；至於洋溢山野自然草花韻味、白色單瓣的秋牡丹，則被稱為台灣秋明菊，目前還誕生出由這兩個品種交配而生的新園藝品種。

細長花莖上花朵翩翩搖曳、風情無限，就連球狀花苞也具有豐富表情，可說是秋牡丹的最大特色。

朝上或往下的花苞，充滿了躍動感。

插花前準備

整理多餘葉子，修剪花莖。插花時，即使花莖修短，也不用擔心吸水能力會變差。

＊奄奄一息的時候
修剪花莖，切口以火燒灼後再浸入深水中。

搭配建議

與白頭翁等這一類花上市時期相同，搭配可愛的秋季草花類型都很適合。插花時若是特意凸顯出秋牡丹的花莖，能營造出像是風吹拂而過的氣息，不妨善加運用恣意伸展的花苞、及自然彎曲的花莖線條吧。

＊切花百科

上市時期／8～10月

▷只有國產，主要於本州的山區地帶栽種，出貨期一開始以粉紅色居多，入秋後則是白色花朵居多。

花朵尺寸／3～5cm、植莖高度／50～80cm
花材壽命／10天左右
換水／○　乾燥／╳

黃花敗醬草

オミナエシ

花色 ——

顆粒狀的黃色小花，帶來明亮輕快的印象。

科／忍冬科
屬／敗醬屬
原產地／中亞、東亞、西伯利亞
香氣／〇

開花期／7～10月
英文名稱／Yellow patrinia
日文名／女郎花（オミナエシ）
花語／美人、承諾

可愛的花朵與長花莖洋益著野花風情

自然生長於日本各處山野間，是秋天七草中的一種，原生地除了日本以外還包括中亞及東亞地區。很早就出現在萬葉集中，平安時代的古今和歌集裡更是繼櫻花、秋楓、冬梅後，被詩文頌詠最多的一種植物，日本甚至有女郎花的美稱，江戶時代開始有人為栽種，是備受喜愛的插花花材。

在日文名Ominaeshi中，Omina指女性，意味著細緻又可愛的花朵模樣；Eshi則是將細碎黃色花朵譬喻成粟米般，而且整株花草或根部經過乾燥以後，還能夠成為消炎、解毒的漢方藥材。

細長花莖呈現黃色色澤，與花朵相映出明亮風采，細柔花莖錯落滿開著小花，飄散秋涼風情。

插花前準備

整理多餘葉子，修剪花莖。

＊奄奄一息的時候

以報紙將花朵與枝葉一起包起來，將修剪過的花莖切口浸在沸騰熱水中大約5秒、再浸入水中，重新修剪過花莖後就可以開始插花作業。

搭配建議

無論與哪一種花材搭配，都能夠組合出溫潤風格的作品，要是摘除葉子還能更加突顯出花朵姿態；與其他花材一起調整出高低落差，能強調出屬於黃花敗醬草的筆挺線條。由於具有一股獨特香氣，大量使用的時候要注意擺放地點，也記得要頻繁換水。

＊切花百科

上市時期／7～9月

▷7月左右開始會出貨，9月左右到秋分之前，栽種在山野間的黃花敗醬草也迎來生產旺季。

花叢尺寸／**3～5cm**、植莖高度／**50～80cm**

花材壽命／**7天左右**

換水／〇　乾燥／╳

澤蘭

花色 ——●○●

側面

特寫！

フジバカマ

科／菊科
屬／澤蘭屬
原產地／日本、朝鮮半島、中國
香氣／○

開花期／8～9月
英文名稱／Thoroughwort
日文名／藤袴（フジバカマ）
花語／猶豫、延遲

無論和洋都能搭配 屬自然風格系的草花

澤蘭顆粒分明的花苞，會開出像是起毛一樣直豎著的花朵，散發出濃厚的野趣，最早是由中國傳來日本，最古能追溯至萬葉集、源氏物語就已經有所描述，一直以來就是獲得人們喜愛的秋天七草之一，也是茶室花藝、插花時經常使用到的花材。

澤蘭經過乾燥以後整株都會散發甜香，據說平安朝貴族們會將之放進香袋，隨身攜帶做為薰香。

過去澤蘭屬於隨意生長在河灘邊，很容易親近的花朵，但是現在幾乎已經看不到原生種了，以澤蘭之名出現於花市裡的切花，都是野生近緣種的雜交種或園藝品種。儘管是充滿了秋天風情的日式花材，卻能與所有花卉搭配且風格自然清新，可說是澤蘭的最大魅力。

因為不容易開花，所以都是以花苞姿態來搭配。

插花前準備

整理多餘葉子，修剪花莖；要讓花苞開花的話，保鮮劑非常有效。

＊奄奄一息的時候
修剪花莖，將切口以火燒過後浸入深水中。

搭配建議

善用花莖的自然曲線，直接插入花器當中，無論要呈現日式還是洋風都很合適。也能在不同花朵間擔任銜接作用，是可增添細膩氛圍的重要搭配用花材。葉子模樣也非常好看，切開分枝後做為花藝下方點綴的葉材來使用，也很合適。

＊切花百科

上市時期／8～10月

▷不論在山區裡自然採摘、人工栽種，都會從秋天開始出貨，旺季在9月。

花叢尺寸／約6cm、植莖高度／60～80cm

花材壽命／7天左右

換水／○　乾燥／×

芒草

花色

ススキ

特寫!

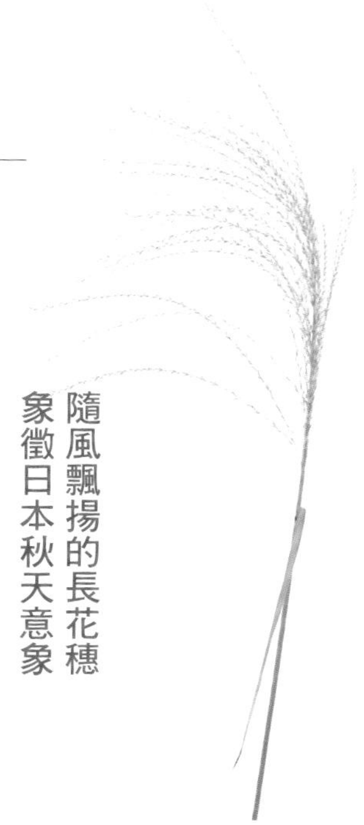

科／禾本科
屬／芒屬
原產地／東亞
香氣／－

開花期／8～11月
英文名稱／Japanese silver grass
日文名／芒・薄（ススキ）、尾花（オバナ）
花語／勢力、活力

隨風飄揚的長花穗 象徵日本秋天意象

輕盈花穗自在飄舞、妝點出秋色，在萬葉集裡被稱為尾花，是秋天七草之一。很容易在山野裡取得，不是用來覆蓋屋頂、就是做成鄉野玩具，在中秋賞月宴上，會與黃花敗醬草等一起做成裝飾，與日本人的日常生活有著密不可分的關係。芒草花穗帶有光澤，逐漸盛開後就會形成像是絨毛般的模樣。

插花前準備

修剪花莖，要注意葉子很容易乾枯。
＊奄奄一息的時候
做成乾燥花。

搭配建議

保留原有長度，底下再妝點其他草花，也能整把都是芒草，或者摘除葉子只留下花穗來安排。乾燥的芒草花穗很容易脫落，要注意擺放地點。

＊切花百科

上市時期／8～11月
▷國產芒草中秋（八月十五）時節上市，旺季為9～10月。
花穗／20～30cm、植莖高度／60～120cm
花材壽命／14天以上　換水／○　乾燥／○

地榆

花色

ワレモコウ

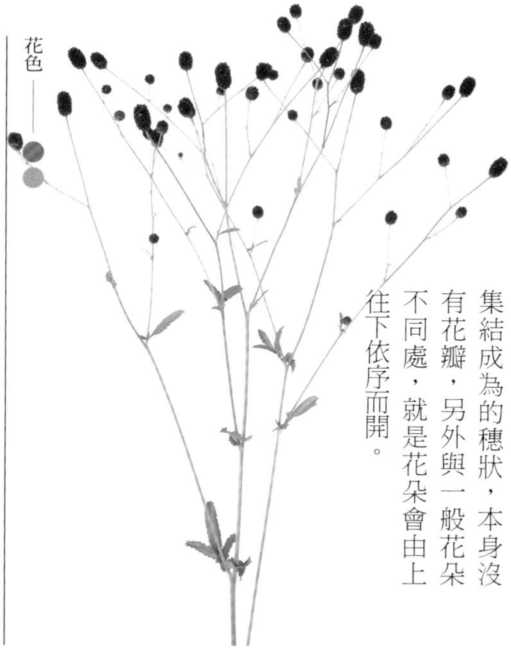

特寫!

科／薔薇科
屬／地榆屬
原產地／北半球溫帶地區
香氣／－

開花期／7～10月
英文名稱／Burnet bloodwort
日文名／吾亦紅・吾木香（ワレモコウ）
花語／變化、愛慕

結實累累的樣子 帶來了小小秋意氣息

夏季開始出現於花市裡，提早帶來秋天氣息的胭脂色花朵，散發著惹人愛憐的野草風格，呈現出秋風沙沙作響的野地美景。細長分岔前端如果實般的小球，是無數迷你小花（花萼）集結成為的穗狀，本身沒有花瓣，另外與一般花朵不同處，就是花朵會由上往下依序而開。

插花前準備

整理多餘葉子，修剪花莖。
＊奄奄一息的時候
使用浸燙法，將花莖浸泡在沸騰熱水中，或者是將切口以火燒過。

搭配建議

摘除葉片，能突顯出個性十足的花朵及細長花莖，想呈現出大自然風采時，不妨試著搭配秋季的各種草花。花莖容易折斷，處理時要格外小心。

＊切花百科

上市時期／7～11月
▷最早從7月起就會出現在花市裡，9～10月迎來旺季。
花朵尺寸／1～2cm、植莖高度／50～80cm
花材壽命／7～10天　換水／○　乾燥／○

聖誕紅

花色——●●●○◎

Other Type

白色品種

Primavera

大紅色的花朵 正是耶誕節代名詞

耶誕節時一定看得到的繽紛鮮豔聖誕紅，也從盆花發展到了切花，廣泛地應用在花藝以及花束上。看起來像花朵的部分其實是聖誕紅的萼片，匯聚在中央一帶的小點才是真正的花朵，本身沒有花瓣。進入秋天以後，當白日越來越短且氣溫開始下降，聖誕紅的綠色萼片也染上或紅或黃色彩，逐漸變成了花朵的模樣。

為了能夠便於使用在切花上，特別將花莖培育得比原本更長一些，人氣品種有花萼如同玫瑰一樣捲曲的 Winter Rose（右圖），或者是萼片較小的類型。花色除了大紅色以外，還有著黃以及粉紅等選擇，因此單單只用聖誕紅來做花藝搭配也很迷人，不過種類比較豐富的還是盆花部分，如果只是小型花藝作品時，不妨從盆花剪下來做組合也可以。

特寫！

顆粒狀的花朵全集中在正中央。

ポインセチア

科／大戟科
屬／大戟屬
原產地／墨西哥
香氣／－

開花期／11～2月
英文名稱／Poinsettia、Christmas flower
日文名／猩々木（ショウジョウボク）
花語／神聖願望、祝福

插花前準備

整理多餘葉子，修剪花莖。切口處會出現黏液，可以用水清洗或者擦拭乾淨，要注意的是萼片受損也會有黏液滲出。

＊奄奄一息的時候
修剪花莖，切口以火燒過後並浸入深水中。

搭配建議

光添加一朵聖誕紅，立刻就有滿滿耶誕氛圍、效果絕佳。紅色聖誕紅與同色系玫瑰、孤挺花或雲衫等組合起來，就是最具代表風格的耶誕花藝；若選擇白色聖誕紅妝點成白色耶誕也一樣很迷人，至於粉紅色聖誕紅則能營造出較為隨性的風格。

＊切花百科

上市時期／11～12月

▷從12月初開始到耶誕節前，是上市旺季，由盆花生產業者處理成切花出貨。

花朵尺寸／約 10cm、植莖高度／20～40cm

花材壽命／7天左右

換水／△　乾燥／╳

孤挺花

アマリリス

科／石蒜科
屬／孤挺花屬
原產地／南非、中亞
香氣／〇（部分有）

開花期／4～7月、10月（秋天開花）
英文名稱／Amaryllis、Barbados lily
日文名／ジャガタラ水仙（スイセン）
花語／絕佳的美、自豪

花色

側面

底部

細長線條紋路，華麗的重瓣孤挺花。

Other Type

Christmas Gift

Reticulatum

華麗而美艷 展現壓倒性的存在感

孤挺花屬於恣意綻放的大型球根花，粗莖頂端開出類似百合的豔麗花朵，即使還是花苞也一定會開花。英文名稱來自於古希臘羅馬詩歌中的牧羊女Amaryllis belladonna，是一款在17世紀初期才開始有紀錄、歷史較短的花卉，到18世紀末期於英國開始進行配種。

由於原生種就具備著微妙的色彩變化，因此也誕生出各式各色的繽紛園藝品種。切花中出貨數量最多的就是紅色孤挺花，除了有紅獅Red Lion（左圖）品種以外，主要都是來自荷蘭的大輪品種，也有令人印象深刻的重瓣品種，至於國內生產的孤挺花有線條花紋、複色、皺褶花瓣等等，有著各式各樣不同的模樣與花色，但花型比起進口孤挺花要更加地小款而纖細。

插花前準備

修剪花莖，切口需要平剪。花莖中空，很容易從切口處裂開或翻捲，可以使用透明膠帶黏住切口周邊，或利用棒子插入花莖內部做支撐會更好。
＊奄奄一息的時候
修剪花莖。

搭配建議

即使只有單枝也非常有分量，很具觀賞效果的一款花朵，當花兒層疊綻放，讓花莖看起來快要折斷的時候，不妨將花莖修剪短些、再來作插花搭配吧。紅或白色的孤挺花也經常使用在耶誕節的組合中。

＊切花百科

上市時期／全年

▷國產的孤挺花主要流通時間在2～5月，進口貨則是在秋季到春季，荷蘭出產的貨源在耶誕節到年底是旺季。

花朵尺寸／10～25cm、植莖高度／50～80cm

花材壽命／7～14天

換水／◎　乾燥／✕

仙客來

シクラメン

花色——●●○●◎

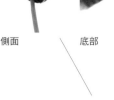

科／報春花科
屬／仙客來屬
原產地／地中海沿岸
香氣／○

開花期／10～3月
英文名稱／Cyclamen、Sowbread
日文名／篝火花（カガリビバナ）
花語／客氣、膽怯

側面

底部

Other Type

紅色品種

皺褶品種

無論盆花還是切花屬花期持久的迷人花卉

原本下垂的花苞在逐漸開花後，花瓣會翻捲過來的一種獨特花朵，從單瓣、重瓣、皺褶或邊緣羽毛狀到帶有斑點、漸層色彩等等，無論是花型或花色變化都十分多樣。自然生長於地中海沿岸到西亞的廣闊地帶，至於園藝品種則是以來自愛琴海沿岸的仙客來做為配種來源。

在歐美無論是盆花還是切花都廣受喜愛，日本的流通量雖然不大，但已經漸漸可以買得到切花，美麗的花能持續開得十分漂亮外，小朵且花期長或是複色等少見的特殊品種，也都逐漸能在花市看到。

如果想從盆花剪下來做搭配時，不要使用剪刀等利器，而是抓住花莖底部直接扭轉拔下來就好。

皺褶品種的仙客來，最近有增加的趨勢。

插花前準備

修剪前花莖。
＊奄奄一息的時候
使用浸燙法，以報紙將花朵與枝葉一起包起來，將修剪過的花莖切口浸在沸騰熱水中大約5秒後、再浸入水中，重新修剪過花莖就可以開始插花作業。

搭配建議

開花後，花型也不會改變，跟許多從冬天到春天上市的球根花一樣，無須再重新調整插花、是很討喜的優點。由於仙客來的花莖較短，小型的花藝作品更能夠生動地傳遞出花瓣顏色、模樣及質感，或將花朵整把匯聚在一起，做出漸層搭配也很迷人。

＊切花百科

上市時期／12～1月
▷以正月為主的盆花產量增加時期，也會有少數切花流通於花市裡。
✱花朵尺寸／2～4cm、植莖高度／10～20cm
✱花材壽命／7天左右
換水／○　✱乾燥／╳

貼梗海棠

ボケ

花色 —— ● ● ○ ◎

特寫！

帶有花朵與葉子的枝條，會在秋天上市。

科／薔薇科
屬／木瓜屬
原產地／中國、日本
香氣／－

開花期／3～5月
英文名稱／Flowering quince
日文名／木瓜（ぼけ）
花語／熱情、妖精的光輝

圓滾滾的花朵 讓花枝充滿了野趣

強韌、自在彎曲的樹枝上開滿了圓圓的小花，是很受喜愛的一款花材，同時也是正月裝飾或慶祝場合時會使用的花木之一。充滿獨特韻味的花枝非常適合用於花藝裝飾，最近更經常被用於陳列擺設上。

無論花苞還是花朵都是圓形，花色主要是紅、白兩色，花市也會看到單輪花朵有紅白混開的品種。這一類的切花都是屬於中國原生的園藝品種，與山林裡可見的小朵原生品種、日本海棠，則是完全不同品種。

年終到新年時期僅有帶著花朵的花枝上市，花期非常長，花朵會一一陸續綻放，做為正月裝飾的話，可以擺放在溫暖的房間裡，好好地欣賞到枝條發芽的模樣，在歐洲則主要是以粉紅花色流通於花市。

插花前準備

修剪較粗枝條，在切口劃上幾刀，較細枝條則是斜剪，不過要注意枝條上有長尖刺。

＊奄奄一息的時候

可將枝條稍微剪短後，並在切口劃上幾刀。

搭配建議

如果想充分展現貼梗海棠本身的野趣，就不要添加太多其他花材，保留一些空間。另外不妨使用大型花器直接插放進去，看起來就會非常有型，不過花朵很容易掉落，處理時要多加注意。

＊切花百科

上市時期／11～4月

▷旺季在12～1月，主要是正月花卉使用為主。

花朵尺寸／1～3cm、花枝高度／60～180cm

花材壽命／10～14天

換水／○　乾燥／╳

蠟梅

花色

ロウバイ

科／蠟梅科
屬／蠟梅屬
原產地／中國
香氣／〇

開花期／12～2月
英文名稱／Wintersweet、Japanese allapice
日文名／蠟梅（ロウバイ）
花語／慈愛、遠見

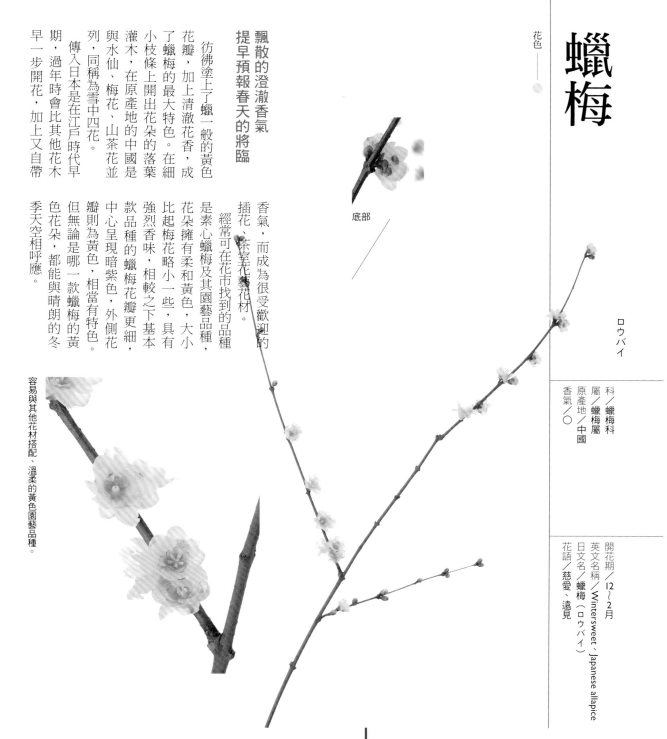

飄散的澄澈香氣 提早預報春天的將臨

彷彿塗上了蠟一般的黃色花瓣，加上清澈花香，成了蠟梅的最大特色。在細小枝條上開出花朵的落葉灌木，在原產地的中國是與水仙、梅花、山茶花並列，同稱為雪中四花。

傳入日本是在江戶時代早期，過年時會比其他花木早一步開花，加上又自帶香氣，而成為很受歡迎的插花、茶室花藝花材。

經常可在花市找到的品種是素心蠟梅及其園藝品種，花朵擁有柔和黃色，大小比起梅花略小一些，具有強烈香味，相較之下基本款品種的蠟梅花瓣更細，中心呈現暗紫色，外側花瓣則為黃色，相當有特色。但無論是哪一款蠟梅的黃色花朵，都能與晴朗的冬季天空相呼應。

底部

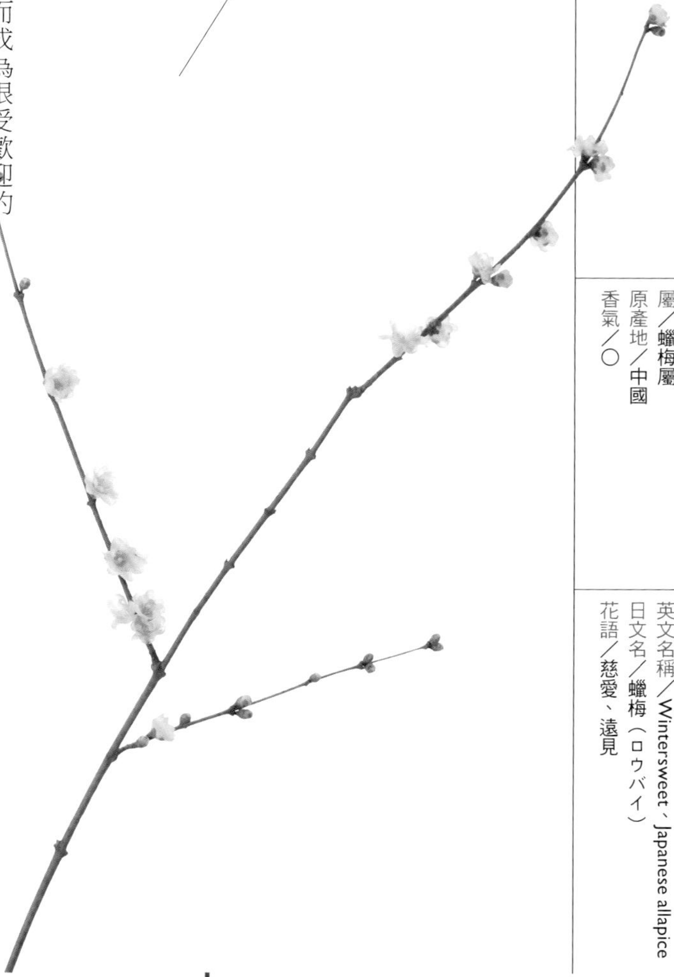

容易與其他花材搭配、溫柔的黃色園藝品種。

▼插花前準備

挑選花況好的花枝，修剪枝條並在切口劃上幾刀。由於花朵與花苞很容易掉落，要小心處理。

＊奄奄一息的時候
修剪枝條並在切口劃上幾刀，浸入深水中。

▼搭配建議

長的蠟梅枝條可以直接放入花器中，下方再配上春季花草，就能夠描繪出春天山野風情。無論是將各種不同黃色花朵聚集在一起，或使用對比的藍色風信子等搭配，也會非常迷人，若修短枝條做成花藝作品或花束，就能變成充滿香氣的禮物。

＊切花百科

上市時期／12～2月
▷花市裡僅會有國產的蠟梅，季節從年底到1月為止。

花朵尺寸／1～2cm、花枝高度／50～180cm

花材壽命／7～10天

換水／〇　乾燥／╳

水仙

スイセン

花色

● ● ○ ● ◎

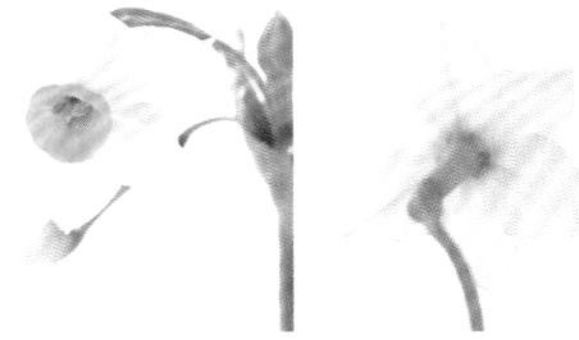

特寫！　底部

擁有纖細花瓣與純白色的高雅喇叭水仙。

Other Type

黃房水仙

Paperwhite

重瓣品種

科／石蒜科
屬／水仙屬
原產地／伊比利半島
香氣／○

開花期／11～4月
英文名稱／Narcissus、Daffodil
日文名／水仙（スイセン）
花語／自戀、神秘、高尚

在英國備受喜愛 也是點綴新春的香氣

水仙是從年底一直到春末時節，會開出千變萬化各種美姿的一款球根花，在地中海沿岸有25～30種的野生品種，育種又以英國最為盛行，英國皇家園藝學會就登錄超過1萬種以上的園藝品種。

出現在日本的切花品種之一就是日本水仙，經中國來到了日本以後，落腳在福井縣越前海岸、兵庫縣淡路島、千葉縣鋸南町等地群聚生長。擁有強烈香氣是最大特色，從一般插花裝飾到茶室花藝，還有做為正月代表花卉，皆深受人們喜愛。

過了正月以後，切花以英國育種而成的喇叭水仙為主，因為花朵中央模樣形似喇叭而得名，接下來輪到叢生類的水仙上市，到了3月還有人氣的芬芳黃水仙Jonquil品種會登場。

插花前準備

購買單輪花型水仙時，要挑選已經開始開花的花枝。修剪花莖，切口處流出的黏液可用水洗乾淨。

＊奄奄一息的時候
修剪花莖。

搭配建議

日本水仙只要搭配枝條類葉材，就能夠營造出高雅氛圍；而叢生水仙結合數枝在一起就充滿了熱鬧氣息。至於喇叭水仙因為花朵大型，只要每一朵都安排好最佳角度，整體作品即可生動起來。

＊切花百科

上市時期／（日本水仙）10～2月、（其他）11～4月

▷國產與部分進口貨會同時流通於花市，日本水仙的最盛期在年底，喇叭水仙旺季則在2月。

花朵尺寸／（日本水仙）2～3cm、（其他）2～8cm
植莖高度／30～60 cm

花材壽命／5～10天　換水／◎　乾燥／╳

山茶花

ツバキ

科／山茶科
屬／山茶屬
原產地／日本、中國、越南
香氣／－

開花期／11～12月、2～4月
英文名稱／Camellia、Japanese camellia
日文名／椿（ツバキ）
花語／低調的美好

花色 —— ●●○◎

底部

源自日本深受世界喜愛華麗動人的花樹

映襯著光耀濃綠葉片的是華麗重瓣花朵，也有散發萬般侘寂風韻的單瓣花型，山茶花是原生於日本、中國的常綠灌木，在日本更是為寒冬到早春景色揮灑上一抹色彩的花樹之一，自古以來就受到無數人喜愛，包括古事記、日本書紀或萬葉集都有所著墨。

原生種為野山茶以及寒山茶這兩種，在園藝盛行的江戶時代，就誕生出無數精彩迷人的新品種，無論是插花還是茶室花藝，甚至連正月慶祝儀式上都看得到茶花身影；另外枝條會用於神道教儀式，種子也是高級油品的原料等等，可說與日常生活息息相關。

17世紀末期山茶花以Camellia之名、被介紹至歐洲後，就此獲得了全世界的喜愛，目前在日本以及歐美國家，仍非常熱衷於山茶花的品種改良。

花型較小的單瓣品種侘助山茶花、數寄屋。

Other Type

紅色品種

白色品種

▼插花前準備

整理多餘葉子，修剪花莖，切口劃上幾刀。葉子表面有髒污的話也記得要擦乾淨。

＊奄奄一息的時候
修剪花莖，在切口劃上幾刀。

▼搭配建議

無論插上單枝還是數朵放在一起，山茶花都能展現獨特風情，要是結合紅白兩種顏色，則非常適合應用在喜慶場合上。可善用本身充滿光澤、獨具魅力的葉片，不過數量太多時可以適當整理一下。當花朵枯萎時，花瓣不會一一散落而是整朵花直接凋落。

＊切花百科

上市時期／12～4月

▷季節在12～2月，從伊豆大島首先開始出貨，接著依序從各個產地出貨的季節性花卉。

花朵尺寸／4～5cm、花枝高度／40～120cm

花材壽命／7天左右

換水／○　乾燥／×

梅花

花色

特寫！

底部

枝椏獨特的雲龍梅，也是能帶來好運的吉祥樹。

ウメ

科／薔薇科
屬／李屬
原產地／中國
香氣／○

開花期／1～3月
英文名稱／Japanese apricot
日文名／梅（ウメ）、春告草（ハルツゲグサ）
花語／美麗、高風亮節

新春裝飾不可或缺 有馥郁香氣的秀麗花朵

預告春天來臨的梅花，與松樹等併列為新春正月吉祥花材的最佳代表。

原產地在中國，奈良時代以前就傳入日本，從那時起就受到日本人喜愛，在萬葉集裡頌詠梅花的詩歌多達100首以上，當時賞梅的盛況就如同現今賞櫻一樣熱烈，而果實更是被做成了梅乾、梅酒等，融入了日本人的日常生活裡。

梅花的魅力在於圓圓的花型，豐富的香氣以及具造型感的枝椏，無論是充滿韻味的彎折梅枝，還是筆直活力伸展的枝條，都擁有無盡風情，另外也看得到整體樹枝彎彎曲曲的不同梅花品種。

花苞狀態下的梅花，擺放在溫暖室內，能欣賞到帶著香味的花兒逐漸綻放。另外白梅品種的香氣會比紅梅來得更加濃烈。

插花前準備

挑選結有鼓漲花苞的梅枝，修剪枝條後，在較粗切口上劃上幾刀，不過要注意無論花朵還是花苞，都很容易掉落。

＊奄奄一息的時候

修剪枝條，切口處劃上幾刀再浸入深水中。

搭配建議

單一枝梅花就能萬種風情，所以插花時單用梅花即可。若搭配菊花、水仙或山茶花時，則搖身一變成為最佳的新春裝飾。就算購買時花苞摸起來很硬，但還是會開花，只是梅花比較不耐乾，要注意不要吹到風，若花朵有乾枯情況，用噴霧方式補水。

＊切花百科

上市時期／12～2月

▷從年底開始，會有迎接新春為目的的人工栽培梅花上市。

花朵尺寸／**1～2.5cm**、花枝高度／**50～200cm**

花材壽命／**5～7天**

換水／○ 乾燥／×

風信子

ヒヤシンス

花色

單一朵就很有分量感的重瓣風信子Hollyhock。

側面

特寫！

科／天門冬科
屬／風信子屬
原產地／希臘、敘利亞、小亞細亞
香氣／○

開花期／3～4月
英文名稱／Hyacinth
日文名／風信子（フウシンシ）
花語／柔和可愛

Other Type

黃色品種

China Pink

深粉品種

彷彿香水般的氣味 花期長也是一大魅力

室內只要放上一朵風信子，就能帶來如香水般香氣的一款球根花，品種主要分成由荷蘭品種改良的荷蘭系，及在法國進行改良的羅馬系，目前市場中大量流通的，則是帶有奢華氛圍的荷蘭系風信子。

花型則有單瓣與重瓣兩種，花色除了紫、白以外，還有粉紅、杏色系列等，即使開滿了花朵，像多肉般質感的葉片依舊非常牢靠。由於全串花朵會由下而上依序綻放，花期相當久，做成花藝作品的切花，花莖仍會繼續生長伸長，這時候不妨重新修正花藝設計角度。近幾年花市裡也能看得到帶著球根的風信子，能夠擁有更長的賞花樂趣。

風信子的英文名稱來自於希臘神話，從美少年Hyacinthus身上流出的鮮血開出這樣一朵花而得名。

▼插花前準備

修剪花莖，泡在水中的花莖容易腐壞，記得使用淺水。
＊奄奄一息的時候
修剪花莖。

▼搭配建議

由於香味非常強烈，建議插花時只要使用1或2枝風信子，就算是與其他花材搭配時，風信子的數量也是少量即可。摘除花瓣的話，花苞就能持續開得很美；需勤快地換水。由於風信子花莖會朝光源方向移動，所以花藝作品需要時不時重新修正。

＊切花百科

上市時期／11～5月

▷荷蘭產的風信子從冬到春季間流通；國產則是越來越多帶著球根的風信子上市，在12～3月間流通。

花穗尺寸／6～10cm、植莖高度／15～35cm

花材壽命／10天左右

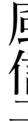

換水／◎　乾燥／╳

Basic Knowlege ─ ❷

認識花朵

仔細來貼近花兒吧！好好地比較、觀察，拓展關於鮮花的新視界。

花瓣

色彩、鮮豔華麗，是觀賞一朵花時最為吸睛的部分，還有部分是雄蕊或花萼經過演變，看起來像花瓣的花種。

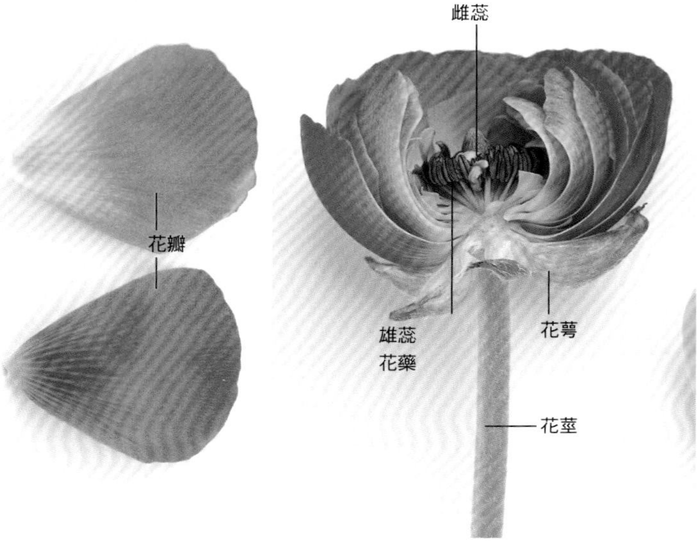

看仔細了！
花瓣顏色也有萬千變化

單色

從花瓣前端直到底部顏色幾乎都相同，常見於輪廓清晰的花朵類型。

覆輪

花瓣邊緣不同色的鑲邊，如圖片的暈染樣式外，也有較明顯的鑲邊樣式。

複色

1片花瓣裡有著2種或以上的不同色彩，顏色的組成方式也很繽紛多樣。

漸層

顏色濃淡會從花瓣根部一路變化到邊緣，展現出柔和的氣息。

花心／花蕊

花朵的中央部分，將雄蕊與雌蕊加在一起，就稱為花心。

花藥

指的是雄蕊頂端裝有花粉的囊袋，最經典的例子就是百合花的花藥。有時候為了呈現出自然風情而保留花藥來組合成花藝作品，但因為花粉沾上容易造成污漬，所以有時候也會先行摘除。

花莖

可以支撐著花朵，中間還有稱為維管束的纖維組織，負責運輸水分及光合作用產生的養分。

雌蕊

位於種子植物的花朵中央，雌性的繁殖器官，有著將來會變成果實的子房。

雄蕊

位於種子植物的花朵深處，雄性的繁殖器官，也是帶有花粉的部位。

花萼

還是花苞的時候會包覆住花瓣，等到開花以後就會托住花瓣，而且依照花卉的種類，還會發展出花瓣與花萼不分的品種，或者是花萼變成花瓣模樣的品種等等，型態非常多樣。

唇瓣

蘭科花朵才具有這種靠近花朵中央，下方額外多出一片花瓣的唇瓣，形狀是左右對稱，無論是模樣還是顏色都與周邊花瓣明顯地完全不一樣，目的是為了吸引昆蟲靠近、幫助進行授粉，也有部分花的唇瓣會發展成袋狀。

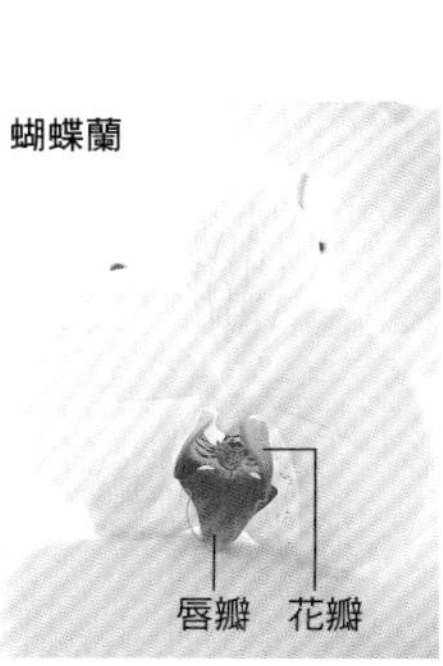

萼片

這是包裹著花瓣、輕薄的保護葉，也會稱為苞葉，此類型花其中就有著火鶴花、海芋這樣萼片非常大，彷彿花瓣一樣的品種。像這種型態的，真正花朵就是裡面的棒狀部分，而且因為是由無數小花集合組成，也被稱為肉穗花序。

Part 3

花材

無論大花、小花還是花樹，
近年來進口花卉不斷增加。
從令人眼花繚亂的無數鮮花中嚴選、
香氣誘人的花朵，
還有容易做成乾燥花的花朵，
接下來就一一來介紹吧！

Flower

紫羅蘭

ストック

花色 ● ● ● ● ○ ●

粉嫩色彩搭配甜香 帶來春天的腳步

結著滿滿的小花，葉片或花莖上則被白色絨毛包覆，紫羅蘭給予人十分溫柔的感覺，在甜香中又帶有一絲辛辣氣息，也成為紫羅蘭的最大特色。在古代希臘、羅馬年代還將之視為草藥使用。切花幾乎都是重瓣類型，也有叢生品種流通於市面上，由於花穗還會繼續長高，挑選時要以花朵密集的為佳。

科／十字花科
屬／紫羅蘭屬
原產地／南歐
香氣／○

開花期／2～4月
英文名稱／Stock、Common-stock
日文名／紫羅欄花（アラセイトウ）
花語／永恆的美、求愛

Other Type

特寫！

叢生類型

▼插花前準備

修剪花莖。

＊奄奄一息的時候

以報紙將整個花枝包起來，將修剪過的花莖切口浸在沸騰熱水中約10秒。

▼搭配建議

紫羅蘭的長花莖，可拉出整體花藝作品的輪廓，至於叢生型紫羅蘭則可以分枝後再來運用；摘除萎凋花瓣、勤換水，其他花苞就能夠完整開花。

＊切花百科

上市時期／10～5月

▷旺季在11～12月、3月，秋天到春天之間穩定供應。

❋花朵尺寸／約3cm、植莖高度／40～80cm

❋花材壽命／7～10天 💧換水／○ ❋乾燥／╳

垂筒花

キルタンサス

花色 ● ● ● ○

在狹小空間裡 展現躍動感的筒狀花朵

在筆直伸展的花莖頂端開著筒狀花朵，單枝垂筒花能開出5、6朵花，花朵前端會再分成6瓣，屬於生命力非常旺盛的球根花，就算種植在花盆裡，每年都能夠開出無數花朵。

帶有水果般的高雅甜香也是其魅力所在，流通於花市裡的切花，主要是有著溫柔印象的Mackenii品種（右圖）。

科／石蒜科
屬／垂筒花屬
原產地／南非
香氣／○

開花期／3～4月
英文名稱／Fire lily、Ifafa lily
日文名／角笛草（つのぶえそう）
花語／隱藏的魅力

Other Type

Orange Beauty

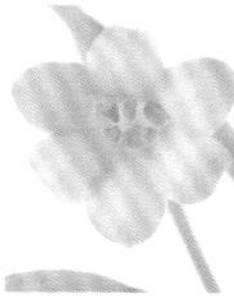

特寫！

▼插花前準備

修剪花莖；吸水能力非常好，所以插花時可使用淺水。

＊奄奄一息的時候

修剪花莖。

▼搭配建議

細長的花朵會隨意往各個方向綻放，很適合在小型空間裡展現動感，如果想要凸顯花朵前端的可愛模樣，不妨插花時將花朵集中在一起。

＊切花百科

上市時期／1～5月

▷花市裡以伊豆大島生產為主，流通的幾乎都是國產花，旺季在2月。

❋花朵尺寸／約2cm、植莖高度／30～40cm

❋花材壽命／7～10天 💧換水／◎ ❋乾燥／╳

結香

ミツマタ

花色

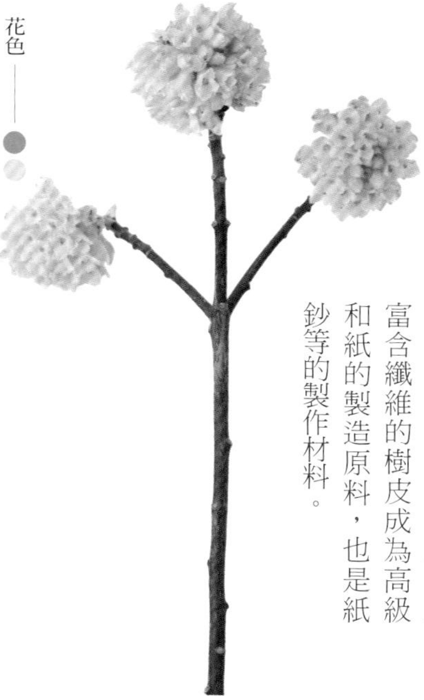

特寫！

底部

科／瑞香科
屬／結香屬
原產地／中國
香氣／○

開花期／3～4月
英文名稱／Oriental paper bush
日文名／三椏、三叉（ミツマタ）
花語／剛強、健康

綻放著柔黃色花朵 枝椏形狀更是獨一無二

在葉子冒芽以前會先開花的結香，是一款香氣宜人的花樹。帶有溫度質感的小花會匯聚成半圓形，以像是低頭般的角度綻放。日文名為三椏、就來自於花的枝條一定會分叉成三枝。

結香原產於中國，傳入日本是在室町時代，堅實並富含纖維的樹皮成為高級和紙的製造原料，也是紙鈔等的製作材料。

▼插花前準備

修剪枝條，在切口處劃上幾刀。
＊奄奄一息的時候
修剪枝條並劃上幾刀。

▼搭配建議

修短之後再插花，正好可以善加運用成團盛開的可愛花型；如果是保留原始枝條長度，就能夠清楚地感受三叉的枝條形狀所帶來的視覺趣味。

＊切花百科

上市時期／1～3月
▷國內生產的結香僅有少量上市，旺季在3月。
❋ 花朵尺寸／約3～4cm、花枝高度／80～130cm
❋ 花材壽命／7天左右　換水／○　❋ 乾燥／╳

山梅花

バイカウツギ

花色

科／繡球花科
屬／山梅花屬
原產地／日本
香氣／○

開花期／5～7月
英文名稱／Mock orange
日文名／梅花空木（バイカウツギ）
花語／回憶、品格

洋溢著初夏風情 有清爽雪白色澤與香味

鑲嵌著潔白花朵的花樹，是原生於日本的落葉灌木，初夏時節就會開出散發香味的花朵，日文名為梅花空木就是因為花朵模樣像梅花，而樹枝中間是中空。

日本的原生種在19世紀中葉傳入歐洲，並且做了品種改良，出現於花市裡的山梅花切花，就是經過改良的品種，也能看到淡粉花色或重瓣等品種。

花苞

特寫！

▼插花前準備

修剪較粗枝條，並在切口處劃上幾刀，細枝則需要斜剪。
＊奄奄一息的時候
修剪枝條並劃上幾刀。

▼搭配建議

可僅用單一的清爽白色來插花，而且還能運用山梅花充滿自然韻味的修長枝條來搭配。剪短使用的話，則能夠好好地欣賞到花朵可愛模樣。

＊切花百科

上市時期／3～6月
▷從本州各地出貨，旺季在5月。
❋ 花朵尺寸／2～3cm、花枝高度／50～120cm
❋ 花材壽命／5～10天　換水／○　❋ 乾燥／○

薰衣草

ラベンダー

花色 ●

清新的紫色與香氣 具時尚感的香草植物

特寫！

無論切花、盆栽或乾燥花，薰衣草都是人氣非凡的香草植物，清新舒暢的香味具有穩定精神的效果，切花屬於期間限定款，以10支左右為一束在市場上販售。

由於瓶插壽命不長，在枯萎前就先倒吊起來做成乾燥花，能夠保留住薰衣草的香氣還有色澤，也可以剪下盆花，直接感受新鮮的薰衣草香氛。

科／唇形科
屬／薰衣草屬
原產地／地中海沿岸
香氣／○

開花期／4～7月
英文名稱／Lavender
日文名／薰衣草（クンイソウ）
花語／沉默、期待

▼插花前準備

以報紙將花朵與葉子一起包起來，將花莖浸在沸騰熱水中大約5秒。
＊奄奄一息的時候
使用浸燙法。

▼搭配建議

想要強調深紫色時，不妨一次同時使用多支薰衣草放在一起，如果是2、3枝點綴在花材之間的話，則能夠變成香氣豐富的花藝作品。

＊切花百科

上市時期／5～7月
▷以長野縣、群馬縣出產的薰衣草為主，旺季6～7月。
❋ 花穗尺寸／5～8cm、植莖高度／15～30cm
❋ 花材壽命／3～5天　換水／△　❋ 乾燥／○

巧克力波斯菊

チョコレートコスモス

花色 ● ●

不僅花色雅致 連香氣都十足巧克力

底部

特寫！

香甜的氣味還有顏色都像是巧克力一樣，雖然巧克力波斯菊是在大正時代傳入日本，但是做為切花並獲得高人氣，卻是直到2000年以後才開始。

擁有其他花材所沒有的雅致花色，讓巧克力波斯菊成為花藝搭配的一大要角，與黃波斯菊交配後還誕生出深紅色品種，至於香氣則是會隨著品種而有濃淡的不同。

科／菊科
屬／秋英屬
原產地／墨西哥
香氣／○

開花期／5～11月
英文名稱／Chocolate cosmos
日文名／チョコレート秋桜（コスモス）
花語／戀情的回憶

▼插花前準備

確認清楚花瓣有無受損再購買；修剪花莖。
＊奄奄一息的時候
將花莖浸在沸騰熱水中。

▼搭配建議

配置甜美花藝作品或花束時，能帶來立體效果，甜蜜香氣也是加分點。想增添秋天氣息時同樣很有存在感，若搭配上白色花材就更顯時尚。

＊切花百科

上市時期／幾乎是全年
▷除了炎夏以外都能看到，旺季是2～4月、10～12月。
❋ 花朵尺寸／1.5～3cm、植莖高度／30～80cm
❋ 花材壽命／5～10天　換水／○　❋ 乾燥／╳

晚香玉

チューベローズ

花色 —— ●○

科／天門冬科
屬／晚香玉屬
原產地／墨西哥
香氣／○

開花期／7～9月
英文名稱／Tuberose
日文名／月下香（ゲッカコウ）
花語／冒險、危險的快樂

特寫!

花苞

具有芳香氣味 屬於夏日的球根花

介於茉莉與玫瑰間，馥郁的香氣是其最大魅力，花朵成排地由下往上接續開放，入夜以後益加散發香甜氣味，因此和名取為月下香，單瓣品種也是高級香水的原料。

切花則幾乎都屬於重瓣型，不過花苞狀態很難開出花，要挑選已經開了花的花枝，近幾年花市裡也找得到容易開花的類型。

▼插花前準備

修剪花莖。
＊奄奄一息的時候
使用浸燙法，以報紙將花朵與葉子一起包起來並浸在沸騰熱水中約5秒。

▼搭配建議

可利用成串開花的特色做成長花束，新娘捧花的話，則適合做成懷抱方式的臂彎式手捧花。摘掉花瓣，可以讓花苞比較容易開花。

＊切花百科

上市時期／全年
▷沖繩產一整年都有，夏秋則有少量來自千葉縣及埼玉縣所生產。
❋ 花朵尺寸／**2～3cm**、花枝高度／**50～100cm**
❋ 花材壽命／**7～10天**　💧換水／◎　❋ 乾燥／╳

南非孤挺花

ベラドンナリリー

花色 —— ●○

科／石蒜科
屬／孤挺花屬
原產地／南非
香氣／○

開花期／8～9月
英文名稱／Belladonna lily
日文名／本（ホン）アマリリス
花語／沉默、依照原樣

形似百合的華麗花型 強烈香氣是最大魅力

類似百合模樣、多朵花會一同綻放，花色十分亮眼且華麗，強烈的香氣則比花朵更加具有魅力。

原生南非的球根花，屬石蒜花同類，因為是孤挺花屬的唯一一個屬，因此日文名又叫南非本孤挺，也有重瓣花型，由於流通於花市的時期相當短暫，是非常珍貴的花材之一。

底部

特寫!

▼插花前準備

修剪花莖。
＊奄奄一息的時候
修剪花莖。

▼搭配建議

花朵會同時開花，搭配時不要太過緊湊，可以留出空間欣賞南非孤挺花的柔軟花莖。若斜插花莖的話，就可以展現出花朵的動感。

＊切花百科

上市時期／**9～10月**
▷國內生產的南非孤挺花僅有少量流通，旺季在9月。
❋ 花叢尺寸／**8～10cm**、植莖高度／**40～70cm**
❋ 花材壽命／**5～7天**　💧換水／◎　❋ 乾燥／╳

非洲茉莉

マダガスカルジャスミン

花色——○

祝福著新嫁娘 馨香迷人的潔白花朵

擁有茉莉名稱的鮮花大都香氣十分濃郁，非洲茉莉自然也以強烈的香味成為最大特色。

厚實的花瓣為乳白色，花朵前端成5片的星星狀，可愛迷人的花型、顏色與芳香氣息，讓它也成為婚禮上的經典鮮花。花市裡都是將花朵一一剪下的包裝，想要連花莖一起搭配的話，就要從盆花剪下來使用了。

特寫!

花苞

科／夾竹桃科
屬／黑鰻藤屬
原產地／馬達加斯加
香氣／○

開花期／4～6月
英文名稱／Madagascar jasmine
日文名／マダガスカル舌切草（シタキソウ）
花語／清純、兩個人一起前往東方

插花前準備

因為很容易受損，要使用前再購買。

＊奄奄一息的時候

花朵不耐乾燥，所以要用噴霧方式補水並放置在涼爽地點休息。

搭配建議

單朵的非洲茉莉在使用前先放置水中吸水約2個小時。如果從盆栽中、連花莖一起剪下搭配時，因吸水性、瓶插期限都比較差，要注意用途目的。

＊切花百科

上市時期／全年

▷以春季和秋季的婚禮季為主，旺季是9～11月。

花朵尺寸／約 2cm、植莖高度／30～50cm

花材壽命／3天左右　換水／○　乾燥／╳

亞馬遜百合

ユーチャリス

花色——○

顏色、花型、香味 全都散發著高雅氣質

做為新娘捧花裡的特殊花材，亞馬遜百合一直擁有著數一數二高人氣，有著6瓣花瓣，中央像是托著淺綠色皇冠一樣的花型，是最大特色，花莖頂端開著向下垂的大朵花，而花瓣更是十分嬌嫩。花市裡會看得到帶有花莖，以及僅有花朵、稱為「捏花（つまみ）」的方式出貨。

特寫!

底部

科／石蒜科
屬／亞馬遜百合屬
原產地／中美・南美
香氣／○

開花期／5～7月
英文名稱／Amazon lily
日文名／アマゾン百合（ユリ）
花語／天真無邪的心、純粹的品格

插花前準備

修剪花莖，嬌嫩的花瓣也要非常小心處理。

＊奄奄一息的時候

修剪花莖。

搭配建議

配合花朵與花莖色彩，可以組合成清爽的白與綠兩種顏色的花束或花藝作品。在開花季節裡，有時價格會比較便宜。

＊切花百科

上市時期／全年

▷婚禮旺季的5～6月以及9～11月流通量比較大。

花朵尺寸／6～8cm、植莖高度／50～60cm

花材壽命／7天左右　換水／◎　乾燥／╳

星辰花

スターチス

科／藍雪科
屬／補血草屬
原產地／歐洲、地中海沿岸
香氣／－

開花期／5～7月
英文名稱／Statice、Sea-laverder
日文名／花浜匙（ハナハマサジ）
花語／永恆的愛、不變的心

花色

Other Type

朱幻

浪漫

Blue Fantasy

在乾燥花、草花風潮中花色豐富的人氣花卉

花量像滿天星一樣布滿花枝、非常豐沛的花型，而花朵卻帶著乾燥質感，原產地在歐洲、地中海沿岸，傳入日本是在20世紀昭和年代的時候。

星辰花的切花主要有兩大系列，一個就是非常受到歡迎的**Hybrid**系列，細長花莖有著分杈並結滿了無數小花，是形狀非常豐滿的雜交種；另一種則稱為**Sinuata**系列，花朵會像牙刷一樣橫向排列。

因為色彩繽紛加上瓶插花期久，一直都是中元節、秋分掃墓時的必備花朵，最近幾年更受到草花、乾燥花的熱潮影響，一口氣在花市裡出現了許多不同品種，過去沒看過的杏色、中性色、重瓣型的星辰花，都一一登場。

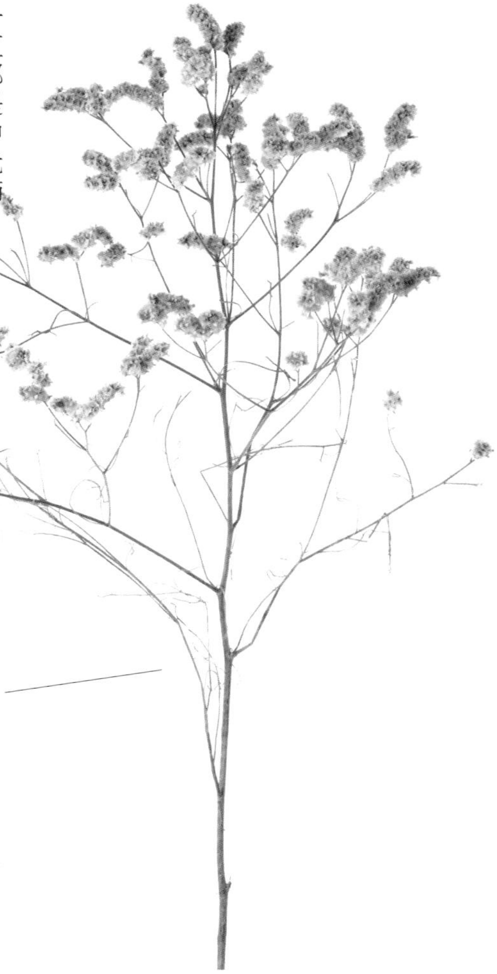

Sinuata系列也有重瓣品種登場。

特寫！

側面

▼插花前準備

整理多餘葉子，由於花莖容易腐壞，插花時要使用淺水。

＊奄奄一息的時候

使用浸燙法，以報紙將花朵與葉子一起包起來，將修剪過的花莖切口浸在沸騰熱水中約5秒、再浸入水中，重新修剪過花莖就可以開始插花作業。

▼搭配建議

花莖纖細的Hybrid系列，要是給予足夠空間來伸展，就能夠盡情展現所具備的迷人特色，另外也很適合用來當作填滿花藝作品空隙的花材。星辰花的花期保鮮非常長，成為夏季時非常重要的搭配花材。

＊切花百科

上市時期／全年

▷以北海道出產的星辰花為主，穩定地出貨全國各地，旺季在5～7月；來自肯亞、以色列進口的數量也增加中。

花朵尺寸／約 **0.5cm**、植莖高度／**60～90cm**

花材壽命／**10～14**天

換水／◎　乾燥／○

大飛燕草

デルフィニウム

花色——●●●○●●◎

特寫!

花苞

科／毛茛科
屬／飛燕草屬
原產地／西伯利亞、中國、歐洲
香氣／－

開花期／6～8月
英文名稱／Delphinium
日文名／大飛燕草（オオヒエンソウ）
花語／被幸福圍繞、高貴

奢華的水藍花朵 清透花色是最大魅力

長長的花莖上開滿著華麗無比的花朵，大飛燕草在世界各地擁有約250種的野生種，18世紀後半時英國開始著手品種改良。花市中具有透明感的漂亮藍色花朵品種相當少，這也讓大飛燕草的存在彌足珍貴。傳說中新娘要是配戴此花就能獲得「Something Blue」魔法的祝福，因而非常受到歡迎。

在花市裡可以看到的大飛燕草有3種，具有直粗莖與重瓣花朵的Elatum系列，叢開的單瓣型Chinensis系列，以及介於兩者中間的Belladonna系列。

英文名字來自於花苞形狀就像是翻轉背部的海豚而得名，在花朵底部還會有一截像尾巴般稱為「距」的部分，但這也會讓大飛燕草在與其他花材搭配時容易勾纏在一起，後來也誕生了沒有「距」的Belladonna系列，而且數量是年年增加中。

Other Type

Aurora Deep Purple

Century White

Platinum Blue

屬於Chinense系列的Grand Blue，易親近又好搭配的清爽花型。

插花前準備

整理多餘葉子，修剪花莖，因為花莖中空所以處理時要格外小心。

＊奄奄一息的時候

使用浸燙法，以報紙將花朵與葉子一起包起來，將修剪過的花莖切口浸在沸騰熱水中約5秒、再浸入水中，重新修剪過花莖就可以開始插花作業。

搭配建議

開滿華麗花朵的Elatum系列，最適合大型花藝或婚宴裝飾；至於輕盈綻放的單瓣Chinensis系列，則可以加入小型花藝作品或花束裡；而在細長花莖上開滿了花朵的Belladonna系列，不妨好好突顯出其可愛迷人的特質。

＊切花百科

上市時期／全年

▷產地北海道在夏季到秋季，冬到春則是以愛知縣、宮崎縣等地供貨為主，旺季在5～7月。

花朵尺寸／**2～8cm**
植莖高度／**40～120cm**

花材壽命／**7～14天**　換水／○　乾燥／○

刺芹

エリンジウム

花色 ——

狂野花姿與鮮明青藍色十足具有個性

兼具造型與野性，刺芹（紫薊）是在園藝中也很受歡迎的多年生草花，帶有清涼感的顏色以及持久花期是它的最大特色。也因為草花風潮，使得花市裡的流通量逐年增加。

乾燥的質感可說是獨一無二，模樣像松果的花則是被萼片包圍起來，擁有許多在顏色、形狀都有些微變化的不同品種，下圖中就是花的形狀非常好看的Orion品種；另外還有從萼片到花莖都是藍紫色的Bluebell，萼片非常長，帶有令人驚訝的鮮明螢光色彩；Supernova屬於花朵很長的大輪品種，至於Sirius是整體都具有著銀灰般的白色色澤。

刺芹宛如金屬般的花色，在做成乾燥花以後依舊會保留下來，不過要注意，乾燥後萼片與葉子的尖刺都會更堅硬銳利。

特寫!

非常吸睛的品種Bluebell，萼片與花莖帶有螢光般的藍紫色。

Other Type

Sirius

Supernova

Magnestar

科／繖形科
屬／刺芹屬
原產地／歐洲、中亞、南美
香氣／－

開花期／6～8月
英文名稱／Eryngo
日文名／瑠璃松笠（ルリマツカサ）
花語／深藏的愛、無言的愛

插花前準備

整理多餘葉子，修剪花莖。

＊奄奄一息的時候

使用浸燙法，以報紙將花朵與葉子一起包起來，將修剪過的花莖切口浸在沸騰熱水中約5秒、再浸入水中，重新修剪過花莖就可以開始插花作業。

搭配建議

想要降低甜美氣息時，刺芹是能帶入大人成熟味的一個重點，而充滿野性氣息也能夠襯托出花朵的高雅。帶有著乾燥的質感，做成能繼續保留完整藍色色彩的乾燥花也很不錯。

＊切花百科

上市時期／全年

▷國產刺芹在夏季到秋季間上市，而市場上流通的進口貨，主要來自以色列。旺季在7月。

花朵尺寸／**1.5 ～ 10cm**、植莖高度／**60 ～ 80cm**

花材壽命／**14 天以上**

換水／○　乾燥／○

紫錐花

エキナセア

花色 ——

在草花風潮影響下 注目度大躍升的花卉

花朵中央以大大的半球狀盡情綻放，周圍再由花瓣環繞起來，而且花瓣還會隨著時間逐漸捲曲或下垂。

紫錐花這款有著獨一無二特殊容貌的花卉，讓它最近幾年話題不斷，過去還曾經因為在花瓣凋謝後僅剩的圓球模樣，而被稱為「種子」，現在也作為切花出現於花市中。目前所流通的品種，就是下圖中模樣獨特的花朵類型，另外從淺色的粉色系到清晰的大紅或粉紅等等，各式各樣的不同品種也都能在花市中找到。除了色彩豐富、花型多樣以外，花期保鮮度長也是紫錐花的一大魅力，開花後也能夠做成乾燥花。

部分品種還能作為提高免疫力用途的香草，可做成花草茶等，廣受人們喜愛。

科／菊科
屬／紫錐菊屬
原產地／北美
香氣／—

開花期／6～8月
英文名稱／Echinacea、Purple coneflower
日文名／紫馬簾菊（ムラサキバレンギク）
花語／溫柔、深愛

特寫！

另一種可愛品種、花瓣帶有皺褶的Nancy。

Other Type

Samantha

Honey Dew

Lemon Drop

▼插花前準備

整理多餘葉子，修剪花莖。
＊奄奄一息的時候
以報紙將花朵與葉子一起包起來，將修剪過的花莖切口浸在沸騰熱水中約5秒後、再浸入水中，重新修剪過花莖就可以開始插花作業。

▼搭配建議

不妨善用花枝原本的高度，能清楚展現花瓣下垂的獨特造型，花瓣受傷或萎凋後可以直接摘除花瓣，只剩下中央的圓圓茂密的部分，也很具有觀賞價值。做成乾燥花後也適合綁成倒掛花束等。

＊切花百科

上市時期／2～11月
▷全國產地有增加趨勢，旺季是6月。

花朵尺寸／2～6cm、植莖高度／30～60cm
花材壽命／14天以上
換水／○ 乾燥／○

帝王花

プロテア

科／山龍眼科
屬／海神花屬
原產地／南非、熱帶非洲
香氣／－

開花期／5～10月
英文名稱／Protea
日文名／－
花語／自由自在

花色 ●●●●○◎

Other Type

Arctic Ice

Venus

Madiba Red

小花全集中在一起，再由萼片包圍起來，花朵會從外側一路開向中央（右）。

充滿異國風情 展現氣度非凡的模樣

花朵顯眼、無比巨大的帝王花，也是南非共和國的國花，氣勢驚人的花姿以及皰皮般質感，都讓帝王花格外有個性，擁有讓人無法忽視的分量與存在感。長得像花瓣一樣的萼片十分堅硬，有絨毛般的或光滑如蠟的觸感等不同種類，品種相當多樣，不過真正的花朵都一樣非常小，並集中在中央位置。

在帝王花中花型最為龐大的就是帝王 King Protea，花序直徑可達20～30 cm，最近幾年在花市裡流通的品種變化越來越多，還出現小朵品種。可以根據顏色、大小來自由挑選。

又名海神花，名稱來由取自於希臘神話中，可以按照自己想法改變外貌的海神 Proteus，19世紀時在歐洲獲得高人氣，於是在非洲以外的地區也開始進行栽種。

側面

特寫！

插花前準備

挑選花沒有皺褶的花朵，修剪花莖。
＊奄奄一息的時候
修剪花莖，切口處再劃上幾刀。

搭配建議

好搭配的小型品種，可以做成倒掛花束，至於大輪品種只要單獨一朵，就能營造出非常具時尚的裝飾性風格。不過大朵的帝王花也很具重量，要注意花瓶重心、小心不要傾倒。

＊切花百科

上市時期／全年

▷以南非、澳洲生產為主，也會流通來自葡萄牙、西班牙的帝王花，旺季是9～11月。

花朵尺寸／**10～25cm**、花枝高度／**30～60cm**

花材壽命／**14天以上**

換水／○　乾燥／○

針墊花

ピンクッション

花色

科／山龍眼科
屬／針墊花屬
原產地／南非
香氣／－

開花期／3～5月
英文名稱／Pincushions
日文名／－
花語／共同繁榮、開朗

模樣像縫衣針 有著形狀獨特的雄蕊

看起來像是大頭針插在針墊裡，也像是茶筅一樣的獨特模樣，針墊花是原生於南非的常綠灌木，其名稱也是從花型而來。

看起來如同一根根直立的縫衣針，其實是細長而堅硬的雄蕊，長長的雄蕊會像花瓣一樣沿著外圍依序展開，花色非常耐久，即使已經綻放好一段時間也不容易褪色，所以非常適合用於花束或花藝作品，同時也是一款很容易做成乾燥花的花材。

最近幾年隨著品種不斷增加，流通數量更是成長相當多，花色有紅、橘、黃的顏色，依照品種的不同，各自在花型、葉子上也會有些微差異。

在花圈、倒掛花束需求量增加的秋季至冬季，剛好也是針墊花流通數量最多的季節。

特寫！

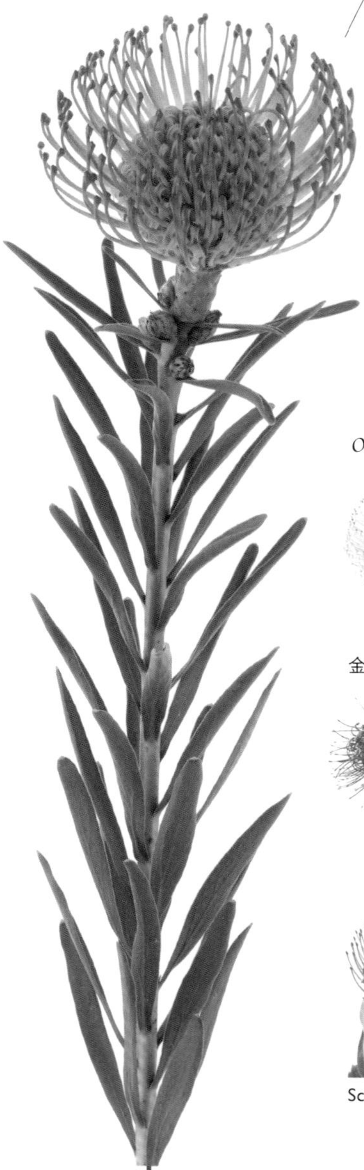

Other Type

金樽High Gold

Blanche

Scarlet Ribbon

雖然花朵都長得很相像，但是葉子形狀卻各有不同。

▼插花前準備

挑選形狀完好的花朵，修剪枝條。
＊奄奄一息的時候
修剪枝條，並在切口處劃上幾刀。

▼搭配建議

適合搭配針墊花的花卉，以大理花、玫瑰等花瓣數量豐滿的圓形花卉為佳，或者是孤挺花這種花瓣紮實的花朵。華麗又充滿個性的針墊花，也是非常適合裝飾在正月裡的花材，可以作為整體花藝作品的視覺焦點。

＊切花百科

上市時期／全年

▷以澳洲生產為主，也能看得到歐洲產的針墊花出現於花市裡，旺季是9～10月。

❋ 花朵尺寸／**5～7cm**
花枝高度／**30～70cm**

❋ 花材壽命／**14天以上** 換水／◎ ❋ 乾燥／○

非洲鬱金香

リューカデンドロン

科／山龍眼科
屬／木百合屬
原產地／南非
香氣／－

開花期／5～8月
英文名稱／Silver leaf tree
日文名／銀葉樹（ギンヨウジュ）
花語／沉默之戀、打開緊閉的心

花色
◎

特寫！

Plumosum堅硬的花苞（左），但開花後像絨毛一樣（右）。

Other Type

紅色萼片種類

Jubilee Crown

Jade Pearl

從個性十足的花型到色彩繽紛的種類都有

整體像是被細長葉片所包覆著，枝條頂端包裹著花朵的其實是萼片，萼片會出現紅、黃等漂亮顏色，就像是真的花瓣一樣，不僅僅是萼片有顏色，就連中心部分的花朵，也擁有各式的色澤與形狀。

非洲鬱金香是原生於南非開普省的一種灌木，無論葉片還是枝條都很堅硬紮實，即使在夏季，花材的持久性也頗佳，因此近幾年流通的品種有增加趨勢。像是有著極大花苞、且模樣獨特充滿存在感的Plumosum；枝條分杈後結滿紅色花苞的Jubilee Crown；或帶有銀色色澤花苞的Jade Pearl等等，看得到各式各樣獨具特色的類型，而且散發著異國情調的非洲鬱金香，也是人氣很高的乾燥花花材。

插花前準備

因為很不耐濕氣，所以挑選花材時要注意有沒有長霉；修剪枝條。
＊奄奄一息的時候
修剪枝條，並在切口處劃上幾刀。

搭配建議

帶有光澤的紅色花苞品種，模樣像花朵，可以做成夏日花束，雖然看似十足個性，卻能與其他花材完美融合。而有著十分堅硬花苞的Plumosum，用在花藝作品上一樣深具特色，可利用微波爐加熱10秒左右就會開花，會開出咖啡色的絨毛花。

＊切花百科

上市時期／全年
▷以澳洲、南非生產為主，也有來自歐洲的非洲鬱金香，旺季在10～11月。

花朵尺寸／**1.5～5cm**、花枝高度／**40～80cm**
花材壽命／**10～14天**
換水／◎　乾燥／○

滿天星

カスミソウ

花色 ——— ●○

配角界的經典小白花 品種持續微妙進化中

花莖上開滿了無數迷你小花，霞草的名稱就來自於其如同煙霞籠罩的花姿。

滿天星與玫瑰的組合，過去曾經是花束的經典代名詞，花市裡流通的主流是Veil Star（右圖）這類枝條長、花朵大的品種，而花朵小型的半重瓣型Petite Pearls也很有人氣。花苞很難再開花，建議購入花朵已經綻放的滿天星。

Other Type

Petite Pearls

特寫！

科／石竹科
屬／滿天星屬
原產地／亞洲、歐洲
香氣／○

開花期／5～7月
英文名稱／Baby's-breath
日文名／霞草（カスミソウ）
花語／清純的心、天真無邪

▼插花前準備

整理多餘葉子，可以使用保鮮劑會很有效。

＊奄奄一息的時候
將花莖浸在沸騰熱水中。

▼搭配建議

將像是薄紗一樣的滿天星，籠罩在其他花材上，或者將小花集中聚攏起來，強調出滿天星的存在感。因擁有獨特的香氣，要小心不要使用過量。

＊切花百科

上市時期／全年
▷以熊本縣、和歌山縣、北海道生產為主，進口貨正在減少當中。
❋花朵尺寸／0.3～1.5cm、植莖高度／40～90cm
❋花材壽命／7～10天　換水／○　❋乾燥／○

千日紅

センニチコウ

花色 ——— ●●●○●

瓶插壽命十分耐久 即使乾燥後也保有原色

因為花材非常耐久，加上乾燥後顏色也不會消退，所以被稱為千日紅。像是果實般的圓球形狀，加上粉紅、紫紅、白色等花色，可以成為花藝作品的點綴焦點，也是中元節、秋分掃墓時不可少的重要花材。

另外，花市裡也看得到花穗較長的品種Strawberry Fields（左圖），以及花型像是煙火的Fireworks品種。

Other Type

特寫！

Fireworks

科／莧科
屬／千日紅屬
原產地／熱帶美洲
香氣／－

開花期／7～10月
英文名稱／Globe amaranth
日文名／千日紅（センニチコウ）
花語／永恆的愛、長久不衰的友情

▼插花前準備

避開不容易吸水的花枝分杈位置。修剪花莖，插在淺水中。

＊奄奄一息的時候
將花莖浸在沸騰熱水中。

▼搭配建議

將適當比例千日紅插入小型花器裡，看起來就會非常可愛；聚集整把使用的話則可以強調出花色。夏季時需要時常修剪花莖跟換水。

＊切花百科

上市時期／全年
▷到冬季前花市裡流通的品種非常豐富，旺季是9～11月。
❋花朵尺寸／2.5～4cm、植莖高度／30～60cm
❋花材壽命／10～20天　換水／○　❋乾燥／○

米香花

ライスフラワー

花色——●○

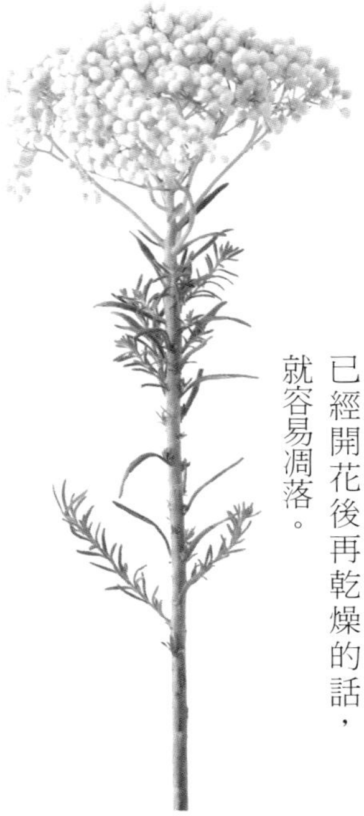

Other Type

特寫！

粉紅品種

科／菊科
屬／米花菊屬
原產地／澳洲
香氣／○

開花期／5～6月
英文名稱／Rice flower
日文名／—
花語／豐富的果實

小小的粒狀花朵 樸素又充滿自然風

如其名，花朵是直徑僅有1～2mm、像是米粒般小巧，有著細碎分杈的花莖頂端，開滿無數帶著光澤的小花。

花型簡單又散發大自然氣息，原生於澳洲的乾燥地帶、帶有沙沙質感的花朵，一旦綻放就會整個鼓漲起來，如果想要做成乾燥花就得挑選還是花苞的狀態，已經開花後再乾燥的話，就容易凋落。

▼插花前準備

購買時挑選花朵狀態好、健康的花枝；修剪花莖。
＊奄奄一息的時候
修剪花莖。

▼搭配建議

顆粒狀的簡樸米香花，可說是非常重要的配角花材，想增加花藝作品澎湃度時也能派上用場，可以多加善用其密集的花型。

＊切花百科

上市時期／2～12月
▷國產以4～5月為旺季，澳洲產的米香花則會在10月迎來最盛期。
❋花叢尺寸／5～6cm、花枝高度／50～60cm
❋花材壽命／7～10天 換水／○ ❋乾燥／○

萬壽菊

マリーゴールド

花色——●●●◎

Other Type

黃色品種

特寫！

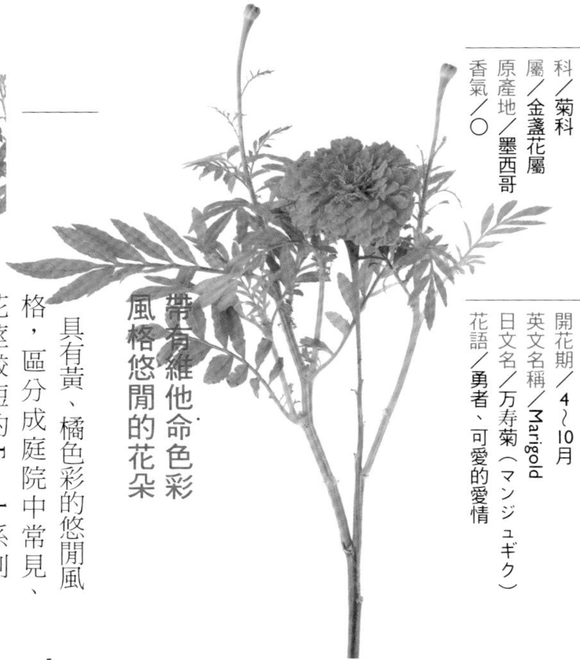

科／菊科
屬／金盞花屬
原產地／墨西哥
香氣／○

開花期／4～10月
英文名稱／Marigold
日文名／万寿菊（マンジュギク）
花語／勇者、可愛的愛情

帶有維他命色彩 風格悠閒的花朵

具有黃、橘色彩的悠閒風格，區分成庭院中常見、花莖較短的French系列，及花莖較長、適合成為切花的African系列，隨著品種交配進化，適合作為切花的品種也越來越豐富。

原產於墨西哥，16世紀傳入西班牙後再繼續擴展到歐洲以及非洲，也是墨西哥、印度舉行宗教儀式時不可少的重要花卉。

▼插花前準備

修剪花莖，很容易從花托處折斷要多加注意；插在淺水中。
＊奄奄一息的時候
將花莖浸在沸騰熱水中。

▼搭配建議

將黃、橘色的萬壽菊搭配圓形粉紅色花材，氛圍立刻變得很時尚，另外如果是加入小型茶色系花材，則能夠呈現出秋天愜意的自然色系。

＊切花百科

上市時期／全年
▷旺季在5～6月及9～10月，主要為國產流通於花市裡。
❋花朵尺寸／3～10cm、植莖高度／30～70cm
❋花材壽命／5～7天 換水／○ ❋乾燥／○

瓜葉向日葵

ヒメヒマワリ

花色

中元與秋分的節氣花材 有著滿滿元氣的夏日黃

像是縮小版的向日葵，非常樸實的一款花卉，屬於宿根植物，多朵同時綻放的叢開花型，與向日葵是完全不同種類。

強壯又容易培育，是花壇裡常見的花卉，至於切花，僅有名為旭的重瓣品種（左圖）流通。即使在炎熱季節裡，花況還是非常好，也成為中元節、秋分掃墓時十分常用的花卉。

特寫!

花苞

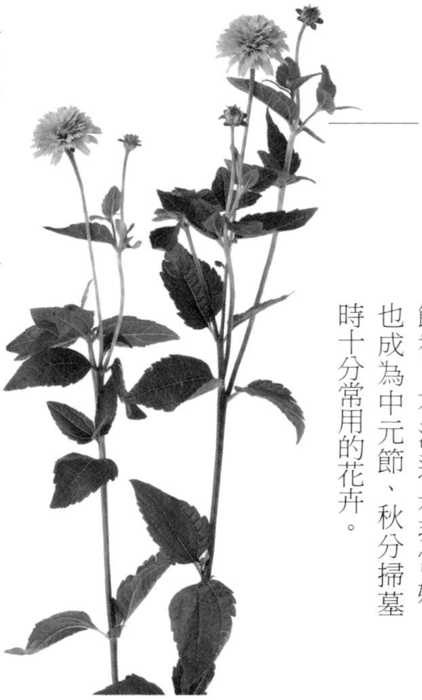

科／菊科
屬／賽菊芋屬
原產地／北美
香氣／－

開花期／7～10月
英文名稱／Cucumberleaf sunflower
日文名／姬向日葵（ヒメヒマワリ）
花語／憧憬、崇拜

▼插花前準備

整理多餘葉子，修剪花莖。

＊奄奄一息的時候

以報紙將花枝與葉子葉一起包起來，將花莖浸在沸騰熱水中約5秒。

▼搭配建議

叢花類型，可以先分枝後再使用，是花藝作品或綁花束時的重要花材配角。與冷色系的藍或紫色花束搭配，能夠帶來畫龍點睛效果。

＊切花百科

上市時期／7～10月

▷主要為露天栽種，秋季的秋分掃墓前都有花流通，旺季7～9月。

花朵尺寸／約3cm、植莖高度／50～90cm

花材壽命／5～10天　換水／○　乾燥／○

紅花

ベニバナ

花色

不論口紅、染料、中藥 與日常密不可分的花

花莖頂端開著樣似薊花的黃花，奈良時代傳入日本，自古是口紅、染料、中藥及食用油等原料，廣泛運用在生活中各方面。

花朵會從黃漸漸變紅，也因十分耐暑氣，成了夏日重要花材。一般的紅花都有刺，改良後的切花品種則沒刺。

花苞

特寫!

科／菊科
屬／紅花屬
原產地／地中海沿岸、中亞
香氣／－

開花期／6～7月
英文名稱／Safflower
日文名／紅花（ベニバナ）
花語／打扮、熱情、包容力

▼插花前準備

挑選正要開花的花朵；修剪花莖。

＊奄奄一息的時候

可使用浸燙法，將花莖浸在沸騰熱水中。

▼搭配建議

也適合用單一種來做裝飾，屬自然風格的花材。切分枝使用的時候，可以與其他草花一起搭配，做成暖色系的花藝裝飾。

＊切花百科

上市時期／5～9月

▷主要從千葉縣、大阪府、山形縣出貨，旺季在5～6月。

花朵尺寸／2～3cm、植莖高度／60～70cm

花材壽命／7～10天　換水／○　乾燥／○

尾穗莧

アマランサス

花色

科／莧科
屬／莧屬
原產地／熱帶美洲、熱帶非洲
香氣／－

開花期／7～11月
英文名稱／Amaranth、Love-lies-bleeding
日文名／紐鶏頭（ヒモゲイトウ）、莧（ヒユ）
花語／不用擔心

充滿溫度感的獨特花姿

既狂野又具時尚氛圍，英文名稱源自希臘語「不會枯萎」（Amaranthos）的意思。由多個花穗聚集形成20～80 cm左右繩狀垂枝模樣，也有花穗成束筆挺向上的品種，花穗下垂的模樣，很能讓人感受到豐收的氣息。

尾穗莧的種植生產主要是食用目的，還會結出廣為人知、營養價值極高的種子，與藜麥極為類似。

特寫!

Other Type

紅色尾穗莧

▼插花前準備

整理多餘葉子，修剪花莖。

＊奄奄一息的時候

以報紙將花枝包起來，將花莖浸在沸騰熱水中大約5秒。

▼搭配建議

能為花藝作品添加溫度，集合類似的自然色彩花材，則可組合出風格典雅的作品。紐繩狀的尾穗莧，也是做花卉裝飾時非常重要的一種花材。

＊切花百科

上市時期／7～11月

▷旺季在9～10月，食用類生產為主，切花類少量流通。

花穗尺寸／10～60cm、植莖高度／50～120cm

花材壽命／10～15天　換水／△　乾燥／○

煙霧樹

スモークツリー

花色

Other Type

紅色品種

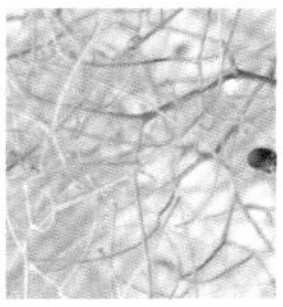

特寫!

科／漆樹科
屬／黃櫨屬
原產地／南歐、亞洲、美國
香氣／－

開花期／6～8月
英文名稱／Smoke bush、Smoke tree
日文名／煙の木（ケムリノキ）
花語／明智、熱鬧的家庭

如煙似霧的色彩 平衡甜美氛圍

只要在花藝作品裡添加一支煙霧樹，無論什麼樣的設計都能夠降低甜美氣息，多些成熟的大人味。看起來像煙霧的部分是由花延伸出來、羽毛狀的花瓣，因為模樣就像是煙霧、霞靄，因此日本又有著霞靄樹的別稱。

最近則是以自然的綠色很受歡迎，花市裡還會流通沒有花僅有綠葉的品種。

▼插花前準備

整理多餘葉子，修剪枝條，並在切口處劃上幾刀。

＊奄奄一息的時候

修剪枝條並在切口處劃上幾刀，浸入深水中。

▼搭配建議

無論跟哪一種花材都很搭，也可以讓充滿光澤的華麗花朵、或者是比較醒目的花朵，增添沉穩的氛圍。與花期相同的芍藥搭配格外合拍。

＊切花百科

上市時期／5～7月、9～10月。

▷產地遍布全國，旺季在6月，從夏到秋季則是以葉材流通於花市。

花叢尺寸／10～25cm、花枝高度／50～150cm

花材壽命／5～10天　換水／△　乾燥／○

麥子

ムギ

花色 ●

青綠的自然風格 麥穗形狀更是風情滿點

特寫！

科／禾本科
屬／大麥屬
原產地／西南亞
香氣／ー

開花期／4～6月
英文名稱／Barley、Wheat
日文名／麦（ムギ）
花語／繁榮、希望

無論是花穗還是花莖都是清爽綠色而備受喜愛，麥子做為切花的品種，與可食用的六條大麥及二條大麥相同，出貨於花市裡的都是麥穗還呈現青色狀態時所採摘下來。麥子也是自然風花藝的人氣花材，因此最近幾年流通量也逐漸增加。

筆直朝上生長的花穗看起來非常有氣勢，也很容易直接做成乾燥花材。

▼插花前準備

整理多餘葉子，修剪花莖。
＊奄奄一息的時候
修剪花莖。

▼搭配建議

只要少量地添加一點點就能夠改變整體氛圍，帶著亮綠色彩的麥穗，能將周圍花朵襯托出春意，帶來鮮活有朝氣的效果。

＊切花百科

上市時期／10～4月
▷以伊豆半島等地出產為中心，旺季是2～3月。
❋ 花穗尺寸／5～10cm、植莖高度／40～60cm
❋ 花材壽命／5～10天　換水／〇　❋ 乾燥／〇

小盼草

グリーンスケール

花色 ●

綠色的花穗 輕盈地隨風擺動

特寫！

科／禾本科
屬／林燕麥屬
原產地／北美
香氣／ー

開花期／5～8月
英文名稱／Wild oats
日文名／宿根小判草（シュッコンコバンソウ）
花語／樸實、誠實

彎曲的纖細花莖，一個個黃綠色花穗下垂的模樣，讓小盼草滿滿的野性風情，日文的取名也來自它的綠色花穗、排列起來就像是魚鱗（scale）一樣。

花穗非常地輕薄，只要些許微風就會跟著擺盪，帶來了清涼的感受，同時也因具有著日式風情，與其他花材組合時，無論是西洋風還是和風都適合。

▼插花前準備

修剪花莖；要注意花莖非常纖細，很容易就折斷。
＊奄奄一息的時候
修剪花莖。

▼搭配建議

花莖的柔軟曲線可以演繹出自然氛圍，即使剪短使用也能夠展現出花穗的動感。在夏季的花藝作品中，屬於能夠營造清涼感的重要花材。

＊切花百科

上市時期／5～11月
▷花市裡流通的主要來自於靜岡縣生產，6～7月為旺季。
❋ 花穗尺寸／約2cm、植莖高度／40～70cm
❋ 花材壽命／14天以上　換水／〇　❋ 乾燥／〇

小米

アワ

花色

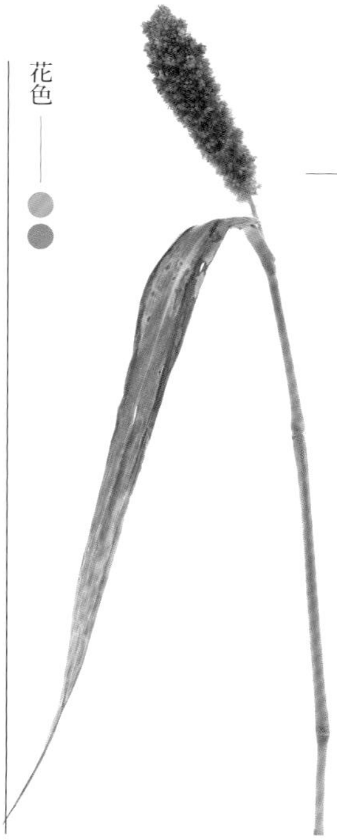

特寫！

科／禾本科
屬／狗尾草屬
原產地／東亞
香氣／－

開花期／7～9月
英文名稱／Foxtail millet、Bengal grass
日文名／粟（アワ）
花語／生命力、和諧

亮麗的黃綠顏色 也是豐收季節的象徵

與雜草的狗尾草相近，屬於禾本科植物，與稻米、麥子並列為五穀。根據記載從繩文時代開始就已經被人類食用，現在小米的花也當成花材來進行種植。

流通於花市裡的小米花材，分成帶有爽朗黃綠色及會變成褐色的種類，花穗短而向上聳立，枝條則是會向下垂落，有時也會將上方葉子都剪短後聚集成把上市。

▼插花前準備

整理多餘葉子，修剪花莖。
＊奄奄一息的時候
使用浸燙法，將花莖浸在沸騰熱水中，或者是做成乾燥花。

▼搭配建議

嫩綠的色彩，任何花材都能被映襯得非常漂亮，是十分好搭配的顏色。小米很容易就轉熟成褐色，也能提前描繪出秋天的豐收氣息。

＊切花百科

上市時期／3～8月
▷戶外栽種為主，來自千葉縣生產為主，旺季是6～7月。
花穗尺寸／約 10cm、植莖高度／50～60cm
花材壽命／7天左右　換水／○　乾燥／○

香蒲

ガマ

花色

特寫！

科／香蒲科
屬／香蒲屬
原產地／日本、中國
香氣／－

開花期／7～9月
英文名稱／Reedmace、Bulrush
日文名／蒲（ガマ）
花語／服從、誠實

如同褐色的海綿刷 形狀獨具一格

宛如長海綿刷造型、加上細長的葉片線條，成為香蒲最大特色，是很受到喜愛的花材。

花穗圓滾的褐色部分是雌花且非常堅硬，頂端的細梗部分才是雄花，等花開到最後，花穗的地方就會長出絨毛來。自古以來香蒲的花粉就被視為具有止血止痛效果，出現於古事記中的因幡之白兔，就是靠此來療癒傷口。

▼插花前準備

葉片尖端會變成咖啡色，可以斜剪方式整理；修剪花莖。
＊奄奄一息的時候
做成乾燥花。

▼搭配建議

充滿野趣的花材，因此簡單地插置即可。善用香蒲的長花莖，留出空間好讓葉片自由伸展，或只保留花穗部分來與其他枝條類花材搭配。

＊切花百科

上市時期／6～8月
▷全國各地都有出貨，旺季是在中元節的7～8月間。
花穗尺寸／10～15cm、植莖高度／80～120cm
花材壽命／10天左右　換水／○　乾燥／○

新娘花

セルリア

花色 —— ●○◎

特寫!

Other Type

Blushing Bride

被稱為新娘花 純真又散發異國風

帶有些微乾燥花質感的新娘花，散發出非常獨特的氛圍。這是一種原生於南非的花卉，看起來像花瓣的部分才是萼片，中間的絨毛部分才是真正的花朵。除了純真高雅的氣質以外，還融合著一股異國情趣風韻，而具有透明感的萼片中心，則是透染著粉紅色澤，在海外是人氣很高的新娘捧花花材。

科／山龍眼科
屬／嬌娘花屬
原產地／南非
香氣／－

開花期／4～6月
英文名稱／Blushing-bride
日文名／－
花語／隱約的思慕

▼插花前準備

購買時要挑選萼片具有透明感的新娘花；修剪花莖。

＊奄奄一息的時候
修剪花莖再浸入深水中。

▼搭配建議

與帝王花這類充滿特色的花朵，或者是銀葉植物都非常搭，也能夠與帶有清新味道的尤加利葉，一起組合成花束或花圈；要注意新娘花不耐熱氣。

＊切花百科

上市時期／5～11月
▷花市裡流通的主要是以南非、南半球乾燥地帶產的新娘花為主。
花朵尺寸／5～7cm、植莖高度／20～50cm
花材壽命／7～10天　換水／○　乾燥／○

山防風

ルリタマアザミ

花色 —— ●●

特寫!

清澈的紫藍色 有著迷人圓球花型

無論是花朵還是葉子，都與薊花十分相像，由小花聚集而成圓球型狀花朵，擁有著尖刺的花苞則帶有銀灰色澤且非常堅硬，開花時就會轉變成紫藍色。花朵會由球體上方依序往下盛開，而花莖及葉片背面還生有白色細毛。

分杈的花莖頂端會結出數朵花，可以同時欣賞到開花中及花苞模樣。

科／菊科
屬／藍刺頭屬
原產地／歐洲、西亞
香氣／－

開花期／6～7月
英文名稱／Small globe thistle
日文名／瑠璃玉薊（ルリタマアザミ）
花語／獨立、權威

▼插花前準備

整理多餘葉子，修剪花莖。

＊奄奄一息的時候
以報紙將花朵與葉子一起包起來，將花莖浸在沸騰熱水中約5秒。

▼搭配建議

相當酷的一款花，與冷色系花朵十分合拍，要是與對比色的橘色或黃色組合起來，或是外型截然不同的花朵搭配，則更能強調出它的獨特花型。

＊切花百科

上市時期／6～7月
▷主要是長野縣生產，流通於花市裡的來自全國各地。
花朵尺寸／3～4cm、植莖高度／50～80cm
花材壽命／7～10天　換水／○　乾燥／○

袋鼠爪花

カンガルーポー

花色

科／血皮草科
屬／袋鼠爪花屬
原產地／澳洲
香氣／－

開花期／4～6月
英文名稱／Kangaroo-paw
日文名／－
花語／不可思議、驚訝

天鵝絨的質感 花色、造型都具個性

從花朵到花莖都長著絨毛，充滿了天鵝絨般的質感，漏斗狀的花朵具十足特色。是澳洲野生花卉之一，因形狀像是袋鼠的前肢（paw）而命名。在1980年代開始獲得矚目，有著多樣的色彩，不過花型非常相似的黑色Black Kangaroo-paw則屬於另一種。花市裡會有少量的國產袋鼠爪花流通。

Other Type

特寫!

花苞

Bush Diamond

▼插花前準備

挑選花苞鼓漲的花枝，修剪花莖，插入淺水中。

＊奄奄一息的時候

用浸燙法，將花莖浸在沸騰熱水中。

▼搭配建議

秋、冬季期間，是帶有溫暖質感袋鼠爪花的活躍季節，多層次的複雜花色，也讓花藝搭配增加深度。使用單一色系搭配則能顯現時尚風格。

＊切花百科

上市時期／幾乎全年

▷以澳洲等地生產為主，國產也有少量流通於花市裡。

花朵尺寸／**2～4cm**、植莖高度／**60～80cm**

花材壽命／**10天左右**　換水／○　乾燥／○

金杖球

クラスペディア

花色

底部

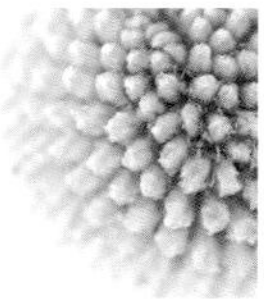

特寫!

科／菊科
屬／金杖球屬
原產地／澳洲
香氣／－

開花期／6～9月
英文名稱／Drum stick
日文名／－
花語／永遠的幸福、敲擊心扉

黃色圓球花朵 特殊花材的最佳代表

花莖頂端只開著一朵圓滾滾的花，擁有獨特花型的金杖球，是原生於澳洲的菊科植物，花朵尺寸2～3cm，花朵表面是由許多堅硬小花組合成球狀，看起來就像是人造花一樣。

上市時僅看得到花朵與花莖部分，花莖細長而堅硬但又具有一定彈性，可以彎折來做組合，是夏季花藝搭配時的重要花材。

▼插花前準備

修剪花莖。

＊奄奄一息的時候

修剪花莖。

▼搭配建議

花粉會掉落，要注意擺放地點。與其他草花類搭配，更能展現金杖球的可愛氣息，也可以做為藍色或紫色系作品的點綴亮點，效果非常好。

＊切花百科

上市時期／全年

▷以澳洲生產為主，國產也有少量流通於花市裡。

花朵尺寸／**2～3cm**、植莖高度／**50～80cm**

花材壽命／**14天以上**　換水／○　乾燥／○

非洲西角麥桿菊

フェノコマ

花色 —— ● ○

特寫！

色彩亮麗的花瓣 連葉子形狀都很特別

乾燥花質感以及充滿光澤花瓣，成為它的特色，儘管渾身散發著野性氣息，卻開出惹人憐愛的花朵。

這是最近幾年增加進口量的野花花材之一，像花瓣的部分其實是萼片，顆粒狀的葉子也像是要保護花莖一樣密布著，螢光色般的花朵就算做成乾燥花也不會褪色，花市裡還會流通染成橘或黃色的花。

科／菊科
屬／紫花帚鼠麴屬
原產地／南非
香氣／—

開花期／—
英文名稱／Cape Strawflower
日文名／—
花語／擔心、持續

插花前準備

整理多餘葉子，修剪花莖。
＊奄奄一息的時候
修剪花莖。

搭配建議

雖然花型非常特別，但也具有可愛氣息，可以只單一使用非洲西角麥桿菊來做花藝。插入淺水，或單純放入花瓶中也能直接變成乾燥花。

＊切花百科

上市時期／全年

▷花市裡流通的是南非產，旺季在10～11月。

✱ 花朵尺寸／2～3cm、植莖高度／約40cm

✱ 花材壽命／14天以上　換水／○　✱ 乾燥／○

旱雪蓮

シンカルファ

花色 —— ○

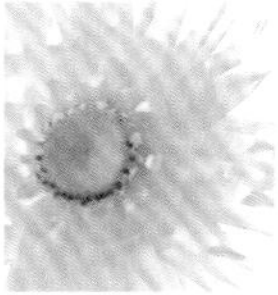

特寫！

即使做成乾燥花 依舊保留著雪白光澤

帶有金屬般光澤的花瓣，而葉片與花莖卻是銀灰色的旱雪蓮，因為擁有其他植物所沒有的配色而備受喜愛。

原生於南非的野生花卉之一，流通數量較大的是名為Cupbluemen（右圖）的品種，還是新鮮花朵的時候就帶有乾燥花的質感，也讓人可以更長久地欣賞其雪白花姿。

科／菊科
屬／小麥稈菊屬
原產地／南非
香氣／—

開花期／—
英文名稱／Syncarpha
日文名／—
花語／清純、簡潔

插花前準備

修剪花莖。
＊奄奄一息的時候
做成乾燥花。

搭配建議

因為鮮花本身就趨近於乾花狀態，可以直接搭配組成花圈。而雪白的旱雪蓮也非常適合耶誕節的裝飾，不妨與其他應景耶誕飾品做搭配。

＊切花百科

上市時期／全年

▷花市裡流通的都是南非生產，旺季在11～12月。

✱ 花朵尺寸／2～4cm、植莖高度／20～40cm

✱ 花材壽命／14天以上　換水／不需要　✱ 乾燥／○

山龍眼

ドライアンドラ

花色

科／山龍眼科
屬／薊序木屬
原產地／澳洲
香氣／－

開花期／－
英文名稱／Dryandora
日文名／－
花語／豐富的感情

特寫!

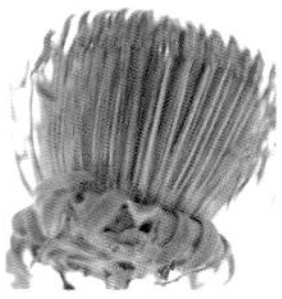

側面

花朵與葉片的組合恰好正是金銀雙色

山龍眼花（山茂樫）是一種來自於澳洲的原生植物，名稱來自於瑞典的植物學家喬納斯・德呂安德爾（Jonas Dryander）。

花市上流通數量較多的是Formosa品種（左圖），花朵帶有金色的光澤，葉片則是呈現大鋸齒狀，摸起來質感非常堅硬，就像是乾燥花一樣。

▼插花前準備

修剪花莖。

＊奄奄一息的時候

做成乾燥花。

▼搭配建議

因為具有乾燥花的質感，花瓶裡可以不裝水直接插入單枝，就是很棒的裝飾型花卉風格，也可以嘗試直接掛起來當成裝飾。

＊切花百科

上市時期／全年

▷流通的都是由澳洲生產，旺季在9～11月。

花朵尺寸／**7～10cm**、花枝高度／**40～50cm**

花材壽命／**14天以上**　換水／○　乾燥／○

佛塔

バンクシア

花色

科／山龍眼科
屬／佛塔樹屬
原產地／澳洲、巴布亞紐幾內亞
香氣／－

開花期／7～9月
英文名稱／Banksia
日文名／－
花語／愉快的孤獨、勇敢的愛

散發著南洋風情有著瓶刷狀的花朵

佛塔（班克木）是澳洲原生的常綠灌木，圓筒狀的花朵其實是由許多小花集合而成，因為會各自開花而雌蕊還會捲曲起來，所以才看起來像是瓶刷的模樣。原生種類多達70～80種，從花色到大小都各有不同，還有非常多品種是葉片表裡顏色不一樣。

花市裡也有流通著紅、黃染色和乾燥花。

Other Type

Coccinea

特寫!

▼插花前準備

整理多餘葉子，修剪花莖。

＊奄奄一息的時候

在修剪過的花莖上、劃上幾刀。

▼搭配建議

可以完美搭配其他種類的野花，若是配合大輪花朵的話，能完成別具個性的作品。另外也能與小花一起綁成花圈做成乾燥花。

＊切花百科

上市時期／全年

▷以澳洲生產為主，也有流通少部分的國產佛塔。

花朵尺寸／**8～20cm**、花枝高度／**30～60cm**

花材壽命／**14天以上**　換水／○　乾燥／○

兔尾草

ラグラス

花色 ——●

就像是兔子尾巴一樣 花穗非常可愛

花穗帶著光澤的淡綠色，因為長出一層像是柔軟羊毛般的細毛，所以日文也稱為兔子尾巴，是一款有著可愛名稱的草花植物。

有別於花、葉的花穗質感十分有魅力，摘除容易乾掉的葉片，就能夠顯露出澎鬆可愛的花穗模樣，即使只剩下花穗也還是能做成乾燥花。雖然花莖非常短小，但花朵非常強壯。

特寫！

長出雄蕊的模樣

科／禾本科
屬／兔尾草屬
原產地／地中海沿岸
香氣／－

開花期／6～7月
英文名稱／Hare's tail grass
日文名／兎の尾（ウサギノオ）
花語／感謝

▼插花前準備

修剪花莖。

＊奄奄一息的時候

以報紙將花朵與枝葉一起包起來，將花莖切口浸在沸騰熱水中約5秒。

▼搭配建議

兔尾草的淡綠色能襯托出周邊花朵華麗模樣，而且輕柔的氛圍與任何一種花材都能完美搭配，特別是自然風的設計。

＊切花百科

上市時期／12～6月

▷旺季是3～4月，主要是流通福岡縣生產的兔尾草。

❋ 花穗尺寸／2～3cm、植莖高度／20～50cm

❋ 花材壽命／14天以上　換水／△　❋ 乾燥／○

蒲葦

パンパス

花色 ——●

襯托大型花卉裝飾 自帶光澤的花穗

有著非常大、像羽毛般的花穗，像是大一版芒草的禾本科植物，甚至能長到2～3m高，在園藝裡也十分受到喜愛。在開花前破莢而出的花穗，具備非常漂亮的光澤，也是花市裡流通的花材之一。

在明治時代中期傳入日本，是雌雄不同株的植物，但能開出有高觀賞價值花穗的只有雌株。

特寫！

科／禾本科
屬／蒲葦屬
原產地／南非、紐西蘭等地
香氣／－

開花期／9～10月
英文名稱／Pampas grass
日文名／西洋薄（セイヨウススキ）
花語／雄偉的愛、風格

▼插花前準備

修剪花莖。

＊奄奄一息的時候

做成乾燥花。

▼搭配建議

能展現活力風的一款花材，運用蒲葦的長花莖，可成為大型會場裡的裝飾花卉之一，也適合配置在直立式慶賀花籃上，展現出豪華氣氛。

＊切花百科

上市時期／9～10月

▷花市裡流通的都是國內生產，乾燥花則都是進口貨。

❋ 花穗尺寸／30～50cm、植莖高度／120～150cm

❋ 花材壽命／14天以上　換水／不需要　❋ 乾燥／○

朝鮮薊

アーティチョーク

花色

特寫！　底部

科／菊科
屬／菜薊屬
原產地／地中海沿岸
香氣／ー

開花期／6～8月
英文名稱／Artichoke
日文名／朝鮮薊（チョウセンアザミ）
花語／警告、自立更生

與薊花相似 卻別具野性氣息

朝鮮薊的花萼屬於多肉質感，會開出像薊花一樣的紫色花朵。擁有著更大的花型，且散發滿滿野性氣息而非常有個性，切花從小型款朝鮮薊，到可供食用的大型品種都看得到。

流通於花市裡的主要都採露天栽種，旺季在初夏時節，若是花材的話都是以觀賞用為目的種植，不能拿來食用。

▼插花前準備

整理多餘葉子，修剪花莖。

＊奄奄一息的時候

使用浸燙法，以報紙將花朵包起來，將花莖浸在沸騰熱水中大約10秒。

▼搭配建議

與個性花材都能完美搭配，像是個性風的大理花、散發南洋風情的火鶴花等。在大型花卉裝飾上能呈現豪華氛圍，可多善用朝鮮薊的野性氣息。

＊切花百科

上市時期／5～9月

▷幾乎全為國產，以露天栽種少量流通於花市裡。

花朵尺寸／10～15cm、植莖高度／150～180cm

花材壽命／7天左右　換水／○　乾燥／╳

山胡椒

アオモジ

花色（花苞）

特寫！

科／樟科
屬／木薑子屬
原產地／台灣、馬來西亞
香氣／ー

開花期／3～4月
英文名稱／May chang
日文名／青文字（アオモジ）
花語／朋友很多

小小的花苞模樣 充滿輕巧與爽朗氣息

青綠色的枝條上散落著一顆顆小小花苞，山胡椒的清新黃綠顏色以及勻稱球狀花苞，帶來了一股春天的氣息。

在流通量比較大的低溫時節中，山胡椒不會開花，而是以花苞狀態出貨，不過花苞直到最後都不會從枝條上凋落。到了春天的時候，會開出淡黃色花朵。

▼插花前準備

修剪枝條。在較粗枝條切口劃上幾刀，而細長枝條則使用斜剪。

＊奄奄一息的時候

修剪枝條並在切口劃上幾刀。

▼搭配建議

利用枝條造型，可與早春草花或球根花搭配，色彩明亮的花苞，也正好適合做為新年的裝飾花卉，與玫瑰一起組合也同樣能夠演繹出早春氣韻。

＊切花百科

上市時期／12～3月

▷過完年開始到初春的流通量最多，旺季在2月。

花朵尺寸／約1cm、花枝高度／50～180cm

花材壽命／14天以上　換水／○　乾燥／╳

鳶尾花

アイリス

花色

科／鳶尾花科
屬／鳶尾花屬
原產地／地中海沿岸、東亞
香氣／○

開花期／4～5月
英文名稱／Iris
日文名／西洋菖蒲（セイヨウショウブ）
花語／和解、好消息

底部

側面

Other Type

淺色的荷蘭鳶尾

德國鳶尾・
Vanilla Frappe

德國鳶尾・
Snow Creek Falls

種類十分豐富 優雅時尚的美麗花朵

在擁有多個種類的鳶尾花當中，經常以切花出現於花市裡的，是由荷蘭培育誕生的荷蘭鳶尾，以立體花型為最大特徵，單枝花莖會開出兩朵花，當第一朵凋謝以後，第二朵花才會接著綻放。

不過最近幾年，也越來越容易買得到色彩繽紛的德國鳶尾，因為花色實在很豐富，還被稱為彩虹花，花型大而華麗無比；而在美國培育出來的則花瓣厚實、強壯又有許多皺褶的品種，在國內也有進行生產，花色更是包括了橘色、咖啡與紫色等複色，還有幾乎全黑等等，花色非常多樣，並且在單枝花莖上會開出多達5～6朵花。

另外，也能看得到少量的多花性鳶尾 Spuria 品種，在花市流通。

華麗的德國鳶尾，圖中為Vintage Port 品種。

插花前準備

花瓣太過嬌嫩容易折損，所以選購的時候，要購買花苞已經開始變色的鳶尾花；修剪花莖。
＊奄奄一息的時候
修剪花莖。

搭配建議

荷蘭鳶尾在第一朵花開完後摘除，第二朵就能接著出美麗花朵；德國鳶尾能依不同種類，欣賞到各自色彩的微妙不同；也推薦插花時單純地只使用鳶尾花，就能夠仔細品味鳶尾花的花色異同，也能夠展現花朵本身具有的華麗模樣。

＊切花百科

上市時期／10～6月（德國鳶尾是5～6月）
▷荷蘭鳶尾主要都是國產，旺季在3月及12月。
德國鳶尾也是國產，來自長野縣、群馬縣，旺季是6月。
花朵尺寸／5～10cm、植莖高度／50～100cm
花材壽命／5～10天
換水／◎　乾燥／╳

百子蓮

アガパンサス

花色 ○●●◎

特寫！

Other Type

白色品種

科／百子蓮科
屬／百子蓮屬
原產地／南非
香氣／○

開花期／6～8月
英文名稱／Agapanthus、African lily
日文名／紫君子蘭（ムラサキクンシラン）
花語／愛的來臨、情書

庭園裡的藍色球根花 變身成清爽的人氣切花

初夏時節在街頭路邊常見的球根花百子蓮，擁有著無與倫比的人氣，花朵模樣像是小型百合，名稱來自於希臘語中的愛（agape）與花（Anthos）。

百子蓮其花色清新的花朵與花苞會有30～80個，最後開花成斗笠形狀，花朵壽命較長的是被做為切花之用、比較新的品種，而花市裡也有流通少量的種子可供購買。

▼插花前準備

修剪花莖，花托處容易折斷，處理時要小心。

＊奄奄一息的時候
修剪花莖。

▼搭配建議

好好地利用百子蓮所具有輕盈搖曳的可愛花朵特質吧，展露花莖柔和的曲線線條，可以為花藝作品添加動感。

＊切花百科

上市時期／4～7月
▷產地以靜岡縣、千葉縣、新潟縣、福島縣為主，旺季在6月。
❋ 花叢尺寸／8～10cm、植莖高度／60～80cm
❋ 花材壽命／7～10天　換水／○　❋ 乾燥／✕

洋蓍草

アキレア

花色 ●●●●○

科／菊科
屬／蓍屬
原產地／北半球的溫帶地區
香氣／－

開花期／5～9月
英文名稱／Yarrow
日文名／鋸草（ノコギリソウ）
花語／戰鬥、勇者

出現於花市場上 都是圓胖可愛的白花

以切花形式出現於花市裡的洋蓍草，主要是模樣如同大版的滿天星、白雪White Snow（右圖），細長花莖上開滿了花朵，十足可愛的草花樣子。

洋蓍草在北半球的溫帶地區大約有100種種類，日本則是生長於高山的植物，有小花集中的品種，也有零散開花的品種，甚至是被細毛包覆的品種等。

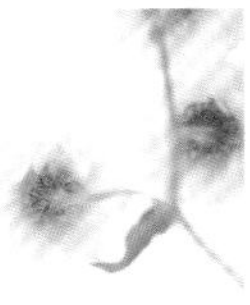

底部

特寫！

▼插花前準備

修剪花莖；由於白雪品種的花莖非常細，處理時要非常小心。

＊奄奄一息的時候
將花莖浸在沸騰熱水中。

▼搭配建議

主流品種的白雪，屬於很好搭配的叢開花型，花量比滿天星還要來得豐滿，在彰顯分量感的同時，也能強調其可愛的模樣。

＊切花百科

上市時期／12～6月
▷流通皆為溫室栽種，主要產地在長崎縣，旺季是4～6月。
❋ 花朵尺寸／1～2cm、植莖高度／30～60cm
❋ 花材壽命／7～10天
換水／○　❋ 乾燥／○

紫花藿香薊

アゲラタム

花色 ●○●●

特寫！

圓滾滾又毛茸茸 像是羽毛一般輕柔

長得就像個性的小毛球，在分杈的花莖頂端會分別結出好幾朵毛茸茸的花。名稱為藿香薊，是因為它的模樣就像是藿香這款草藥、也像是薊花而來。

流通於花市裡的花色主要是藍和紫色，白色與粉紅色較少，做為花藝的搭配時，可以當花朵之間的銜接橋樑，或者是作為凸顯色彩的角色。

Other Type

紫色品種

科／菊科
屬／藿香薊屬
原產地／熱帶美洲
香氣／ー

開花期／5～11月
英文名稱／Floss flower
日文名／藿香薊（カッコウアザミ）
花語／信賴、舒適

▼插花前準備

要注意花苞很容易缺水；整理多餘葉子，修剪花莖。

＊奄奄一息的時候

用浸燙法，將花莖浸泡沸騰熱水中。

▼搭配建議

把像是薊花般的花枝安插在其他草花之間，意外地能帶來原野般氣息的效果。不妨順著其如同草花般自然彎曲的枝條，來做花藝設計吧。

＊切花百科

上市時期／全年

▷全國各地都有出貨，旺季在5～7月。

❋ 花叢尺寸／約 3cm 、植莖高度／ 30 ～ 60cm

❋ 花材壽命／ 7 ～ 10 天　換水／○　❋ 乾燥／○

薊花

アザミ

花色 ●○●

特寫！

花苞

彷彿剛從山林間摘下 滿溢著自然野趣

多數原生於北半球，也是蘇格蘭的國花，相較於充滿了野性氣息的葉子與花萼，花朵反而非常柔和，且因形狀像是女性畫妝時使用的刷具，在日本也會被暱稱為眉刷、眉筆。

日本原生種之一的大薊經過品種改良後，以德國薊花之名流通於花市裡；而寺岡這個品種的薊花則是全年都看得到。

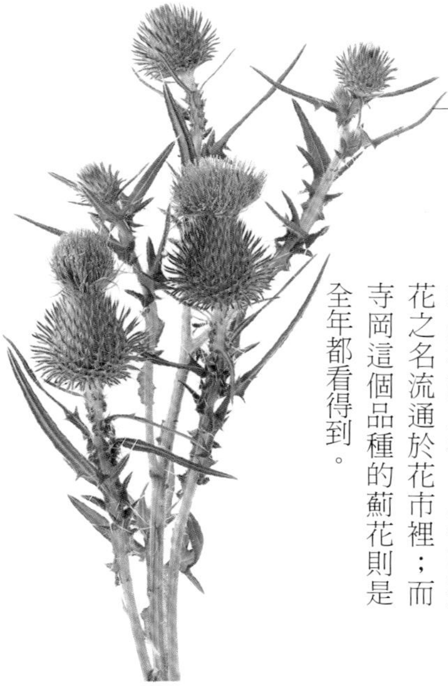

科／菊科
屬／薊屬
原產地／北半球
香氣／ー

開花期／6～8月
英文名稱／Plumed thistle
日文名／薊（アザミ）、野薊（ノアザミ）
花語／獨立生活、獨立自主

▼插花前準備

整理多餘葉子，修剪花莖。

＊奄奄一息的時候

以報紙將花朵與葉子一起包起來，將花莖浸泡在沸騰熱水中大約5秒。

▼搭配建議

配上季節草花就能擁有自然風韻；如果是搭配簡單的綠色葉材，則可以完成野趣十足的作品。不過要注意別讓葉子的尖刺傷到其他花朵。

＊切花百科

上市時期／全年

▷旺季在6～9月，僅有國產的薊花會流通於花市裡。

❋ 花朵尺寸／約 3cm 、植莖高度／ 50 ～ 70cm

❋ 花材壽命／ 5 ～ 7 天　換水／△　❋ 乾燥／╳

馬利筋

アスクレピアス

花色

特寫！

科／夾竹桃科
屬／馬利筋屬
原產地／北美、非洲
香氣／－

開花期／4～9月
英文名稱／Milkweed
日文名／柳唐綿（ヤナギトウワタ）
花語／變心、健康的身體

色澤無比鮮豔 充滿魅力的維他命花色

在綠色葉片襯托下，或橘或黃的小花水靈鮮嫩，充滿著自然氣息格外有魅力。花朵長的像是日本板羽球遊戲中的羽球，盛開後花瓣會下翻，十分細緻又充滿個性。雖然花市裡流通量不大，但在長野縣等地有生產高品質的馬利筋。

其根葉具有止血、殺蟲功效，因此也會被做為草藥來使用。

▼插花前準備

整理多餘葉子，修剪花莖，切口處流出的白色汁液可用水洗掉。

＊奄奄一息的時候
修剪花莖以火燒切口、浸入深水中。

▼搭配建議

在混和了多種花材的花藝作品裡，即使添加少量的馬利筋，也能發揮其亮麗花色以及纖細花型的特色，是打造視覺重點時的重要花材。

＊切花百科

上市時期／5～12月
▷旺季的9～10月會有長野縣生產上市，品質非常好。
❋ 花叢尺寸／約 3cm、植莖高度／50～80cm
❋ 花材壽命／5～7天　💧換水／○　❋ 乾燥／╳

泡盛花

アスチルベ

花色

科／虎耳草科
屬／泡盛草屬
原產地／東亞、北美
香氣／－

開花期／5～7月
英文名稱／Astilbe、Perennial spiraea
日文名／泡盛草（アワモリソウ）
花語／愛情來臨、自由

蓬鬆柔軟的小花 充滿浪漫

蓬鬆分散而開的小花組成圓錐狀花穗，泡盛花帶有柔軟又時尚的氛圍。品種起源是來自於日本泡盛草等的山野草，傳入到歐洲後進行了品種改良。過去以粉紅色系的泡盛花為主流，但陸續出現了有著薰衣草色、藍色、翡翠綠等冷色系的泡盛花，因花色豐富，也擴增了花材運用範圍。

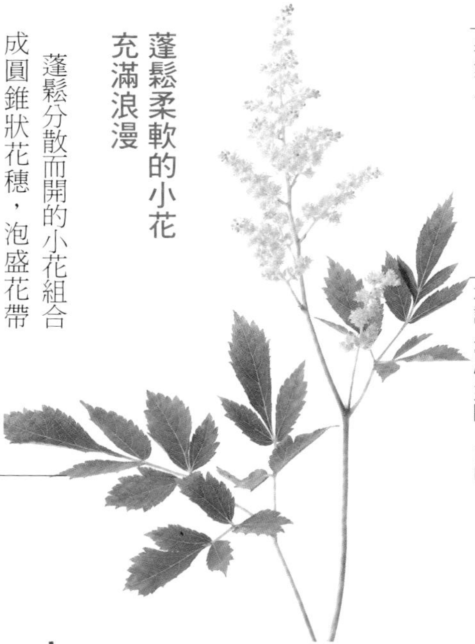

花苞

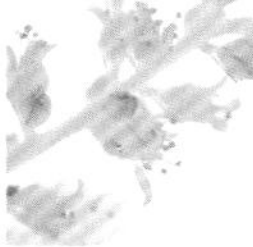

特寫！

▼插花前準備

要挑選連花朵尾端都富含水分的花枝；整理多餘葉子，修剪花莖。

＊奄奄一息的時候
使用浸燙法，將花莖浸於沸騰熱水。

▼搭配建議

搭配自然風的花藝時，推薦使用以山野草般的天然花色；至於螢光色系的亮粉紅或紫色等品種，則是與時尚風非常搭。

＊切花百科

上市時期／幾乎全年
▷國產全年都有，在流通量較少的秋季則是由荷蘭進口。
❋ 花穗尺寸／30cm、植莖高度／30～60cm
❋ 花材壽命／5～7天
💧換水／△　❋ 乾燥／╳

翠菊

アスター

科／菊科
屬／翠菊屬
原產地／中國
香氣／－

開花期／6～9月
英文名稱／China aster、Annual aster
日文名／蝦夷菊・翠菊（エゾギク）
花語／相信我、同意、回憶

花色

人氣快速攀升的大輪花型、Mush Lavender。

隨著大輪花型的出現也成為時尚花卉的一員

分杈花莖上開出漂亮的花朵，無論是在中元節、秋分掃墓，花藝作品還是做成花束，甚至是新娘捧花的副花材，翠菊都是任何場合都廣用的花材。花色包括了紅、紫、粉紅、白、黃等等非常多彩，擁有非常多不同的品種。

原本只有小輪花型的翠菊，近幾年從海外引入了大輪花型，也讓翠菊的人氣急速攀升，像是帶有鮭魚粉的絨球花型，花瓣細長捲曲的薰衣草花色，或者是擁有漂亮漸層變化等等，各色各樣、在近幾年陸續登場。彷彿是大輪菊花變身迷你版的華麗花朵、卻又有著菊花所沒有的柔順花莖，即使做為主花材也很有分量感，都是受歡迎的原因。一整年都能看得到翠菊，不過大輪花型僅在5～11月間流通。

特寫!

Other Type

Stella Top Blue

Pop Pink

▼插花前準備

整理悶壞的葉子，而部分品種的花托、花莖容易折斷，要小心處理；修剪花莖。

＊奄奄一息的時候
以報紙包起來並將花莖浸在沸騰熱水中大約5秒後、浸入水中，重新修剪過花莖就可以開始插花作業。

▼搭配建議

本身就帶有自然氣息，與其他具有溫和氛圍的花材十分搭配。小輪花型的翠菊在分枝後，可以是花材之間非常重要的銜接橋樑角色。由於花萼非常大片，可以適當地摘除一部份，讓花朵模樣更清楚且別有一番味道；記得使用淺水且要頻繁換水。

＊切花百科

上市時期／全年

▷全國各地都有生產，中元節前後的7～8月是旺季。

花朵尺寸／1～15cm、植莖高度／30～70cm

花材壽命／7天左右

換水／○　乾燥／×

百芨草

アストランチア

花色

特寫！

側面

Other Type

Roma

科／繖形科
屬／星芹屬
原產地／歐洲、西亞
香氣／○

開花期／5～9月
英文名稱／Masterwort
日文名／—
花語／愛的渴望

如同星星綻放的花朵 適合做成乾燥花

百芨草（大星芹）最大特色就是帶著天然的草花韻味，細小如顆粒的花朵被花瓣似的萼片以星形圍繞著，出現於花市裡最多的Major品種（左圖），是青綠搭配白雪的配色。華麗的花型與別具個性的色彩，加上適合做成乾花的乾燥質感，都是受歡迎的原因，不過因具有獨特的香氣，要注意不要使用過量。

▼插花前準備

因為很容易缺水，需整理多餘葉子，修剪花莖後插入深水中。
＊奄奄一息的時候
將花莖浸泡在沸騰熱水中。

▼搭配建議

百芨草屬於中性色調的花材，因此很容易做搭配，最適合典雅風格的設計，纖細的花草外型，也能搭配自然風的花束或花藝作品。

＊切花百科

上市時期／全年
▷國產在5～6月間流通，也有來自肯亞等地的進口貨。
❋ 花朵尺寸／約 2cm、植莖高度／30～60cm
❋ 花材壽命／7～10天　💧換水／○　❋ 乾燥／○

斗篷草

アルケミラ・モリス

花色

特寫！

科／薔薇科
屬／羽衣草屬
原產地／東歐、小亞細亞
香氣／—

開花期／5～6月
英文名稱／Lady's mantle
日文名／西洋羽衣草（セイヨウハゴロモグサ）
花語／奉獻的愛

亮眼的自然綠 成為襯托花色最佳配角

花朵極其迷你，一旦盛開則成為帶光澤與清涼氣息的黃色，花莖則像是滿天星一樣分杈多且十分柔順。這樣的花型、花色，可完美襯托其他花材，讓花藝作品明亮起來。斗篷草的旺季在初夏時節，包含進口貨在內一整年都看得到，而模樣非常相似的同類斗篷草 Alchemilla vulgaris，則是以藥草用途而聞名。

▼插花前準備

整理多餘葉子，修剪花莖；要注意花朵吹到風的話，吸水能力會變差。
＊奄奄一息的時候
浸燙法，將花莖浸泡在沸騰熱水中。

▼搭配建議

不妨將斗篷草視為葉材來做搭配吧，花莖雖然結實卻很容易處理，不過花朵遇到熱氣就會變黑。記得在做花藝設計時可多留一些空間。

＊切花百科

上市時期／全年
▷主流是初夏時節的國產，也能看到來自荷蘭的進口貨。
❋ 花朵尺寸／約 1cm、植莖高度／約 30cm
❋ 花材壽命／7天左右
💧換水／○　❋ 乾燥／×

大花蔥

花色 —— ● ○ ● ●

アリウム

科／蔥科
屬／蔥屬
原產地／北美、歐亞大陸、北非
香氣／○

開花期／4～6月
英文名稱／Allium、Giant onion
日文名／花葱（ハナネギ）
花語／正確的主張、繁榮

特寫！

小花集合式綻放 個性十足的球根花

筆直伸展的花莖頂端，開著球狀或斗笠狀的花朵十分有特色，而且細碎的花朵會接連盛開，是花期非常長的一款球根花。

純白小花分散開放的可愛Cowanii（b）品種，可說是新娘捧花的經典花卉，不過花莖也具有著彎曲生長的特質，相較之下Giganteum（右圖、a）品種的花莖就屬於筆直類型。

紫紅色的大型團狀花朵是由無數小花集結而成，在第一朵凋謝以後會由中心再冒出新的花苞，直徑也有可達15 cm以上的花。

大花蔥與蔥屬於同一類，因此只要切斷花莖就能夠聞到一股蔥類特有味道，但是在這些品種當中唯有Blue Perfume（c），會散發淡淡的香草芳香。等到花季過後，花市裡也能找到大花蔥的種子。

模樣清純的品種 Cowanii，小花以斗笠形狀散開綻放。

Other Type

紫紅色品種

Blue Perfume

插花前準備

修剪花莖，因很容易腐壞所以要插進淺水中。要注意的是Giganteum品種，從花莖切口會流出橘色汁液、使水質污濁。

＊奄奄一息的時候
修剪花莖。

搭配建議

球狀花若在插花時想露出花莖，可讓花朵周邊留出空間，讓大花蔥的花型可以更加清楚。Cowanii品種很適合安插在花與花之間來配置，也可以活用其彎曲花莖，做出自然風。無論哪一種大花蔥，都需要頻繁換水，換水時可以一併清洗花莖。

＊切花百科 ＊a：Giganteum、b：Cowanii、c：Blue Perfume

上市時期／(a) 4～6月、(b) 12～7月、(c) 2～3月

▷國產的大花蔥種類十分豐富，進口品僅有種子流通而已。

花朵尺寸／(a) 15～20cm、(b) 8～9cm、(c) 約5cm
植莖高度／(a) 90～100cm、(b) 60～80cm、(c) 30～45cm

花材壽命／(a) 10～15天、(b) 7～10天、(c) 7天左右

換水／○　乾燥／×

百合水仙

花色

アルストロメリア

科／百合水仙科
屬／百合水仙屬
原產地／南美
香氣／〇（部分有）

開花期／3～6月
英文名稱／lily-of-the-Incas
日文名／百合水仙（ユリズイセン）
花語／幸福、威嚴

特寫！

不會生成花粉的Florinca品系、伴娘Bridesmaid。

Other Type

Ligtu（原生種）

Ajax

Green Planet

色彩鮮豔的小輪花朵 別名又叫印加百合

色彩繽紛的花朵朝向四面八方自由綻放，百合水仙原生於南美，原生種有大約60種之多，花型長得像百合花，因此也被稱為印加百合，不過因為同時具有百合科以及石蒜科兩邊的特質，而直接分類成為了百合水仙科。

在大正初期到昭和年代間傳入日本，因為華麗的外型、吸水性佳、花期長等優點，在1970年代贏得了高人氣，這也讓日本的百合水仙產量佔世界第3高。

花朵原本會帶有獨特的斑點花紋，但在最近幾年還陸續出現了沒有斑點的新品種。另外，也有少量原生種會出現在花市，其中一種由Ligtu改良的小輪花型，是花瓣帶有光澤的人氣品種；至於小輪花型中又不帶花粉、花期也長的Florinca品系，也因為好搭配而倍受矚目。

▼插花前準備

摘除會弄髒花瓣的花粉，以及容易變色的葉子，修剪花莖；要注意花托處很容易折斷。
＊奄奄一息的時候修剪花莖。

▼搭配建議

做低角度插花時，可將百合水仙分枝使用，就能夠營造出豐滿感；將花苞安排在花與花中間的話，就會是具有動感的設計。由於花朵會朝四面八方開花，所以只要挑選自己認為最棒的來做主花材即可。摘掉殘花，花苞就會順利開花。

＊切花百科

上市時期／全年

▷以愛知縣、長野縣、山形縣、北海道為主，市面上的百合水仙大都是國產，也有哥倫比亞進口貨。旺季是4～5月。

❋ 花朵尺寸／**2～10cm**、植莖高度／**50～90cm**

❋ 花材壽命／**7～14天**

換水／〇　❋ 乾燥／✕

火鶴花

アンスリウム

科／天南星科
屬／火鶴花屬
原產地／熱帶美洲
香氣／－

開花期／5～10月
英文名稱／Flamingo flower
日文名／大紅団扇（オオベニウチワ）
花語／熱情、強烈的印象

花色

南洋風情的愛心型花朵瓶插壽命十分優秀

火鶴花擁有著充滿熱帶風情的獨特花型，吸睛的形狀及非常長的花期，受到許多人的喜愛。如同上了釉一般的心型部分稱為佛焰苞，而中間像是尾巴一樣的棒狀部分，是花朵密集的肉穗花序。

1950年代從美國傳來日本以後，就流行於插花世界之中並成為固定常客。

過往火鶴花都是產自夏威夷，現在則是主要來自台灣以及少量的國產。

無論是直徑達30 cm的巨大火鶴花，或者是稱為Tulip Anthurium的小型火鶴花，尺寸可說是應有盡有；花色更是除了散發熱帶氣息的大紅色以外，還有粉色、綠、褐、複色等等，可以根據設計需求來選搭。

由於葉片也呈現心型，因此雖然是花材卻與鮮花有著不同的流通管道。

特寫!

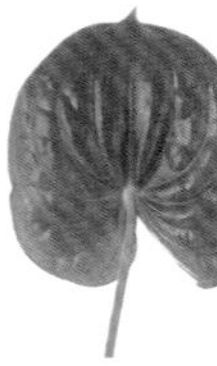
底部

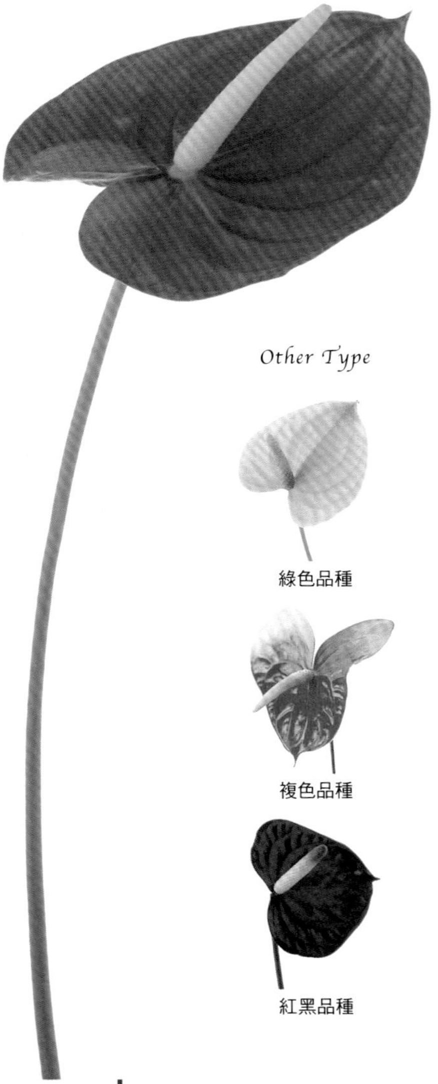

Other Type

綠色品種

複色品種

紅黑品種

也有花序與萼片為同色系的小型火鶴花。

▼插花前準備

挑選新鮮且萼片散發光澤的花枝；修剪花莖。
＊奄奄一息的時候
修剪花莖。

▼搭配建議

搭配同屬多肉性質的花材或葉材，可以呈現出摩登熱帶風情；配合周邊花材改變高度的話，則能夠清楚地突顯出火鶴花的別緻外型。若想強調火鶴花獨具的光澤，不妨搭配其他不同質感的花材。

＊切花百科

上市時期／全年

▷以台灣生產為主，另外也會從模里西斯等地進口，還有一部分是國產。

花朵尺寸／**7～30cm**、植莖高度／**30～60cm**

花材壽命／**14天以上**

換水／◎　乾燥／╳

玉米百合

花色

イキシア

科／鳶尾科
屬／小鳶尾屬
原產地／南非
香氣／－

開花期／4～5月
英文名稱／African corn lily、Corn lily
日文名／槍水仙（ヤリズイセン）
花語／自豪、團結

特寫！

Other Type

Aquamarine

纖細的花莖上 有著盛放的朵朵花兒

如同金屬絲般堅硬的花莖上串連著無數朵花苞，在原生地因為就生長於玉米田裡，所以英文名稱也取名為 Corn lily。

隨著微風搖曳擺動，展現無比迷人風情，當花陸續綻放時更演繹出華麗氛圍。擁有透徹水藍色澤的海藍寶 Aquamarine 品種，不僅帶著其他花朵所沒有的顏色，令人驚豔的長花期，也是非常受到矚目的一款花卉。

▼插花前準備

整理多餘葉子，修剪花莖。
＊奄奄一息的時候
修剪花莖。

▼搭配建議

露出纖細花莖、再隨意地添加其他花材，就可以讓整體花藝作品產生廣度。也可以採斜插方式，自然垂落的花莖枝條，能夠顯現出優雅氛圍。

＊切花百科

上市時期／2～5月
▷旺季在3～4月，也出口至中國。
花朵尺寸／約 2cm、植莖高度／30～50cm
花材壽命／5～7天　換水／○　乾燥／╳

當藥

花色

イブニングスター

科／龍膽科
屬／獐牙菜屬
原產地／日本、朝鮮半島、中國
香氣／－

開花期／8～11月
英文名稱／Swertia pseudochinensis
日文名／紫千振（ムラサキセンブリ）
花語／忍耐、餘裕

涼爽的藍紫色調 捎來秋風的訊息

紫色的花朵與原生於日本的藥材「日本當藥」屬於同一類，也稱為紫花當藥，至於切花則依照它的花型而採用了紫千振之名。

花莖上有許多細分杈，因此很方便分枝來做搭配，想要讓花藝更顯得豐滿時，就能派上用場。雖然花市裡流通數量不多，卻是能帶來寧靜秋日風情的珍貴花材。

Other Type

白色品種

特寫！

▼插花前準備

因為很容易缺水，要盡可能地摘除全部葉子；修剪花莖。
＊奄奄一息的時候
浸燙法，將花莖浸泡在沸騰熱水中。

▼搭配建議

與具有日本風的花材非常搭，如果是搭配華麗的玫瑰或大理花的話，也可以展露出秋天氣息。只要勤快地修剪花莖、換水，即使是花苞也能開花。

＊切花百科

上市時期／9～10月
▷長野縣等地會有少量上市，旺季在10月。
花朵尺寸／約 2cm、植莖高度／40～70cm
花材壽命／10～15天
換水／○　乾燥／╳

蜂室花

イベリス

花色 ——— ●○●◎

宛如小小群聚糖果 散發著甜美氣息

特寫！

花苞

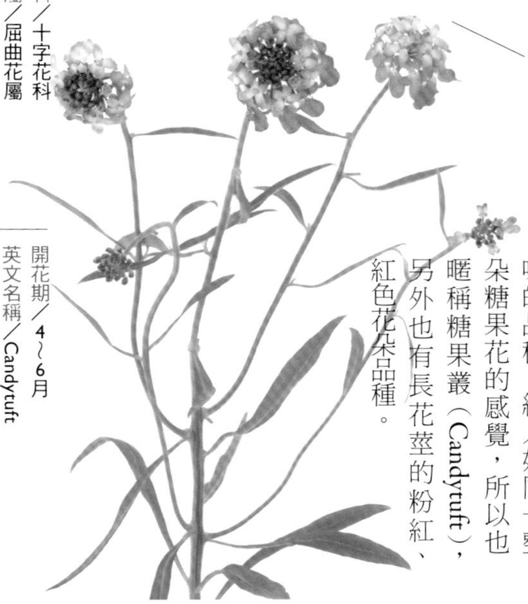

極其可愛的小花聚集成團，彎曲的花莖更是韻味十足，名字Iberis，名稱是來自於原生地西班牙的古名伊比利（Iberia）。

獨特的花型，每一朵花會有4片花瓣，最外側的兩片特別大，而帶有甜香氣味的品種，給人如同一整朵糖果花的感覺，所以也暱稱糖果叢（Candytuft），另外也有長花莖的粉紅、紅色花朵品種。

科／十字花科
屬／屈曲花屬
原產地／南歐、西亞、北非
香氣／○（部分有）

開花期／4～6月
英文名稱／Candytuft
日文名／常盤薺（トキワナズナ）
花語／吸引人心

插花前準備

修剪花莖，想讓花莖比較筆直的話，可以用報紙包起來浸入深水中。
＊奄奄一息的時候
修剪花莖。

搭配建議

想要凸顯花莖曲線時，不妨採取自然風插法，與眾多草花一起搭配的話，只要讓花莖的長度高一些，立刻能夠顯現出花朵的迷人模樣。

＊切花百科

上市時期／3～5月
▷國內生產從初春開始上市，4～5月是旺季。
花叢尺寸／3～4cm、植莖高度／40～60cm
花材壽命／7天左右　換水／○　乾燥／╳

珊瑚鳳梨

エクメア

花色 ——— ●●●●●◎

花朵非常長壽 有著豔麗的熱帶色彩

特寫！

紅色花莖上開著橘或紫色等的鮮豔花朵，十分吸睛，在熱帶美洲的原生種大約180種之多，做為觀葉植物而備受喜愛，而且有許多品種都擁有很漂亮的花苞，讓市場上的觀賞鳳梨切花數量逐漸增加。

在炎熱季節裡花枝壽命依舊很長，是夏日花藝搭配時的重要花材，上市時只會有花朵而看不到葉子。

科／鳳梨科
屬／蜻蜓鳳梨屬
原產地／熱帶美洲
香氣／－

開花期／5～10月
英文名稱／Aechmea
日文名／－
花語／體貼

插花前準備

修剪花莖。
＊奄奄一息的時候
修剪花莖。

搭配建議

只要添加單支珊瑚鳳梨花，整體作品就會具有熱帶氛圍。搭配壽命一樣比較長的葉材，並勤快地換水，就能夠在夏季時獲得較長的觀賞期。

＊切花百科

上市時期／全年
▷花市流通的都是產自菲律賓，全年出貨數量固定。
花穗尺寸／5～10cm、植莖高度／30～45cm
花材壽命／14天以上　換水／○　乾燥／╳

蘆莖樹蘭

エピデンドラム

花色 ○ ◎

特寫！

科／蘭科
屬／樹蘭屬
原產地／中美・南美
香氣／－

開花期／4～6月
英文名稱／Epidendrum orchid
日文名／－
花語／判斷、耳語

除了擁有草花的輕盈 還有著蘭花的奢華美

蘆莖樹蘭擁有著蘭花中少見、如直線般的纖細花莖，並在頂端開出半球狀的花朵。野生種的花莖非常長，最長甚至能超過1m以上，不僅花期壽命相當久，還具備即使做成切花，花苞也不會褪色並繼續開花的特色。蘆莖樹蘭以鮮豔的橘色為主流，不過也出現越來越多不同色彩、以及花更大朵的新品種。

▼插花前準備

修剪花莖，插入淺水中。

＊奄奄一息的時候

修剪花莖。

▼搭配建議

花朵集中且花莖又長，可當作一般草花來搭配，也能強調如同蘭花的華麗感。由於葉子生長在底部，若與花朵分切使用，也不會覺得不協調。

＊切花百科

上市時期／12～6月

▷國產旺季在2～3月，切花的流通也在慢慢增加中。

花朵尺寸／2～4cm、植莖高度／30～70cm

花材壽命／14天以上　換水／○　乾燥／╳

歐石楠

エリカ

花色 ○

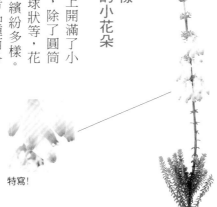

特寫！

科／杜鵑花科
屬／歐石楠屬
原產地／非洲、歐洲
香氣／－

開花期／依照品種而有不同
英文名稱／Heath
日文名／－
花語／孤獨

可愛圓筒模樣 宛如吊鐘似的小花朵

單一的枝條上開滿了小花，十分熱鬧，除了圓筒形狀以外還有球狀等，花的形狀及顏色繽紛多樣。開花季節也因著品種而各不同，多采多姿的各種變化，讓歐石楠在園藝中人氣很高。

切花主要是以雄蕊花藥呈現黑色的聖誕歐石楠流通於花市裡，大多數都是進口貨，國產花則因稀少及新鮮、也頗受好評。

▼插花前準備

整理多餘葉子，修剪枝條；要注意一旦太過乾燥，葉子就會掉落。

＊奄奄一息的時候

修剪枝條並劃上幾刀。

▼搭配建議

因小花數量多，光單一枝花莖，就能讓作品氣氛顯得華麗，增添一股與草花不同的意趣。若直接由盆花剪下來做搭配，不僅新鮮且花期也很長。

＊切花百科

上市時期／2～10月

▷大多數都是南非產，國產僅有少量流通。

花朵尺寸／1～2cm、植莖高度／40～60cm

花材壽命／7～10天　換水／○　乾燥／○

狐尾百合

エレムルス

花色 —— ● ● ● ○

滿開著無數小花
能慢慢享受賞花時光

黃色的長花穗上，匯聚著難以計數的星形小花，會由底部依序向上開花，可供欣賞的花期約有10天。

生長在庭院裡的狐尾百合花莖能長得十分筆直，但做為切花時就容易於運送途中彎曲，搭配花藝作品時不妨就直接利用彎曲、演繹出動感吧！另外小花數量驚人的長穗花朵，耐寒又不怕乾燥，十分強壯。

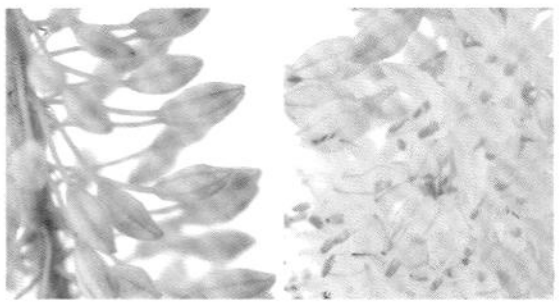

特寫！

科／阿福花科
屬／獨尾草屬
原產地／中亞
香氣／○

開花期／5～7月
英文名稱／Desert candle
日文名／ｌ
花語／巨大希望、遠大理想

▼插花前準備

修剪花莖。

＊奄奄一息的時候
修剪花莖。

▼搭配建議

無論是花穗還是花莖長度都很長，非常適合縱向角度的花藝設計。可以隨著開花進度來調整高度，不妨試試看搭配黃色或高雅褐色的向日葵。

＊切花百科

上市時期／5～7月

▷由長野縣、福島縣等地以戶外栽種，流通於花市裡。

❋ 花穗尺寸／30～60cm、植莖高度／60～120cm

❋ 花材壽命／10天左右　💧換水／○　❋ 乾燥／╳

豌豆花

エンドウ

花色 —— ○ ◎

蔬菜花搖身一變
成為鮮嫩雅致的切花

豌豆花在最近幾年儼然是早春時節，代表春天的花材之一。將一般食用的豌豆栽種成30～40 cm的花材上市，亮麗的綠色葉片、柔和的花莖，以及捲曲的鬚莖都充滿了盎然生氣。看起來就如同最新鮮綠葉花材的植物，卻又能開出可愛的甜豌豆的花朵，等到花謝以後會結出可愛的豆莢。

豆莢

特寫！

科／豆科
屬／豌豆屬
原產地／中亞、中東
香氣／ｌ

開花期／3～4月
英文名稱／Pea
日文名／豌豆（エンドウ）
花語／幸福一定會來、約定

▼插花前準備

挑選鮮嫩葉子的枝條；修剪花莖。

＊奄奄一息的時候
以報紙將花朵與枝葉一起包起來，將花莖浸在沸騰熱水中約5秒。

▼搭配建議

插花搭配時可特意凸顯花朵的可愛，還有綠葉與捲曲鬚莖的動感。依照葉片顏色來做組合會帶來明亮效果，不過要注意捲曲鬚莖很容易折斷。

＊切花百科

上市時期／12～3月

▷旺季在1～3月，由於人氣很高，流通量也在逐漸增加。

❋ 花朵尺寸／2～3cm、植莖高度／30～40cm

❋ 花材壽命／5天左右　💧換水／○　❋ 乾燥／╳

伯利恆之星

オーニソガラム

科／百合科
屬／天鵝絨屬
原產地／歐洲、西南亞、南非
香氣／－

開花期／4～5月
英文名稱／Star of Bethlehem
日文名／大甘菜（オオアマナ）
花語／天賦、純真

花色——●●○

花苞

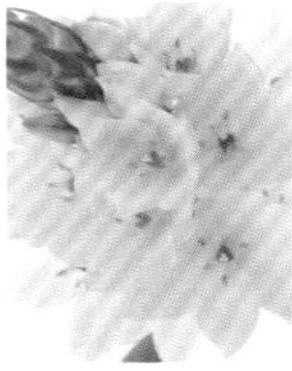
花朵

特寫！

白色星形的球根花 花期壽命相當長

伯利恆之星的特色就是有著比較長的花朵壽命，其獨特的迷人模樣。只要將已經開完的花朵摘下來，頂端的花苞就會陸續綻放。也因花朵會慢慢盛開，不妨依照使用目的、提早購入，並耐心等候它開花。

原生種有約100種之多，主要出現於切花市場裡的品種有Thyrsoides（左圖）、Saundersiae、橙花天鵝絨等原生種，以及它們的園藝植栽。在進口切花風潮下的1980年代，開始有伯利恆之星出現於花市裡，純白色彩的Thyrsoides還成為婚禮上的重要角色。擁有深綠色花蕊點綴的Saundersiae，是來自台灣的進口貨並且流通量高，也讓價格變得越來越親民。橘色系的橙花天鵝絨，則會在母親節前後大量上市，成為非常活躍的花禮主角。

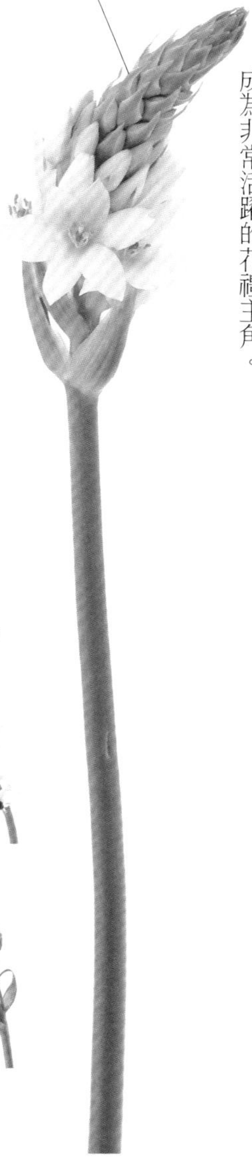

Other Type

Saundersiae

橙花天鵝絨

擁有原生種所沒有的纖細感、園藝品種Pyramidal。

▼插花前準備

修剪花莖。
＊奄奄一息的時候修剪花莖。

▼搭配建議

Thyrsoides適合清爽的白與綠組合；Saundersiae則因為帶有些許野性氣息，可以做為花藝作品想強調的焦點；至於擁有明亮橘色的橙花天鵝絨，建議與充滿維他命鮮亮色彩的花材混搭或做成花束。

＊切花百科

上市時期／全年（依照品種而異）

▷有來自以色列、台灣的進口貨，以及國產這兩種來源。

✽ 花朵尺寸／2～3cm、植莖高度／20～100cm

✽ 花材壽命／14天以上

換水／◎　✽ 乾燥／╳

文心蘭

オンシジウム

花色

科／蘭科
屬／文心蘭屬
原產地／中美、南美
香氣／○（部分有）

開花期／9～10月
英文名稱／Dancing lady orchid
日文名／雀蘭（スズメラン）
花語／漂亮、乾淨、隱藏的愛

小小花瓣隨風擺動 有優雅風格的花枝線條

柔順的纖細花莖上，輕盈地散布著如同跳著舞般的小花，文心蘭是一款無比優雅迷人的蘭花。

主流花款是帶有斑點的鮮豔黃色品種，很常見於祝賀的花束或花卉裝飾上。另外也能夠看得到沒有斑點的文心蘭，或是含有紅、褐等典雅又複雜配色的品種等等，花市裡流通著非常多樣的選擇，甚至還有散發巧克力或糖果甜香的品種。

在外型上，除了在細碎分杈花莖上、結滿許多小花的固有華麗品種外，最近也有花莖較短、更便於日常搭配用的品種，可以依照裝飾目的來挑選使用。

文心蘭的英文名字Dancing Lady Orchid，就是來自於花朵模樣、如同女子散開裙擺翩翩起舞的樣子，而日本稱之為雀蘭，則是認為花朵外型猶如麻雀停在枝頭上。

人氣品種 Sharry Baby，無論花色或香氣都像是巧克力一樣。

Other Type

花紋複雜的品種

複色品種

▼插花前準備

花朵是從下方開始盛開，因此只要下方花朵看起來光澤又有彈性，就代表著很新鮮；修剪花莖。
＊奄奄一息的時候
修剪花莖。

▼搭配建議

能做為花朵間的串連角色，並為花藝作品帶來動感。花莖柔順的小輪品種能隨意做搭配，花莖較長的品種，不妨好好運用花莖本身的線條，單獨只用一種來插花，同樣會很迷人。空調的房間會比較乾燥，記得每天1次使用噴霧來補水吧。

＊切花百科

上市時期／全年

▷來自台灣和國產，會接連持續供應，旺季在9～12月。

花朵尺寸／**1～3cm**、植莖高度／**20～100cm**（大輪）

花材壽命／**7～14**天

換水／○　乾燥／×

夢幻草

オダマキ

花色

Other Type

特寫!

側面

重瓣品種

科／毛茛科
屬／耬斗菜屬
原產地／北美、歐亞大陸
香氣／－

開花期／5～6月
英文名稱／Columbine
日文名／苧環（オダマキ）
花語／懷念的戀人

嬌柔花朵與纖細花莖成為了最大特色

夢幻草是一款纖細花莖上、開著嬌嫩花朵的可愛草花，中央的筒狀花朵由萼片包圍起來，底部還有著像是尖角般的突起，花型非常獨特。

切花是由原生於歐洲、北美的交配品種，稱為西洋夢幻草，不僅花色十分豐富，且具有容易雜交的特質，因此除了重瓣花型以外，還誕生出各式各樣的園藝品種。

▼插花前準備

整理多餘葉子，修剪花莖。

＊奄奄一息的時候

以報紙將花朵與枝葉一起包起來，將花莖切口浸在沸騰熱水中約5秒。

▼搭配建議

低垂花朵在纖細花莖上的模樣，當想營造可愛或細緻氛圍時非常推薦。但很容易缺水，所以可將花莖修短使用，可以更安心地延長賞花時間。

＊切花百科

上市時期／3～6月

▷戶外與溫室栽種兩種都有流通，旺季在5～6月。

花朵尺寸／2～4cm、植莖高度／20～50cm

花材壽命／3～5天　換水／○　乾燥／╳

隨意草

カクトラノオ

花色

○

特寫!

科／唇形科
屬／囊萼花屬
原產地／北美
香氣／－

開花期／7～10月
英文名稱／Obedient plant
日文名／角虎尾（カクトラノオ）
花語／希望的實現、希望

充滿涼意的花穗是炎熱季節裡的要角

帶來涼爽氣息的穗狀花朵，原生於北美，大正時代傳到日本，盛開於花朵種類較少的盛夏至初秋，也成為中元節、秋分掃墓時的花藝要角，花市裡的切花幾乎都是原生種。

日文也取名虎角尾，來自於花莖具有四角形的切口以及花型。其他因花穗形似虎尾而得名的也不少，另一種別稱虎尾草的Speedwell，取名也是來自相同原因。

▼插花前準備

挑選花朵新鮮的花枝，修剪花莖；使用保鮮劑會很有效。

＊奄奄一息的時候

將花莖浸泡在沸騰熱水中。

▼搭配建議

花莖有的筆直、有的自然彎曲，花穗前端的模樣成為花藝的視覺焦點，很適合運用其修長線條來做搭配。是花朵種類較少的夏季時的重要一員。

＊切花百科

上市時期／7～10月

▷流通於花市裡的都是國產，中元節或秋分掃墓是旺季。

花朵尺寸／2～5cm、植莖高度／30～60cm

花材壽命／7天左右　換水／○　乾燥／╳

長壽花

カランコエ

花色

顏色、形狀任憑挑選多肉植物的美麗花朵

從花朵到葉片都是膨軟的多肉性質，長壽花屬於相當耐旱的多肉植物之一，園藝用的品種也非常豐富。

切花一共有兩種類型流通於花市裡，擁有繽紛色彩的Blossfeldiana（左圖）以重瓣花型獲得人氣，花朵如同吊鐘般的Uniflora類型，則是以Green Apple這個可愛品種獲得好評，兩者的瓶插壽命都很長。

Other Type

Green Apple

特寫！

科／景天科
屬／燈籠草屬
原產地／非洲南部・東部、東亞、阿拉伯半島等
香氣／ー

開花期／3～6月
英文名稱／Kalanchoe
日文名／琉球弁慶（リュウキュウベンケイ）
花語／人氣、聲望

插花前準備

整理多餘葉子，修剪花莖。
＊奄奄一息的時候
將花莖浸泡在沸騰熱水中。

搭配建議

花期很長也不會褪色，可邊摘除凋謝的花朵，邊替換搭配的新花材，就能擁有更長久的賞花期。想要呈現動感的作品時，可以添加鐘型長壽花。

＊切花百科

上市時期／7～4月
▷花市裡流通的都是國產，沒有特定的流通旺季。
花朵尺寸／1～3cm、植莖高度／30～50cm
花材壽命／10～14天　換水／◎　乾燥／╳

山月桂

カルミア

花色

從花苞盛開成花朵變化十分戲劇性

鮮豔如同金平糖般的花苞，最後卻能開出狀似海灘傘的花朵，葉子模樣長得像杜鵑花，也被稱為美國杜鵑，在大正時代初期由美國傳到了日本。

屬於在庭園樹木或盆栽、經常可見的常綠灌木植物，不論花苞或是滿開後花朵，從型態到顏色變化都充滿欣賞樂趣。花市裡的切花以粉紅及白色為主。

特寫！

科／杜鵑花科
屬／山月桂屬
原產地／北美東部
香氣／ー

開花期／5～6月
英文名稱／Kalmia
日文名／アメリカ石楠花（シャクナゲ）
花語／優美的女性、巨大希望

插花前準備

整理多餘葉子，修剪花莖，在較粗的枝條切口劃上幾刀。
＊奄奄一息的時候
修剪枝條並在切口劃上幾刀。

搭配建議

調整拉開花與葉子的距離、並修短枝條，就能夠呈現出可愛的花型。如同糖果形狀般的花朵，也可以成為花藝作品中的焦點。

＊切花百科

上市時期／4～5月
▷大多都是庭園樹木需求，切花僅少量流通，旺季是4～5月。
花朵尺寸／約2cm、花枝高度／50～100cm
花材壽命／7天左右　換水／○　乾燥／╳

金盞花

カレンジュラ

花色——

科／菊科
屬／金盞花屬
原產地／南歐
香氣／○

開花期／12～5月
英文名稱／Common marigold、Pot marigold
日文名／金盞花（キンセンカ）
花語／離別之痛、哀愁

模樣像是菊花 外型樸素又十分可愛

圓滾滾、外型樸素的橘色花朵，是秋分掃墓時不可或缺的花材，不僅十分具有分量，且花期、吸水性都非常出色。適合運用在花藝上的品種也不斷增加，甚至還有花瓣較少的品種出現。

金盞花也是古埃及年代運用在割傷、燙傷的草藥，在中古世紀的歐洲，還曾經有過奉獻給聖母瑪利亞的典籍紀錄。

Other Type

花瓣較少的品種

特寫！

▼插花前準備

整理多餘葉子，修剪花莖，插進淺水裡面。
＊奄奄一息的時候
將花莖浸泡在沸騰熱水中。

▼搭配建議

光利用左右扭來轉去的長花莖，就能夠展現出金盞花的可愛氛圍，如果再搭配上花苞的話，更可以呈現出自然風格。

＊切花百科

上市時期／11～5月
▷做為拜拜用花的需求量很大，在年底及春分達到供貨高峰。
❋ 花朵尺寸／6～8cm、植莖高度／30～60cm
❋ 花材壽命／7～10天　💧換水／◎　❋ 乾燥／╳

風鈴草

カンパニュラ

花色——

科／桔梗科
屬／風鈴草屬
原產地／歐洲
香氣／—

開花期／5～7月
英文名稱／Bellflower、Canterbury bells
日文名／風鈴草（フウリンソウ）
花語／感謝、誠實

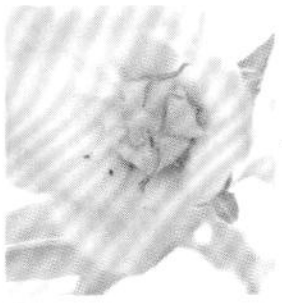

特寫！

澄澈的花朵顏色 惹人憐愛的鐘形模樣

風鈴草的鐘型花朵比較大朵，並以清澈花朵顏色為最大特徵，屬名Campanula是來自於拉丁語「鐘」的意思。

原生地在南歐，早在1800年代起，就已經開始有人工栽種，花朵會朝上或橫向綻放，而且接連而開十分有分量，另外還有著像是桔梗的小輪品種，山野草的紫斑風鈴草也屬於同一種植物。

▼插花前準備

挑選結實花莖、有光澤的葉片。修剪花莖。
＊奄奄一息的時候
將花莖浸泡在沸騰熱水中。

▼搭配建議

不論直接運用原有的花莖高度，或者分枝配置、展現出其帶有涼爽氣息的花色都很不錯。花莖容易腐壞使水變濁，需勤快地修剪花莖以及換水。

＊切花百科

上市時期／11～8月
▷以岩手縣為主全國都有栽種，旺季是5～6月。
❋ 花朵尺寸／3～5cm、植莖高度／60～80cm
❋ 花材壽命／5～14天　💧換水／○　❋ 乾燥／╳

球吉利花

ギリア

花色——○●●◎

彷彿藍色的寶石散發著時尚氛圍

極為迷你的星形五瓣花朵聚集起來，形成彩球般的球狀綻開，當全部滿開的時候，花瓣之間就會露出小而閃亮如寶石的花蕊，球吉利花擁有著其他花朵所沒有的靛藍色，整體時尚的氛圍使它的人氣一直牢不可破。

柔順的花莖充滿著草花特質，細碎的葉片也非常迷人，從冬季到春季之間會有少量上市。

特寫！

科／花荵科
屬／吉利花屬
原產地／北美、南美等
香氣／—

開花期／5～7月
英文名稱／**Globe gilia**
日文名／玉咲き姫花忍（タマザキヒメハナシノブ）
花語／善變的戀情

▼插花前準備

修剪花莖。纖細的花莖容易因花朵重量而下垂，選花時要注意。
＊奄奄一息的時候
將花莖浸泡在沸騰熱水中。

▼搭配建議

與百芨草等草花系小花，能搭配出自然風。藍色可成為粉紅或白色花的點綴焦點也很迷人，能夠讓整個花藝呈現出輕盈感。

＊切花百科

上市時期／**12～5月**
▷國產有少量的流通，旺季在2～3月。
❋ 花朵尺寸／**1.5～3cm**、植莖高度／**50～70cm**
❋ 花材壽命／**7～14天** 換水／○ ❋ 乾燥／×

金魚草

キンギョソウ

花色——●●●●○●●◎

簡單素雅的早春之花 另外也有豪華花型

如其名，金魚草會開出如同金魚一般圓胖的鐘狀花朵，另外也有著大片花瓣盛開的蝴蝶花型。也別稱龍口花，則來自花的形狀像是龍嘴一樣，所以英文也叫做Snap-dragon。

屬於秋分掃墓或春季插花時不可或缺的花材，秋天到冬天之間，還能看得到花莖較長的Gian系列，選擇相當豐富。

Other Type

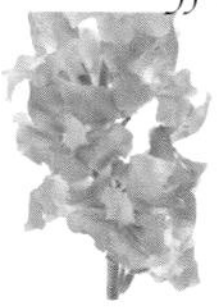

Bronze

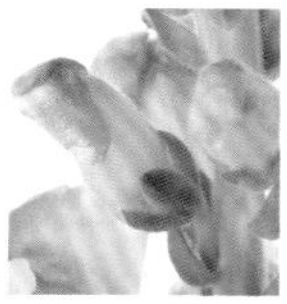

特寫！

科／車前科
屬／金魚草屬
原產地／地中海沿岸
香氣／—

開花期／10～7月
英文名稱／**Snap-dragon**
日文名／金魚草（キンギョソウ）
花語／預言、推測

▼插花前準備

花朵密集的就是新鮮的金魚草；修剪花莖。
＊奄奄一息的時候
將花莖浸泡在沸騰熱水中。

▼搭配建議

利用金魚草的花莖高度來為大型設計花藝增色，與大輪花能有絕佳的搭配性。注意花朵方向會隨著光線改變，在插花後需不時地重新調整。

＊切花百科

上市時期／**10～6月**
▷產地會跟隨季節一路往北，旺季在3月。
❋ 花穗尺寸／**20～40cm**、植莖高度／**50～120cm**
❋ 花材壽命／**7～10天** 換水／○ ❋ 乾燥／×

孔雀紫菀

クジャクアスター

花色

科／菊科
屬／紫菀屬
原產地／北美
香氣／－

開花期／8～11月
英文名稱／Frost aster
日文名／孔雀草（クジャクソウ）
花語／可愛、一見鍾情、回憶

特寫！

細而纖長的花莖上點綴著小小花朵

細而長又細碎分杈花莖上點綴著小花的模樣，就像是張開羽毛的孔雀般而得名，無論搭配哪一種花卉都能相得益彰，是能夠豐富整件花藝作品的重要配角、因而非常活躍，同時也是中元節、秋分掃墓常見的應景花卉。

日本在1950年代起開始栽培白色花朵的孔雀草，之後也誕生出各式各樣不同的新品種。

插花前準備

整理多餘葉子，修剪花莖。
＊奄奄一息的時候
將花莖浸泡在沸騰熱水中。

搭配建議

整理過葉子後，能夠讓花朵模樣更加清晰，突顯花莖本身的曲線。孔雀草的吸水性很好，只要摘除枯萎的花朵，再小的花苞都會一一開花。

＊切花百科

上市時期／全年
▷全國都有生產，秋季的秋分前後是旺季。
花朵尺寸／約1.5cm、植莖高度／60～80cm
花材壽命／7～10天　換水／○　乾燥／╳

擎天鳳梨

グズマニア

花色

科／鳳梨科
屬／擎天鳳梨屬
原產地／熱帶美洲
香氣／－

開花期／5～10月
英文名稱／Guzmania
日文名／－
花語／理想的夫妻、熱情

無論是萼片還是葉子觀賞壽命都很長

擁有著繽紛花色、光滑質感的熱帶花朵，除了紅、黃單色以外，還有漸層色彩等等，有著非常多樣的品種，而且萼片如同花瓣恣意開展的模樣，也令人印象深刻。

擎天鳳梨是棲息於熱帶雨林間的附生植物，它的根會攀爬在樹木、岩石上生長，是非常有人氣的觀葉植物之一。

特寫！

插花前準備

修剪花莖。
＊奄奄一息的時候
修剪花莖。

搭配建議

搭配蘭花或火鶴可以營造出南國風情；若是與色彩鮮明的玫瑰或非洲菊，在顏色上平衡搭配的話，就能夠設計出一款充滿夏日氣息的花藝。

＊切花百科

上市時期／全年
▷花市裡看到的都是菲律賓產，全年會有固定的流通量。
花朵尺寸／5～10cm、植莖高度／30～45cm
花材壽命／14天以上
換水／○　乾燥／╳

劍蘭

グラジオラス

花色 ○ ◎

新鮮又嬌嫩 五顏六色的球根花

花姿優美而細緻的花穗會接連而開，充滿透明感的花瓣十分鮮嫩，花色種類也相當豐富，從江戶時代傳入日本，到明治時代開始普及化。

劍蘭切花主流是大輪品種的夏花型，擁有繽紛花色，常活躍於大型花卉裝飾等場合，同時也是花壇裡的常見花卉。春花型，則是給與人整體華麗而纖細的印象。

特寫！

Other Type

華麗的春花型

科／鳶尾科
屬／唐菖蒲屬
原產地／非洲、南歐、西亞
香氣／〇（僅限春花型）

開花期／夏花型6～11月、春花型3～5月
英文名稱／Sword lily
日文名／唐菖蒲（トウショウブ）
花語／熱情如火的愛、堅持不懈的努力

▼插花前準備

修剪花莖。為了讓劍蘭能夠慢慢地吸飽水，要使用淺水。

＊奄奄一息的時候

修剪花莖。

▼搭配建議

摘除凋零花朵，能讓其他的花朵更容易開花。插花時可善用劍蘭的長花莖曲線，展現出作品線條。無論是要分枝使用還是整把搭配，都很OK。

＊切花百科

上市時期／全年

▷國產的劍蘭全年都有，春花型的流通則在1～4月。

❋ 花朵尺寸／4～8cm、植莖高度／45～120cm

❋ 花材壽命／7～10天　換水／◎　❋ 乾燥／╳

新南威爾斯聖誕樹

クリスマスブッシュ

花色

妝點耶誕節 赤紅色的火把樹

讓耶誕節氣氛更為熱鬧的聖誕樹，屬於常綠樹木，看起來像小花的部分其實是花萼，真正的花朵是白色、且直徑僅1cm左右，相當不起眼。

花朵凋謝後花萼會繼續生長，在原生地的澳洲，因花萼是在耶誕節前後開始轉成紅色，所以英文名為Christmas Bush。在日本進行栽種後，花萼則會是在初夏～夏季間變色。

花朵

特寫！

科／火把樹科
屬／朱萼梅屬
原產地／澳洲
香氣／—

開花期／5～7月
英文名稱／Christmas Bush
日文名／—
花語／氣質、整潔

▼插花前準備

修剪枝條。可以挑選品質優良的大型花枝、進行分枝使用。

＊奄奄一息的時候

修剪枝條並火烤切口，插入深水中。

▼搭配建議

耶誕季節僅會少量上市，搭配紅色的大輪花朵能營造出華麗設計感。而花枝較大的耶誕樹若與葉材搭配，也適合做成大型的花藝裝飾。

＊切花百科

上市時期／11～12月

▷以耶誕節前為主，流通著來自澳洲生產的耶誕樹。

❋ 花朵尺寸／1～1.5cm、花枝高度／30～120cm

❋ 花材壽命／7天左右　換水／〇　❋ 乾燥／〇

鐵線蓮

花色——●●〇●●●◎

花苞

特寫！

花季結束後，也會有種子流通，或直接以乾燥花上市。

クレマチス

科／毛茛科
屬／鐵線蓮屬
原產地／歐洲、日本、中國、北美
香氣／〇（部分有）

開花期／3～10月
英文名稱／Clematis
日文名／風車（カザグルマ）、鉄線（テッセン）
花語／美麗的心、精神之美

Other Type

Star River

Amazing Oslo

Blue Pirouette

有輕盈跳躍的單瓣花型及可愛動人的鐘型花朵

在纖細花莖上開出大大的花朵，或者是綻放著小朵的鐘型花，優雅細緻正是鐵線蓮的最大魅力。

鐵線蓮最早是日本、中國的野生種，室町時代原生種之一的鐵線蓮由中國傳入，成為茶室花藝或插花所喜愛的選花。這款鐵線蓮與原生於日本的大輪品種、風車，一起引進至歐洲後並進行品種改良，誕生出許多新品種。這些新品種再重新傳回到日本，也持續展開雜交培育，進而產生了單瓣、重瓣、鐘型等，各式不同種類。

切花類型不論直立的草本或軟枝藤本都有，而且近來鐘型、重瓣型品種選擇也越來越豐富，加上自從開始從非洲、坦尚尼亞進口鐵線蓮後，現在全年都能看得到它的蹤影。

▼插花前準備

整理多餘葉子，修剪花莖。

＊奄奄一息的時候
修剪花莖並將切口處以火燒過，最後浸入深水中。

▼搭配建議

重瓣的大輪品種不僅可以成為花藝搭配時的主角，與綠色葉材一起組合，僅有一花一葉也同樣魅力非凡。花朵低垂的鐘型鐵線蓮，則適合營造成可愛氛圍的小型花藝，效果會非常好。利用纖細的花莖做出空氣感，還能夠帶來清爽的視覺感受。

＊切花百科

上市時期／全年

▷坦尚尼亞出產全年都有流通，國產的旺季在5月

❋ 花朵尺寸／5～15cm、植莖高度／50～100cm

❋ 花材壽命／7～10天

換水／△　❋ 乾燥／╳

火焰百合

グロリオサ

花色

纖長的花瓣 舞出滿滿律動感

特寫！

花瓣翻轉捲曲就像燃燒的火焰，單一個花枝就能開出好幾朵花，就算是低垂的花苞也能順利綻放。

夏季時保鮮花期也很長，屬於非常好搭配的花材，除了最具代表性的紅與黃色複色以外，還有黃、白、綠等花色，也有小輪品種。

不過由於花莖頂端為藤蔓狀，容易與周邊花材勾纏，搭配時要多加注意。

科／百合科
屬／嘉蘭屬
原產地／非洲、熱帶亞洲
香氣／－

開花期／7～9月
英文名稱／Gloriosa lily、Glory lily
日文名／狐百合（キツネユリ）
花語／華麗、華美、光榮

▼插花前準備

修剪花莖。花瓣很容易折斷，處理時要小心。

＊奄奄一息的時候

修剪花莖。

▼搭配建議

花朵會開在筆直花莖的最前端，所以很適合運用在需要強調空間感的花藝上，一邊注意著花朵的方向來插花，就可以完成充滿動感的作品。

＊切花百科

上市時期／全年

▷旺季在初夏及年底，高知縣產也會出口到歐洲、中國等。

✽ 花朵尺寸／5～12cm、植莖高度／50～100cm

✽ 花材壽命／7～10天　換水／◎　✽ 乾燥／✕

荷包牡丹

ケマンソウ

花色

連成串的心型小花 跟著微風飄動

特寫！

充滿光澤又鮮嫩的心型花朵，一朵朵沿著花莖低垂的模樣，非常與眾不同。

在室町時代傳入日本，因外型長得像是寺廟大殿上裝飾的華鬘，所以在日本獲得了華鬘草的名稱。再者下垂的花朵像極了掛在釣桿上的鯛魚，因此也被稱為鯛釣草。切花除了白色外，還有不少粉紅色品種會出現於花市裡。

科／荷包牡丹科
屬／荷包牡丹屬
原產地／中國、朝鮮半島
香氣／－

開花期／4～5月
英文名稱／Bleeding heart
日文名／華鬘草（ケマンソウ）、鯛釣草（タイツリソウ）
花語／跟著你、戀慕

▼插花前準備

整理多餘葉子，修剪花莖。

＊奄奄一息的時候

修剪花莖，浸入深水中。

▼搭配建議

因花朵是成串而生的模樣，所以搭配時不適合太過擁擠，而是給出一定空間來展現，不妨靈活用運下垂的可愛花朵造型、及花莖線條來做組合。

＊切花百科

上市時期／4～5月

▷由長野縣、福島縣等地出貨，旺季在5月。

✽ 花穗尺寸／2～3cm、植莖高度／40～60cm

✽ 花材壽命／5～7天　換水／○　✽ 乾燥／✕

萍蓬草

コウホネ

花色

科／睡蓮科
屬／萍蓬草屬
原產地／日本、朝鮮半島
香氣／○

開花期／6～9月
英文名稱／Japanese spatterdock
日文名／河骨（コウホネ）川骨（センコツ）
花語／崇高、隱藏的愛

底部

特寫！

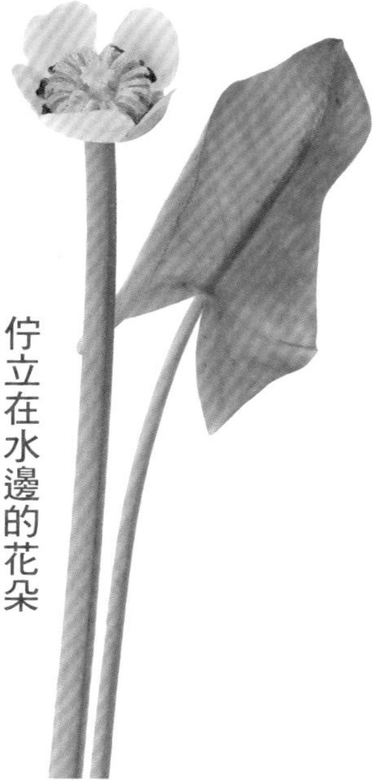

佇立在水邊的花朵 描繪出日本之夏

最能夠代表夏天的花材之一，與荷花、睡蓮在日本都被稱為「水物」，因此會使用水盤來插。屬於生長於溪河、沼澤畔的水生植物，粗壯的根部白得像骨頭一樣，所以也沿用在名稱上。

夏季時會開出黃色花朵，不過近幾年很難看到野生品種，因此流通量很希少，不太會出現在花店裡，是一款需要預訂的花材。

插花前準備

將加了明礬的水或醋，透過專用幫浦灌進花莖的切口裡。

＊奄奄一息的時候

依照上述方法。

搭配建議

光是充滿亮澤的葉片與黃色花朵，就足以描繪出洋溢著季節感的水邊風情，花器要挑選水盤，使用劍山插花的話，就無法呈現出臨水氛圍。

＊切花百科

上市時期／6～9月

▷千葉縣等地會有少量生產，旺季在6～7月。

花朵尺寸／約3cm、植莖高度／20～30cm

花材壽命／3天左右　換水／△　乾燥／╳

小手球

コデマリ

花色 ○

科／薔薇科
屬／繡線菊屬
原產地／中國
香氣／－

開花期／4～5月
英文名稱／Reeves spirea
日文名／小手毬（コデマリ）
花語／優雅、友情

特寫！

花苞

小小花朵聚成團 枝椏低垂的一款花樹

小小花朵像是繡球一般匯聚盛開，小手球（麻葉繡球）是原產於中國的落葉灌木，從江戶時代初期、以做為觀賞用植物進行栽種，花朵如同堆了雪一樣開在低垂枝椏上，非常優雅美麗。

作為春天的代表花樹之一，雖然與雪柳相似，但是小手球則是長出葉子後就會立刻開花，另還有重瓣品種。

插花前準備

挑選花苞多的枝椏；修剪花莖。

＊奄奄一息的時候

在枝條切口劃上幾刀，以報紙將花朵與枝葉一起包起來浸入深水中，讓花休息。

搭配建議

選全白花材搭配可展現乾淨俐落風，或以低垂花枝展現躍動感，不過因花朵會凋落，要注意擺放地點。花謝了以後，還可以做為葉材來使用。

＊切花百科

上市時期／1～5月

▷旺季在3月，做為葉材則是7～11月間有流通。

花叢尺寸／約2cm、花枝高度／50～150cm

花材壽命／7～10天　換水／○　乾燥／╳

鼠刺

コバノズイナ

花色——○

特寫！

綻放出涼意的花樹 花藝搭配的人氣花材

鮮嫩綠葉搭配結出白色花穗的低垂枝椏，是一款充滿涼爽氛圍的花樹，因形狀與山柳科非常相似，在日本也稱為姬山柳。

原生於北美的落葉性灌木，明治時代傳入了日本，成為很受喜愛的庭園樹木、插花素材，近幾年也成為花束、花藝的人氣花材，秋季時還會有變成紅葉的鼠刺上市。

科／鼠刺科
屬／鼠刺屬
原產地／北美
香氣／○

開花期／4～6月
英文名稱／Sweet spire
日文名／小葉の髄菜（コバノズイナ）
花語／一點慾望

▼插花前準備

整理多餘葉子，修剪枝條，切口處劃上幾刀。

＊奄奄一息的時候
修剪枝條。

▼搭配建議

與眾多花材都很搭，可以善加利用纖細的枝條高度，迷人的花朵、葉子與枝條做組合。想要強調清爽的小花模樣時，不妨將枝條修短。

＊切花百科

上市時期／4～6月

▷花朵的旺季5月，紅葉則是在10～11月間上市。

❋花穗尺寸／5～8cm、花枝高度／40～150cm

❋花材壽命／10～14天　換水／○　❋乾燥／╳

瓜葉菊

サイネリア

花色——●○●●◎

擁有魅力的藍色 屬於容易搭配的草花

一直以來以擁有鮮豔花色著稱，是很具代表性的冬季盆花，現在經過改良後，成為流通於花市裡、非常方便搭配的切花花材，花莖很長，並會開出數朵花的叢開類型。

具備有其他菊科花卉所沒有的清澈藍或藍紫色，使得瓜葉菊更顯魅力，也讓冬季到春季間的花藝組合，在色彩上更為豐富。

科／菊科
屬／瓜葉菊屬
原產地／加那利群島
香氣／－

開花期／1～4月
英文名稱／Cineraria
日文名／富貴菊（フウキギク）
花語／總是很爽朗、喜悅

Other Type

Tear Cherry

特寫！

▼插花前準備

整理多餘葉子，修剪花莖。

＊奄奄一息的時候
使用浸燙法，以報紙將花朵包起來，並將花莖浸在沸騰熱水中約5秒。

▼搭配建議

分枝使用的話，易於安排在花與花中間，是增加整體花藝分量的重要角色。藍色帶來清爽氣息，至於淡粉色或白色，則能營造出春天自然風。

＊切花百科

上市時期／1～5月

▷花市裡流通國產為主，旺季在2～3月。

❋花朵尺寸／2～3cm、植莖高度／30～60cm

❋花材壽命／7～10天　換水／○　❋乾燥／╳

宮燈百合

サンダーソニア

花色

特寫！

底部

科／秋水仙科
屬／宮燈百合屬
原產地／南非
香氣／－

開花期／6～7月
英文名稱／Christmas-bells
日文名／提灯百合（チョウチンユリ）
花語／祝福、思鄉、祈禱

小巧的鈴鐺花型 活力十足維他命色彩

擁有明亮的維他命花色的宮燈百合，在鮮嫩的綠葉底下垂落著無比迷人的鈴鐺型花朵，1851年在南非發現以後，直到1960年前後才傳進日本。

在同樣的宮燈百合屬裡，可說是非常罕有的唯一一個物種，過去在紐西蘭曾經非常盛行栽種宮燈百合，不過現在幾乎全都是由國內生產提供。

插花前準備

花色鮮明而葉片顏色深的就是品質好的花；整理多餘葉子，修剪花莖。
＊奄奄一息的時候
修剪花莖。

搭配建議

搭配時可運用纖長的花莖線條，也可分枝使用。修短花莖能突顯出花朵可愛模樣，不要太密集擺置一起，才能夠顯現出宮燈百合的韻律感。

＊切花百科

上市時期／全年
▷以國產為主，5～6月、10月為旺季。
花朵尺寸／**2～3cm**、植莖高度／**50～80cm**
花材壽命／**7～10天**　換水／○　乾燥／╳

仙丹花

サンタンカ

花色

特寫！

科／茜草科
屬／仙丹花屬
原產地／中國、馬來西亞
香氣／－

開花期／5～10月
英文名稱／Chinese ixora
日文名／山丹花（サンタンカ）
花語／喜悅、嚴謹

常綠葉片襯托出 熱情的南國橘紅色

由許多小花匯聚成半球狀花型，仙丹花是非常有分量的一款花樹，豔麗的橘紅色花朵與常綠葉片，形成鮮明的對比，美得令人印象深刻。

經由沖繩傳到日本，大約是在江戶時代初期。除了切花以外，也經常看得到仙丹花的盆花在花市裡流通，而這也是在沖繩最為常見的一款庭園花木。

插花前準備

整理多餘葉子，修剪枝條。
＊奄奄一息的時候
修剪枝條劃上幾刀，再浸入深水中。

搭配建議

與火鶴花、薑荷花等充滿南洋風情的花材最速配，也能與向日葵這一類簡樸花材呼應。就算剪短花莖使用，也不必擔心吸水性不佳。

＊切花百科

上市時期／全年
▷主要是沖繩與福岡縣生產的仙丹花，8～9月間迎來旺季。
花叢尺寸／約**10cm**、花枝高度／**50～70cm**
花材壽命／**5～7天**　換水／○　乾燥／╳

百日草

ジニア

花色 ——

科／菊科
屬／百日草屬
原產地／墨西哥
香氣／－

開花期／6～9月
英文名稱／Zinnia、Common zinnia
日文名／百日草（ヒャクニチソウ）
花語／思念遠方的朋友

擁有微妙變化及豐富的時尚色彩

即使在盛夏的豔陽底下，花色也不會褪色，能夠長時間地盛開著花，因此被稱為百日草。

18世紀中旬左右在墨西哥被發現，並於19世紀中開始在德國、美國進行品種改良，傳來日本是在江戶時代末期的事情。因為花朵保鮮期長、且開得很好又結實，已經成為中元節或秋分掃墓時的固定使用花材之一。

可親的圓形花型擁有單瓣、重瓣、球型等類別，從分量十足的大輪到可愛的小輪品種都有，除了藍色以外什麼顏色都有，包含綠、茶色等時尚古典色在內，都頗獲好評，具有微妙色彩變化的花色選擇也日益豐富。天氣炎熱時瓶插壽命會縮短，要記得勤快地換水。

Other Type

King Caramel

Queen Red Lime

Persian Carpet

大輪而色彩繽紛的品種Barbie Mix。

插花前準備

購買時要挑選花托緊致的花枝，整理多餘葉子，修剪花莖。

＊奄奄一息的時候

使用浸燙法，以報紙將花朵與枝葉一起包起來，將修剪過的花莖切口浸在沸騰熱水中約5秒，重新修剪過花莖就可以開始插花作業。

搭配建議

搭配福祿考或鈴鐺狀的鐵線蓮等模樣特殊的草花，就能夠突顯出百日草的圓形花型。因為本身是沒有香味的花朵，葉材不妨可挑選香草植物來一起組合。

＊切花百科

上市時期／4～12月

▷全國各地都會出貨，上市的旺季在6月和9月。

花朵尺寸／3～8cm、植莖高度／30～80cm

花材壽命／5～10天

換水／△　乾燥／╳

高雪輪

花色 —— ● ○

シレネ

科／石竹科
屬／蠅子草屬
原產地／歐洲
香氣／ー

開花期／5～8月
英文名稱／Garden catchfly、Bladder campion
日文名／虫取撫子（ムシトリナデシコ）、白玉草（シラタマソウ）
花語／留戀、誘惑

特寫！

白玉草可以觀賞到膨脹成鈴鐺形狀的花萼。

可愛、清爽 花朵形狀令人矚目

擁有蠅子草屬這個屬名的花朵有下列幾種。

首先就是高雪輪（Silene armeria）的園藝品種、櫻小町（左圖、a），因為花莖有著黏液，所以也被稱為補蟲瞿麥（日文名：蟲取撫子）。細長花莖上散佈著淡粉色小花，整體氣息十分溫柔，另外還能在花市裡看得到花型十分類似的深粉色紅小町。

另外一種則是擁有著低垂圓滾綠色花朵、一般稱為Greenbell（b），正式名稱是白玉草（Silene vulgaris），看起來像鈴鐺的部分其實是花萼，頂端會開出白或粉紅色花朵，花朵很快就會凋謝，但是還能持續觀賞花萼的部分。纖細花莖微微低垂的模樣，擁有可愛野草風格又低調的氣息，是十分受到喜愛的花材。

▼插花前準備

修剪花莖；白玉草一旦缺過水，吸水性就會變得不好，所以要挑選吸水性好的花枝。

＊奄奄一息的時候

使用浸燙法，以報紙將花朵與枝葉一起包起來浸在沸騰熱水中約5秒。

▼搭配建議

高雪輪是在搭配時，配置於花與花中間的重要角色，可以為花藝帶來纖細、柔和氛圍；白玉草則可盡量讓細長花莖自由延伸，搭配出有微風吹拂的自然感。無論是哪一款花，都要善加利用並充分發揮其可愛花型。

＊切花百科　＊a為高雪輪、b為白玉草

上市時期／(a) 12～5月、(b) 11～6月
▷全國各地都有出貨，旺季在2～3月。
花朵尺寸／(a) 約2cm、(b) 2～3cm
植莖高度／30～50cm
花材壽命／5～7天
換水／○　乾燥／╳

紅薑花

ジンジャー

花色

無論顏色還是外型 視覺張力十足的熱帶風

具有華麗深粉紅色花朵、就是最常出現的紅薑花。鱗片般重疊的花朵頗具厚度，大大的葉片也擁有光澤，豪放大膽的氣息成為了誘人魅力。

薑花也有具香味的白花品種，不過這類是當天謝的一日花，屬於不同種類。無論是哪一種薑花，在炎熱時節裡的花期都很長。

科／薑科
屬／月桃屬
原產地／太平洋群島
香氣／－

開花期／6～11月
英文名稱／Ginger
日文名／赤穗月桃（あかぼげっとう）
花語／豐富的心、信賴

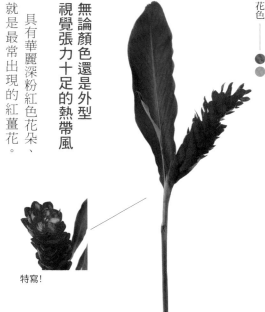

特寫！

▼插花前準備
修剪花莖。
＊奄奄一息的時候
修剪花莖。

▼搭配建議
搭配電信蘭葉、火鶴花等花材，能營造出熱帶氛圍；與個性十足的火焰百合、樸素的向日葵等，這些讓人聯想到夏天的花材，也都十分搭配。

＊切花百科
上市時期／全年
▷由沖繩縣等地出貨，旺季是7～8月。
❋花穗尺寸／10～15cm、植莖高度／70～110cm
❋花材壽命／14天以上　換水／〇　❋乾燥／✕

睡蓮

スイレン

花色

追隨陽光日夜開闔 美麗的水生植物

是插花和茶室花藝中非常受喜愛的水生植物，會在開花期三天內，重複著清晨開啟、傍晚合攏的過程。至於另一款如其名、在未時（下午2點）開花的未草則是日本的原生種。

睡蓮分類還有如印象派畫家莫內畫作中所描繪、花開在水面上的溫帶睡蓮，及花莖伸出水面盛開的熱帶睡蓮兩種。

科／睡蓮科
屬／睡蓮屬
原產地／全球熱帶到溫帶
香氣／〇

開花期／5～10月
英文名稱／Water lily
日文名／睡蓮（スイレン）
花語／清純的心、信仰

特寫！

側面

▼插花前準備
使用專用澆花幫浦灌水，或者是修剪花莖、浸入深水中。
＊奄奄一息的時候
重複進行上述方式。

▼搭配建議
可以搭木賊或米太蘭，或者是單獨只使用睡蓮來展現水的感覺。由於花朵會感應光線來開闔，所以最好擺放在明亮地點。

＊切花百科
上市時期／6～1月
▷會有若干國產會貨流通於花市裡，旺季是8～9月。
❋花朵尺寸／5～12cm、植莖高度／10～20cm
❋花材壽命／3～4天　換水／〇　❋乾燥／✕

松蟲草

スカビオサ

花色

科／忍冬科
屬／藍盆花屬
原產地／西歐、日本、亞洲
香氣／－

開花期／6～9月
英文名稱／Sweet scabious
日文名／西洋松虫草（セイヨウマツムシソウ）
花語／敏感、從無到有

底部

從左依序是Green Napple、球型松蟲草、星芒松蟲草。

Other Type

粉紅品種

白色品種

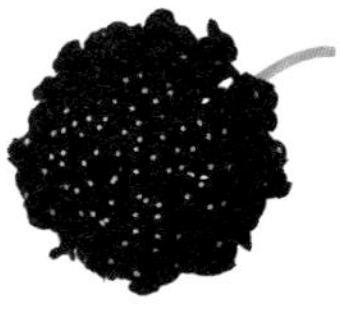

Petit Pont Black

可愛的草花 品種持續進化當中

粉嫩色彩的小花聚集成球狀，迷人的可愛模樣，一直都是花藝搭配時深受喜愛的知名配角。總稱藍盆花屬、並將之稱為松蟲草，但無論是原生種還是各式園藝品種，都是使用這個名字，原生在日本山林裡的松蟲草也是同類。

一般流通於花市裡的松蟲草，都是中心為堅硬花苞並朝外側綻放的類型，不過在花苞全部盛開前，花朵就會先凋謝。

最近擁有比較高人氣的，是在冬季到春季間上市的品種、花會一路開到中心處的圓形松蟲草，通稱為球型松蟲草。上市時因為處於低溫狀態，若能好好地養護，只要花苞一開花就會非常豐滿有分量。也由於花莖十分強壯且花期長，在國外也很受歡迎。

插花前準備

購買時請挑選花托堅固的花枝；修剪花莖。

＊奄奄一息的時候

使用浸燙法，以報紙將花朵與枝葉一起包起來，將修剪過的花莖切口浸在沸騰熱水中約5秒、再浸入水中。重新修剪過花莖就可以開始插花作業。

搭配建議

花莖柔順的粉彩色系，適合搭配自然風的草花；充滿分量感的球型松蟲草，以時尚風來設計就很迷人，也能夠只靠松蟲草做成花圈。夏季使用它來插花時，要記得勤快地修剪花莖及換水。

＊切花百科

上市時期／全年

▷夏季到秋季主要是北海道生產，冬季到春季則是以福岡縣、長野縣、佐賀縣為出貨中心，旺季在3～4月。

花朵尺寸／2～6cm、植莖高度／30～70cm

花材壽命／3～5天

換水／○　乾燥／×

茵芋

スキミア

花色（花苞）

用於法會的日本莽草 改良後變得非常時尚

宛如果實的小小花苞與常綠葉子，這種在其他植物所看不到的組合，是將原本使用在法會上、日本原生種的日本莽草，經改良而成。

江戶末期，經由荷蘭人醫生西博德 Philipp Franz von Siebold 傳進歐洲，再一次傳回日本就成為了切花、盆花形式。通常茵芋不太開花，主要是欣賞其花苞及綠葉。

Other Type

特寫!

紅色品種

科／芸香科
屬／茵芋屬
原產地／日本、台灣
香氣／〇

開花期／3～5月
英文名稱／Skimmia
日文名／深山樒（ミヤマシキミ）
花語／清純、寬大

▼插花前準備
修剪枝條，整理多餘葉子，能讓花苞看起來更清晰。
＊奄奄一息的時候
修剪枝條並劃上幾刀，浸入深水中。

▼搭配建議
紅色花苞與常綠葉片在耶誕季節裡最應景，至於綠色花苞品種，不論是自然風還是時尚搭配都很合適。由於花莖較短，適合小型的花藝作品。

＊切花百科
上市時期／9～3月
▷耶誕季節的進口量會增加，國產僅在冬季會有少量流通。
❋ 花叢尺寸（花苞）／約 5cm、花枝高度／20～60cm
❋ 花材壽命／10 天左右　換水／〇　❋ 乾燥／╳

天堂鳥

ストレリチア

花色

華麗的花朵模樣 活躍於新年的裝飾花

散發著異國情趣又有濃濃南洋風情的大型花朵。原產於南非，日文名稱為極樂鳥花的原因，就在於花型像極了極樂鳥而得名。

15～20 cm的花苞，會展開立起好幾朵花，因為華麗的外型以及吉利的名稱，恰好適合做為新年正月的裝飾。由於天堂鳥花不耐寒，需要放置在溫暖的房間裡。

特寫!

科／旅人蕉科
屬／天堂鳥屬
原產地／南非
香氣／—

開花期／7～10月
英文名稱／Bird of paradise
日文名／極楽鳥花（ゴクラクチョウカ）
花語／時尚的愛情、寬容

▼插花前準備
修剪花莖插進淺水裡。
＊奄奄一息的時候
修剪花莖。

▼搭配建議
單獨使用天堂鳥花插花就非常時尚，醒目的花型即使與熱帶花材搭配，依舊能佔據主角位子。與松樹、梅花等等正月花材，同樣都十分匹配。

＊切花百科
上市時期／全年
▷以國產為主在花市裡流通，7、8月及年底是高峰。
❋ 花朵長度／15～20cm、植莖高度／80～120cm
❋ 花材壽命／7～14 天　換水／◎　❋ 乾燥／╳

絳紅三葉草

ストロベリーキャンドル

花色 ——

科／豆科
屬／三葉草屬
原產地／歐洲
香氣／－

開花期／5～6月
英文名稱／Crimson clover
日文名／紅花詰草（ベニバナツメクサ）
花語／點亮心火、不為人知的戀情

Other Type

白色品種

特寫！

像草莓般的紅色花朵 也有白花品種

絳紅三葉草迷人之處，就在於像是生長於原野的可愛花朵，紅色花穗既像草莓又像蠟燭火焰般，也有Strawberry Candle這樣的可愛名稱。

花莖有向光源彎曲的習性，使得花朵呈現低頭垂首似的模樣，彎曲的花莖只要用報紙包起來，浸入深水中就可以進行修正。雖然是宿根植物，但在高溫潮濕的日本，則被視為一年生草花。

▼插花前準備

挑選強壯的花莖。修剪花莖。
＊奄奄一息的時候
以報紙將花朵與枝葉一起包起來，將花莖浸在沸騰熱水中約5秒。

▼搭配建議

可以運用花莖彎曲的曲線，並以花穗做為點綴焦點。在插好花以後，由於花朵還是會受光源影響而左右轉動，隨時重插調整也是一種趣味。

＊切花百科

上市時期／幾乎全年
▷國產流通季節以冬季到初夏間為主，旺季在4～5月。
花穗尺寸／約5cm、植莖高度／40～60cm
花材壽命／10～15天　換水／△　乾燥／〇

夏雪片蓮

スノーフレーク

花色 —— 〇

科／石蒜科
屬／雪片蓮屬
原產地／中歐、地中海沿岸
香氣／－

開花期／3～4月
英文名稱／Summer snowflake
日文名／鈴蘭水仙（スズランズイセン）
花語／純潔、純真的心

花苞

特寫！

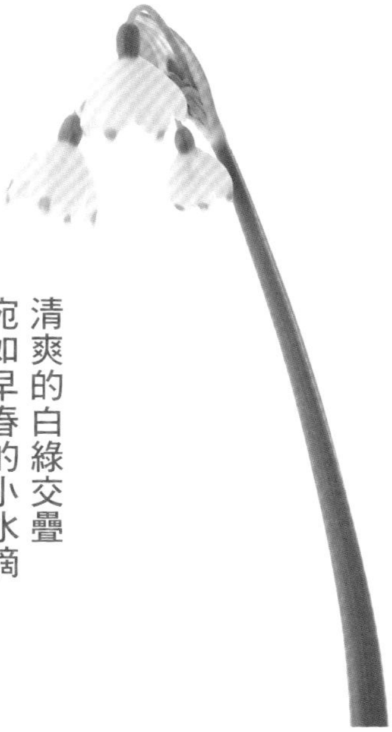

清爽的白綠交疊 宛如早春的小水滴

彷彿白色水滴般的可愛花朵，好幾朵聯合一起由筆直伸展的花莖垂頭綻放，由於花朵形似鈴蘭，細長葉子又長得水仙，因此日名稱為鈴蘭水仙。

花朵前端會一分為六，邊緣處有綠色斑點。生命力強，就算栽種後放著幾年不管，到春天還是會開花。在花市裡流通的切花品種，有單輪或花朵稍大的類型。

▼插花前準備

修剪花莖；由於花莖非常柔軟、容易折斷，處理時要注意。
＊奄奄一息的時候
修剪花莖。

▼搭配建議

使用夏雪片蓮單一種花，看起來就非常地清爽；或者是讓花莖比周圍花朵要高一些，展現它惹人憐愛的低垂模樣及可愛的動感吧。

＊切花百科

上市時期／1～3月
▷流通於花市裡以千葉縣等生產為主，旺季是2月。
花朵尺寸／約1cm、植莖高度／30～40cm
花材壽命／5～7天　換水／〇　乾燥／×

毛絨稷

スモークグラス

花色 ●○●

科／禾本科
屬／黍屬
原產地／北美
香氣／－

特寫！

纖細的輪廓與亮澤 晉身人氣花材

蓬鬆擴散的花穗就像是煙霧一樣，其名稱便是由此而來。長長的花穗像掃帚般四散開來，是夏季會開出綠色花的禾本科黍屬一年生草本植物。

有著秀氣細緻的輪廓以及閃閃發光的質感，是近幾年是很受歡迎的花藝、花束使用花材，過去僅夏季才能見到蹤影，不過隨著人工栽種的進行，已經成為全年都有。

開花期／6～8月
英文名稱／Witch grass
日文名／花草黍（ハナクサキビ）
花語／直率

▼插花前準備

適度地整理葉子，修剪花莖。由於花莖中空所以處理時要格外小心。

＊奄奄一息的時候
修剪花莖。

▼搭配建議

將毛絨稷穿插在花朵之間，能讓整體花藝營造出柔軟氛圍，只要些許微風就會跟著擺動的花穗，在需要演繹清涼感時，是十分好用的花材。

＊切花百科

上市時期／全年
▷全國各地都會出貨，而且產量陸續增加中。

✻ 花穗尺寸／約 10cm、植莖高度／40～70cm

✻ 花材壽命／14天以上　換水／○　✻ 乾燥／○

加州紫丁香

セアノサス

花色 ●

科／鼠李科
屬／美洲茶屬
原產地／北美
香氣／－

淺淡纖細花朵 彷彿霞霧般綻放

以加州命名的加州紫丁香，是一款知名度相當高、原生於北美的灌木，依照品種的不同，花穗顏色及大小尺寸也有差異。

以切花型式流通於花市裡的，主要是Marie Simon（右圖）這個品種，細緻小花蓬鬆如雲霧般綻放，在花季結束的7月以後，也能夠做為葉材，果實類花材出現在花市之中。

開花期／5～7月
英文名稱／California lilac
日文名／－
花語／初戀的回憶、敦厚

特寫！

▼插花前準備

修剪枝條，由於花朵很容易凋落，處理時要格外小心。

＊奄奄一息的時候
修剪枝條並在切口劃上幾刀。

▼搭配建議

如同煙霧般的開花模樣，能溫柔地籠罩住整體花藝，在花朵凋謝後還可以當作葉材來利用。由於花朵會四處散落，因此也要注意擺放地點。

＊切花百科

上市時期／5～10月
▷花的旺季為6～7月，結了果實的枝條在7～10月間流通。

✻ 花朵尺寸／3～5cm、植莖高度／30～60cm

✻ 花材壽命／7～14天　換水／○　✻ 乾燥／✕

弁慶草

セダム

花色

特寫！

科／景天科
屬／八寶屬
原產地／亞洲、歐洲、北美
香氣／－

開花期／6～9月
英文名稱／Orpine
日文名／弁慶草（ベンケイソウ）
花語／堅強的心、信念

綠色的花苞 還有染色、斑點等面貌

一種由小小花朵密集聚成繡球模樣的花朵，屬於多肉植物的一種，不僅非常耐寒也很耐旱，可說是炎熱季節中非常可靠好用的花材，更以其獨特質感獲得喜愛，有著繽紛染色、帶有斑點等選擇，品種變化無比豐富。

長相像是葉材類的堅硬花苞，開花後就會轉變成粉紅色或紅色。

▼插花前準備

即使是相同品種，也會分別在春天與秋天變化顏色；修剪花莖。

＊奄奄一息的時候

將花莖切口浸在沸騰熱水中。

▼搭配建議

如果是一大把的弁慶草，不妨摘掉多餘花朵來控制整體大小。堅硬的花苞則可當作葉材的一種，能為整體花藝帶來豐滿視覺。

＊切花百科

上市時期／全年

▷有戶外栽種也有溫室培養，旺季在6～7月。

花朵尺寸／5～8cm、植莖高度／30～60cm

花材壽命／7～4天　換水／○　乾燥／×

藍蠟花

セリンセ

花色

特寫！

科／紫草科
屬／蠟花屬
原產地／歐洲
香氣／－

開花期／4～5月
英文名稱／Cerinthe
日文名／黃花瑠璃草（キバナルリソウ）
花語／優美

低垂盛開的小花 滿盈著花園般的氛圍

柔順花莖上開著或紫或黃的花朵，藍蠟花在園藝植物中是特別受歡迎的一款草花，筒狀花朵向下低垂而開，而花瓣到了前端會分成5瓣。

花瓣帶有蠟的光澤、顏色也相當有質感，帶有厚度的葉子則在綠色中隱含紫色，有些甚至會是漸層變色，屬於相當低調的顏色組合。

▼插花前準備

整理多餘葉子，修剪花莖。

＊奄奄一息的時候

以報紙將花朵與枝葉包起來，修剪過的花莖切口浸在沸騰熱水中約5秒。

▼搭配建議

與春季草花是絕佳搭檔，低垂盛開的紫色花朵成了點綴重點，而且整理多餘葉子可以讓花的模樣更清晰，剪短花莖搭配的話，更能強調出花型。

＊切花百科

上市時期／3～5月

▷國產會有少量流通於花市。

花朵尺寸／1～2cm、植莖高度／30～60cm

花材壽命／7天左右　換水／○　乾燥／×

黃素馨

ソケイ

花色——

常綠樹葉與黃色小花展現清爽風格

柔順的枝條頂端開出黃色小花，帶來清爽氣息的一款初夏花樹。素馨屬一共擁有約300種品種，儘管香氣比不上同類的茉莉濃郁，做為切花的這款黃素馨，擁有著迷人氣味。

除了是5～6月間登場的黃色花樹，花朵凋謝以後到秋季前，枝條也是花市綠色葉材之一，具有光澤感的常綠葉片十分紮實。

科／木樨科
屬／素馨屬
原產地／喜馬拉雅
香氣／○

開花期／5～6月
英文名稱／Jasminum odoratissimum
日文名／黃素馨（キソケイ）
花語／可愛、漂亮

特寫！

▼插花前準備

葉子或小枝椏可做適度修整；斜切修剪枝條。

＊奄奄一息的時候

修剪枝條並在切口劃上幾刀。

▼搭配建議

不妨利用枝椏的柔軟線條來設計，而較長的花枝則適合搭配大型花藝或花束。在花朵凋謝以後，還可以做為葉材來靈活運用。

＊切花百科

上市時期／5～6月

▷花朵的旺季在5月，9～10月間則是以葉材流通於花市。

✻ 花朵尺寸／**2～2.5cm**、花枝高度／**60～150cm**

✻ 花材壽命／**5～7天**　💧換水／○　✻ 乾燥／✕

秋麒麟草

ソリダスター

花色——

迷濛如黃霧般滿滿小巧的星星花朵

開滿無數的黃色小花，想要為花藝增加分量或穩固其他花材時，秋麒麟草就能派上用場，同時也是自然風搭配或者是做花束時，不可或缺的花材。

Solidaster 這個由紫菀屬與一枝黃花屬交配而誕生的品種，小小的一朵全都是星星形狀，無論與哪一種花卉都能搭配，為整體花藝帶來明亮氣息。

科／菊科
屬／一枝黃花屬
原產地／北美
香氣／－

開花期／6～9月
英文名稱／Solidaster
日文名／－
花語／回頭看我、豐富的知識

側面

特寫！

▼插花前準備

整理多餘葉子，修剪花莖。要注意的是花枝不耐潮濕或吹到風。

＊奄奄一息的時候

將花莖切口浸泡在沸騰熱水中。

▼搭配建議

將花枝分拆來使用時，不僅能夠很容易地填補花材間的空隙，更能為花藝帶來輕快的動感，而柔順的花莖則可做為其他花朵的襯墊支撐。

＊切花百科

上市時期／全年

▷冬季鹿兒島縣等地供應，夏季則來自長野縣、北海道。

✻ 花朵尺寸／**0.5～1cm**、植莖高度／**50～80cm**

✻ 花材壽命／**7～10天**　💧換水／○　✻ 乾燥／○

紫嬌花

ツルバキア

花色——●○●

科／石蒜科
屬／紫嬌花屬
原產地／南非
香氣／○

開花期／3～4月
英文名稱／Tulbaghia simmleri
日文名／瑠璃二文字（ルリフタモジ）
花語／穩重的魅力

特寫！

傳遞出精緻氛圍 還有甘甜香味

花市裡的切花品種，是具有高雅香氣的香紫瓣花 Tulbaghia Fragrans。原生於南非的球根植物，模樣像是百合般的星形小花匯聚在一起綻放，儘管不算華麗，卻擁有著細緻的風采。

葉子是從根部長出來，因此花市中的紫嬌花，僅能看到花朵與花莖，強壯又具良好吸水性，是非常重要的配角花材。

▼插花前準備

修剪花莖。

＊奄奄一息的時候
修剪花莖。

▼搭配建議

小巧的花朵，很容易被忽視，不妨妝點在醒目的地方吧。只要在花藝中添加了這款纖巧的花材，整體氛圍就能變得更加細緻。

＊切花百科

上市時期／11～6月
▷由千葉縣等地供應，2～3月是旺季。
❋花朵尺寸／約4cm、植莖高度／30～50cm
❋花材壽命／10天左右　換水／○　❋乾燥／╳

烏頭

トリカブト

花色——○●●

科／毛茛科
屬／烏頭屬
原產地／北半球溫帶地區
香氣／—

開花期／8～9月
英文名稱／Monkshood
日文名／烏兜（トリカブト）
花語／榮耀、騎士精神

常見插花素材 有著嬌豔的秋日紫藍

散發自然野趣的藍紫色草花植物，雖然在插花界備受喜愛，但同時也是非常知名的毒草，切花品種的毒性比起原生種要小一些。

容易入手的品種，有花莖紮實結滿花朵、原生於中國的烏頭，以及花莖纖細、花朵散開綻放的歐洲烏頭，另有也有數量雖然不多，但同樣會出現於花市裡的日本野生品種。

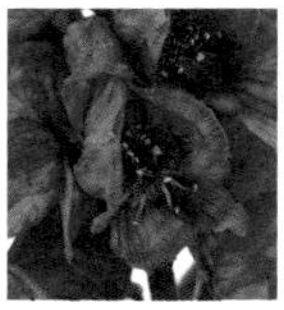

特寫！

▼插花前準備

挑選正盛放中的花枝；整理多餘葉子，修剪花莖。

＊奄奄一息的時候
將花莖浸在沸騰熱水中。

▼搭配建議

醒目的藍紫色花穗、與淡色系的對比色花朵搭配的話，能營造出華麗氛圍。活用花莖曲線所描繪出的氛圍，能展現出秋天的氣息。

＊切花百科

上市時期／9～10月
▷主要是在國內的山區生產，旺季在9月。
❋花朵尺寸／約3cm、植莖高度／60～100cm
❋花材壽命／5～7天　換水／○　❋乾燥／╳

紫燈花

トリテレイア

花色 ○ ● ● ●

星星形狀的小花十分地可愛

花朵像百合一樣展開成星形，在切花中最具代表性的Brodiaea品種，因為擁有的花型以及華麗的模樣，也被稱為姬百子蓮，有紫色系以及純白花色，花莖雖然纖細卻很結實。

另外經常出現於花市裡的品種，還包括了Milla Biflora這個品種，完全展開的乳白色厚實花朵，在婚禮裝飾上非常受歡迎。

科／天門冬科
屬／紫燈花屬
原產地／北美
香氣／－

開花期／5～7月
英文名稱／Triteleia
日文名／姬（ヒメ）アガパンサス
花語／包容的愛

Other Type

Milla Biflora

特寫！

▼插花前準備

修剪花莖。

＊奄奄一息的時候

修剪花莖。

▼搭配建議

活用其細長曲線，演繹出清爽或精緻的氛圍，也可以修短花莖來強調出星形的花朵模樣。摘除凋零花朵，能讓花苞更順利的綻放。

＊切花百科

上市時期／3～5月

▷主要由千葉縣供應，旺季是5月。

❋ 花朵尺寸／2～4cm、植莖高度／30～50cm

❋ 花材壽命／5～7天　換水／○　❋ 乾燥／╳

石竹

ナデシコ

花色 ● ● ● ○ ● ● ● ◎

秀氣可愛的小輪品種外還有長得像綠色苔球

通常石竹指的就是石竹屬以及同類植物，其中花朵壽命長，花市常見以鬚苞石竹（左圖）最多，花色從淺淡到黑色都有。

由許多綠色花萼叢聚的綠石竹，也是石竹屬的一種。

另外最近幾年登場的Raffine系列，屬於非常吸睛的小輪類型，宛如野外大自然生長的草花般，而康乃馨則又是另外的不同類別。

科／石竹科
屬／石竹屬
原產地／歐洲、亞洲、北美、南非
香氣／○（部分有）

開花期／5～7月
英文名稱／Gillyflower
日文名／撫子（ナデシコ）
花語／純粹的愛、天賦、思慕

特寫！

Other Type

Raffine pia

Other Type

綠石竹

▼插花前準備

整理多餘葉子，修剪花莖。要注意花莖很容易折斷、插入淺水中。

＊奄奄一息的時候

將花莖切口浸泡沸騰熱水中。

▼搭配建議

由單瓣花朵匯聚而成的鬚苞石竹，在草花風的花藝中，增添分量時非常好用；綠石竹則可視為青苔般平鋪使用，也可當作固定其他花材之用。

＊切花百科

上市時期／全年

▷旺季在5～7月，其中流通數量特別多的就是綠石竹。

❋ 花朵尺寸／1～3cm、植莖高度／30～50cm

❋ 花材壽命／7～10天　換水／○　❋ 乾燥／╳

黑種草

ニゲラ

花色

特寫！

花苞

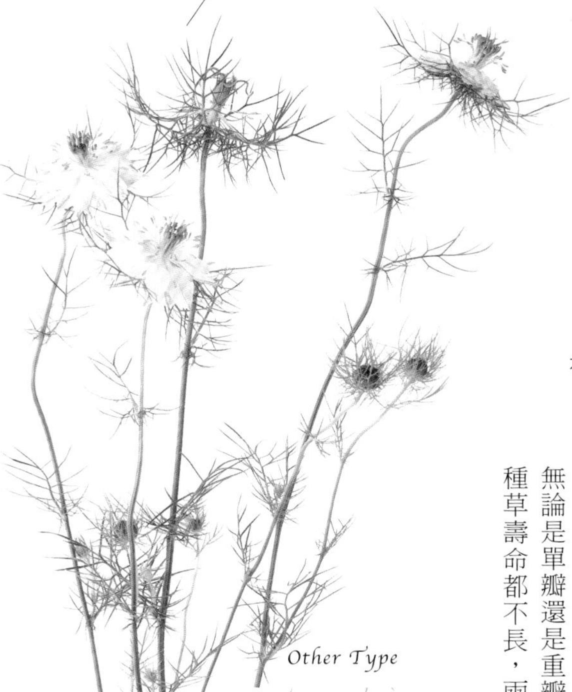

Other Type

Miss Jekyll Blue

伊斯坦堡

花謝以後結出蒴果，會以黑種草籽之名流通。

科／毛茛科
屬／黑種草屬
原產地／南歐
香氣／－

開花期／5～6月
英文名稱／Love-in-a-mist
日文名／黑種草（クロタネソウ）
花語／秘密的喜悅、未來

彷彿罩上一層面紗充滿浪漫風情

黑種草的花朵宛如被綠色面紗所籠罩，看起來十分地溫柔，也因此獲得了霧中戀人（Love-in-a-mist）的英文名字。

看起來像花瓣的部分其實是花萼，豎立於中央的綠色線狀體為萼片，並由這些萼片來包覆住花朵，但無論是單瓣還是重瓣的黑種草壽命都不長，兩者都會是在單枝花莖上，分別結出數朵花及花苞，而花苞也都會一一綻放。

黑種草在日本是於江戶時代傳入，但是做為切花開始流通於花市裡，卻是直到了平成年代，也因為會結出黑色種子，在日本也是稱之為黑種草，種子本身帶有香草般的香味。

等到花謝了以後，膨脹成氣球般的果實也會做為切花上市，想做成乾燥花也很適合。

▼插花前準備

整理多餘葉子，修剪花莖。

＊奄奄一息的時候

使用浸燙法，以報紙將花朵與枝葉一起包起來，將修剪過的花莖切口浸在沸騰熱水中約5秒，重新修剪過花莖就可以開始插花作業。

▼搭配建議

需要柔和藍色做搭配時就能派上用場。突顯出細線狀的葉子，就能為整體花藝帶來纖柔感受，要是與可愛小花一起組合，還能勾勒出個性化的面貌，特別是在黑種草開花季節的5～6月間，與正好是旺季的香草、草花最是搭配。記得要勤快換水。

＊切花百科

上市時期／幾乎全年

▷全國各地都有供應，旺季在4～6月。

花朵尺寸／約 **3cm**、植莖高度／**60 ～ 80cm**

花材壽命／**7 ～ 10** 天

換水／◎　　乾燥／╳

銀柳

ネコヤナギ

花色

開花

特寫！

冬天的紅色枝椏
在早春時冒出銀灰花朵

彷彿貓毛般無比柔順，負責來報春的銀柳、有著散發光澤的花穗。在花朵盛開以前，會先有銀白色花穗接二連三成串地出現，成為花藝搭配或插花時非常重要的花材。

在冒出紅色花芽時，銀柳會被稱為赤芽柳而出現於花市裡，花芽也稱做冬芽，而且不用太久時間就會變成花穗模樣。

科／楊柳科
屬／柳屬
原產地／日本
香氣／ー

開花期／2～4月
英文名稱／Rose-gold pussy willow
日文名／猫柳（ネコヤナギ）
花語／努力會獲得回報、親切

▼插花前準備
修剪枝條，並在較粗枝條切口上、劃上幾刀。
＊奄奄一息的時候
修剪枝條並在切口劃上幾刀。

▼搭配建議
修短以後將花穗與春季草花搭配起來，就能夠完成帶有溫度的花藝。或是運用銀柳筆直線條，直接插入大型花器裡，就能顯得時尚有型。

＊切花百科
上市時期／12～3月
▷由茨城縣等地供應，旺季是從年底開始到初春時節。
❋ 花朵尺寸／1～2cm、花枝高度／60～150cm
❋ 花材壽命／14天以上　換水／○　❋ 乾燥／○

小綠果

バーゼリア

花色（花苞）

特寫！

Other Type

Galpinii

賞玩如同果實一般
圓滾滾的花苞

像是果實似的圓形花朵，結實累累般地開滿了分杈的枝椏頂端，而細葉也長得如同杉樹。

這種花姿獨特的植物，是原生於南非的野生草花，因為要觀賞的是堅硬的花苞，會以尚未開花狀態中流通於花市。瓶插時還是綠色的花苞，之後則會開出奶油色花朵。花苞除了綠色以外，還看得到紅色品種。

科／絨球花科
屬／飾球花屬
原產地／南非
香氣／ー

開花期／4～5月
英文名稱／Berzellia
日文名／ー
花語／熱情、小小的勇氣

▼插花前準備
挑選花苞沒有暗沉、看起來新鮮的花枝；修剪枝條。
＊奄奄一息的時候
修剪枝條並在切口劃上幾刀。

▼搭配建議
可以視為觀果植物來使用。可單一使用小綠果來做成花圈，或與針葉樹等綠色枝條一起搭配，綁成全是綠意的倒掛花束；要注意避免太過潮濕。

＊切花百科
上市時期／全年
▷主要都是南非生產，旺季在10～12月。
❋ 花朵尺寸（花苞）／1～2cm、花枝高度／30～60cm
❋ 花材壽命／14天以上　換水／○　❋ 乾燥／○

鳳梨百合

パイナップルリリー

花色 ○ ● ●

科／百合科
屬／鳳梨百合屬
原產地／南・中非
香氣／○

開花期／7～8月
英文名稱／Pineapple lily
日文名／星万年青（ホシオモト）
花語／完美、完全

特寫!

造型獨一無二 還有花期長的優點

自帶清爽淡綠色彩的南洋風情花朵，在花穗頂端長出葉子的模樣，看起來就跟鳳梨一模一樣，也正因為它的外型還有開出的星形花朵，而命名鳳梨百合。

在園藝植物中是很常被使用的一款球根花，花朵會由下依序往上開，原產於非洲，炎熱天氣時就能在花市看得到他們的身影。

▼插花前準備

修剪花莖，插進淺水中，同時還要注意花朵的重量。
＊奄奄一息的時候
修剪花莖。

▼搭配建議

獨特模樣，單插一枝就頗具吸睛效果。花開後，整體印象還會有180度大轉變。由於花朵本身很有重量，所以開花之後不妨修短花莖再來插花。

＊切花百科

上市時期／**6～10月**
▷僅有國產供應，旺季在7～9月。
花朵直徑／**0.5～1cm**、植莖高度／**20～80cm**
花材壽命／**10天左右**　換水／○　乾燥／╳

貝母

バイモ

花色 ● ◎

科／百合科
屬／貝母屬
原產地／中國
香氣／ー

開花期／4～5月
英文名稱／Fritillaria thunbergii
日文名／貝母（バイモ）
花語／威嚴、謙虛的心

特寫!

底部

綻放於早春原野間 自然的花姿風貌

纖細可愛花莖上低垂盛開的花朵，洋溢著早春的大自然野花意趣。單枝花莖上會開出多朵的花，並由下依序往上綻放，淡綠色花瓣內側還能看得到網狀花紋，葉片前端則像是藤蔓一樣恣意交纏。

在江戶時代原本是作為中藥材從中國傳入，但靜寂花姿也逐漸受到茶室花藝、插花所喜愛。

▼插花前準備

修剪花莖。
＊奄奄一息的時候
以報紙將花與枝葉一起包起，修剪過的花莖切口浸在沸騰熱水中約5秒。

▼搭配建議

淡薄的色彩完全符合早春萬物生長的氛圍，搭配小型花材就能夠塑造出發芽的蓬勃朝氣。花色雖然獨特，卻意外地與各種花色都能搭配。

＊切花百科

上市時期／**1～4月**
▷由國產供應，旺季是3月。
花朵直徑／**1～3cm**、植莖高度／**20～50cm**
花材壽命／**10天左右**　換水／○　乾燥／╳

蓮花

ハス

花色——●○

象徵純潔的花朵 以花苞姿態呈現美感

蓮花是日本人中元節時供奉先祖的花卉之一，出污泥而不染的花朵，更是純潔的象徵。

花朵會在清晨盛開，等到過中午就閉合，3～4天的時間重複這樣的過程。但蓮花的切花部分則因為不容易開花，所以能欣賞到的僅有花苞狀態，插花時要使用專用幫浦來給水。秋天則是以乾燥的蓮蓬流通在市面上。

科／蓮科
屬／蓮屬
原產地／熱帶亞洲～溫帶亞洲
香氣／○

開花期／7～8月
英文名稱／Lotus
日文名／蓮（ハス）
花語／純潔的心、口才

▼插花前準備
挑選新鮮的花枝，修剪花莖。
＊奄奄一息的時候
使用專用幫浦給蓮花花莖注入清水；或者是修剪花莖、浸入深水中。

▼搭配建議
讓蓮葉漂浮於水盤的水面上，花苞使用劍山固定，能演繹出水邊開出蓮花的清涼氛圍；與蕨類等綠色葉材一起插入花器裡，則有時尚氣息。

＊切花百科
上市時期／7～11月
▷中元應景的花苞與葉子7～8月上市，蓮蓬則在8～11。
花朵尺寸／（花苞）5～7cm、（開花時）約 10cm
植莖高度／40～80cm
花材壽命／3～5天　換水／△　乾燥／╳

初雪草

ハツユキソウ

花色——○

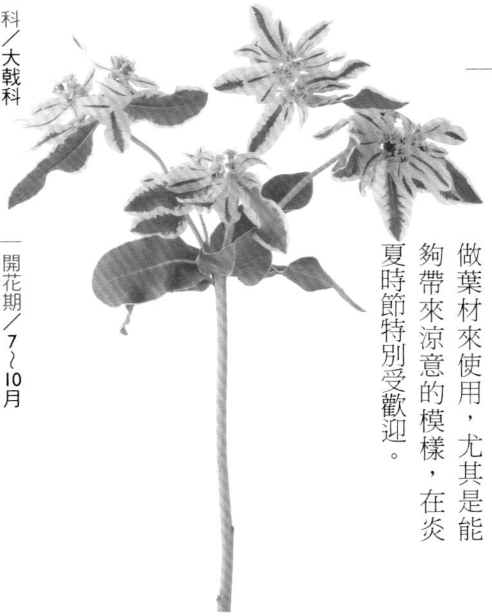

特寫！

白與綠交織 散發出清爽的氣息

原生於北美的一年生植物，江戶時代末期傳進日本，花莖下半部的葉子是綠色的，但是上半部葉片卻是綠葉鑲了白邊，也因此取名為初雪草，在夏季時還會開出白色花朵。

雖是花材，卻也很常被當做葉材來使用，尤其是能夠帶來涼意的模樣，在炎夏時節特別受歡迎。

科／大戟科
屬／大戟屬
原產地／北美
香氣／－

開花期／7～10月
英文名稱／Snow-on-the-mountain
日文名／初雪草（ハツユキソウ）
花語／好奇心、祝福

▼插花前準備
修剪花莖。
＊奄奄一息的時候
修剪花莖並將切口以火燒過，再浸入深水中。

▼搭配建議
只要控制好搭配的花材種類與色彩，就能強調出初雪草充滿個性的顏色、外型及質感。在花藝作品中添加一枝初雪草，立刻就能勾勒出涼意。

＊切花百科
上市時期／全年
▷除了開花的夏季以外，也有做為葉材而流通的國產貨。
花朵直徑／約 0.5cm、植莖高度／40～60cm
花材壽命／5～7天　換水／○　乾燥／╳

仙履蘭

パフィオペディラム

花色 —— ● ● ● ○ ● ● ● ◎

科／蘭科
屬／芭菲爾鞋蘭屬
原產地／熱帶亞洲、中國
香氣／－

開花期／12～6月
英文名稱／Lady's slipper
日文名／常葉蘭（トキワラン）
花語／輕快、深思熟慮

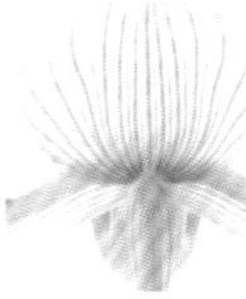
底部

側面

Other Type

茶色品種

除了模樣別緻 更兼具著高雅氣質

仙履蘭的屬名在希臘語中就意味著女神的拖鞋（Paphiopedilum）之意，是模樣十分獨特的一款蘭花。不僅擁有類似食蟲植物的可愛外型，並且還帶有滑順光澤與絨毛。

獨特的質感與脫俗的氣質，在眾多蘭花裡別具一格，切花以擁有美麗綠白條紋的複色品種，還有茶色的單朵花型為主流。

▼插花前準備

挑選花瓣沒有受損的仙履蘭；修剪花莖。

＊奄奄一息的時候
修剪花莖。

▼搭配建議

因為本身外型就非常有特色，光是添加上一朵仙履蘭，就能讓花藝顯得洗鍊時尚。而綠白的複色品種，也不挑搭配的花材種類，非常好運用。

＊切花百科

上市時期／全年

▷除了國產還有來自台灣、泰國的進口貨，旺季是2月。

❋ 花朵直徑／4～8cm、植莖高度／15～50cm

❋ 花材壽命／10～14天　換水／○　❋ 乾燥／╳

雪球花

ビバーナム・オプルス

花色 —— ○ ●

科／五福花科
屬／莢蒾屬
原產地／歐洲、北美
香氣／－

開花期／4～6月
英文名稱／Snowball tree
日文名／西洋手毬肝木（セイヨウテマリカンボク）
花語／無比期待、看著我

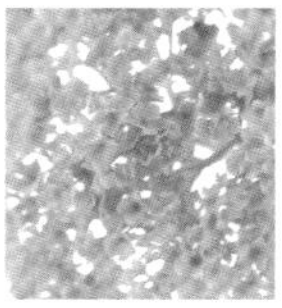
特寫！

輝映周邊花朵 黃綠色彩的知名配角

也稱歐洲莢蒾，像是縮小版的繡球花，無論與哪一種鮮花都能搭配，擁有著高人氣，特別是鮮亮的黃綠色彩，能完美襯托出周邊花朵，是能為整體花藝帶來明亮氛圍的知名配角。

由於最近越來越多莢蒾屬的切花出現於花市裡，也漸漸讓雪球花的名字傳播開來。花朵會隨著開花而轉變成白色。

▼插花前準備

修剪較粗花枝，並在切口劃上幾刀，而較細枝條則是需要斜剪。

＊奄奄一息的時候
削去表皮，增加吸水面積。

▼搭配建議

與粉紅色系的玫瑰特別搭，能為甜美系增添清爽感。與大理花這類大型花朵很搭之外，跟草花的組合也非常完美，堪稱是無死角的經典配角。

＊切花百科

上市時期／全年

▷國產旺季在5月，少量的荷蘭產，全年都看得到。

❋ 花朵直徑／4～6cm、花枝高度／40～120cm

❋ 花材壽命／5～10天　換水／△　❋ 乾燥／╳

少花蠟瓣花

ヒュウガミズキ

花色 ──

此綠葉搶先一步綻放枝頭的春天黃花

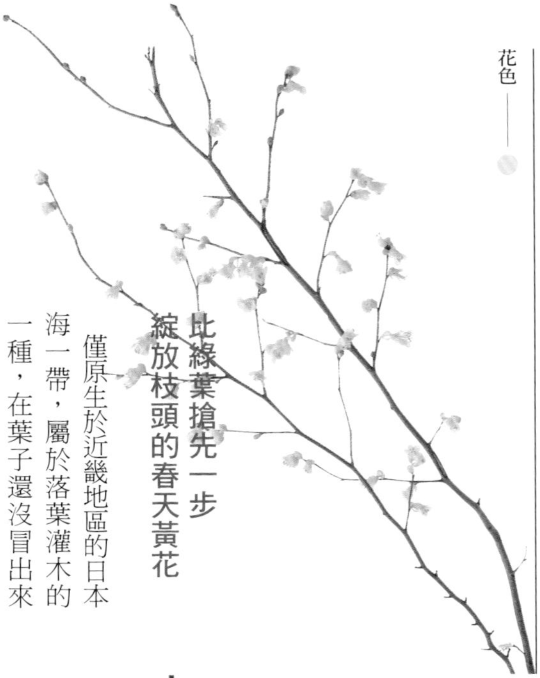

特寫!

科／金縷梅科
屬／蠟瓣花屬
原產地／日本
香氣／－

開花期／3～4月
英文名稱／Buttercup winter hazel
日文名／日向水木（ヒュウガミズキ）
花語／體貼

僅原生於近畿地區的日本海一帶，屬於落葉灌木的一種，在葉子還沒冒出來以前，嬌小的黃色花朵就已經垂掛在枝椏上綻放。

通常會在花苞狀態時就採摘下來，並在溫室催花至12～3月間上市，之後再依序是抽芽、長出綠葉的狀態流通於花市裡。葉子相當小巧，是廣受喜愛的枝椏類花材。

插花前準備

修剪枝條後，並在較粗枝椏切口劃上幾刀。

＊奄奄一息的時候

修剪枝條、並在切口劃上幾刀。

搭配建議

充滿新鮮氣息的淺色花色，很適合與早春的草花一起搭配運用。而柔順纖細的枝條，則很方便使用來做為花圈的基底。

＊切花百科

上市時期／12～3月

▷花朵的旺季是在3月，3～11月則是以葉子狀態流通。

花朵直徑／1～2cm、花枝高度／40～120cm

花材壽命／7～14天　換水／○　乾燥／╳

寒丁子

ブバルディア

花色 ──

叢聚一起盛開或白或紅的可愛小花

特寫!

Other Type

粉紅品種

科／茜草科
屬／寒丁子屬
原產地／墨西哥、熱帶美洲
香氣／－

開花期／5～6月
英文名稱／Bouvardia
日文名／管丁字（カンチョウジ）
花語／交往、夢、羨慕

4瓣小花聚集在一起盛開的迷人氛圍，非常受到大眾喜愛，曾經是新娘捧花的經典選花。可愛的小花模樣長得就像是草花類，但它其實是原生於墨西哥、熱帶美洲的灌木。

經過品種改良以及添加劑的輔助下，花枝的吸水能力還有花期都有非常顯著的提升，也能夠看得到分量十足的重瓣品種流通。

插花前準備

整理多餘葉子，修剪枝條；保鮮劑非常有效。

＊奄奄一息的時候

在水中折斷枝條以增加吸水性。

搭配建議

成團開花的小輪品種，很適合強調其花型與顏色。不過插花時，枝條的汁液容易讓水變得污濁，導致吸水能力變差，要記得勤快地換水。

＊切花百科

上市時期／全年

▷產地主要是伊豆大島、福岡縣等，旺季在5～6月。

花朵直徑／1～2cm、花枝高度／30～70cm

花材壽命／7天左右　換水／○　乾燥／╳

金翠花

ブプレウルム

花色——●

特寫！

側面

科／繖形科
屬／柴胡屬
原產地／歐洲
香氣／－

開花期／6～8月
英文名稱／Thorough-wax
日文名／突き抜き柴胡（ツキヌキサイコ）
花語／初吻

魅力就在於鮮亮綠色以及柔順的花莖

如同星形的中央部分，是由極迷你的花朵及包圍四周的萼片組成，無論是被花莖穿透的圓形葉片，或纖細柔軟的花莖，明亮顏色都給予人輕盈感受。

金翠花與眾多花材搭配都很協調，可讓整體花藝呈現立體感，與其說是花材更像是葉材，將其分枝配置使用，就算是小型花藝也能營造出動感。

▼插花前準備

整理多餘葉子，修剪花莖。

＊奄奄一息的時候

以報紙將花朵與枝葉一起包起來，將花莖浸在沸騰熱水中約5秒。

▼搭配建議

模樣十分纖細，能夠輕鬆為小型花藝帶來律動感。吸水能力雖然沒有不好，但很容易缺水，所以需要勤快的修剪及換水。

＊切花百科

上市時期／全年

▷全國各地都有供應，5～7月間迎來旺季。

❋ 花朵直徑／1～2cm、植莖高度／40～90cm

❋ 花材壽命／7～10天　💧換水／○　❋ 乾燥／╳

法蘭絨花

フランネル フラワー

花色——○

底部

科／繖形科
屬／輻射芹屬
原產地／澳洲
香氣／－

開花期／5～6月
英文名稱／Flannel flower
日文名／－
花語／正直

帶有溫度的白色法蘭絨般展現獨特質感

像是花瓣般的萼片會翻轉而綻放，花朵是迷人的單瓣型品種，整朵花上上下下就如同布料法蘭絨一樣，由白色絨毛所包覆著而得名。

法蘭絨花花朵是白色，而花的中心、葉子以及花莖則為銀色，自然又無比溫柔的色澤與質感，也成為了新娘婚宴典禮以及冬季時節花藝的人氣選擇。

▼插花前準備

挑選新鮮花枝，修剪花莖。

＊奄奄一息的時候

使用浸燙法，將花莖浸泡在沸騰熱水中，或者是切口以火燒。

▼搭配建議

搭配時突顯出花莖的柔順曲線，可以讓花朵氣氛立刻生動了起來，也很建議與其他白色花材一起，做成自然風格的長花莖新娘捧花。

＊切花百科

上市時期／全年

▷岐阜縣生產的全年都能看得到，也有進口貨。

❋ 花朵直徑／約4cm、植莖高度／15～35cm

❋ 花材壽命／7天左右　💧換水／△　❋ 乾燥／╳

花貝母

フリチラリア

花色 ●●●●●◎

特寫！

側面

鈴鐺模樣的花朵 優雅地垂掛著

花貝母嬌柔低垂著的鈴鐺模樣花朵，是在茶室花藝、插花中深受喜愛的貝母的同類。

以切花型式經常出現的品種，是原生於歐洲到西亞間的花格貝母，最大特色就是每一片花瓣上極具特色小方格花紋，另外也有橘色花朵叢聚綻放的品種，或者是紅黑色花朵串連而開的品種等等。

科／百合科
屬／貝母屬
原產地／歐洲、西亞
香氣／○（部分有）

開花期／3～6月
英文名稱／Fritillaria
日文名／瓔珞百合（ヨウラクユリ）
花語／才能、取悅他人

▼插花前準備

修剪花莖。
＊奄奄一息的時候
修剪花莖。

▼搭配建議

只要單獨添加一枝花貝母就充滿個性，或是營造出細膩氛圍。如果想演繹出彷彿會動一般的花型，就不要填滿而是保留空間來配置。

＊切花百科

上市時期／1～5月
▷由國產及荷蘭產供應，帶球根的則由富山縣提供。旺季1～3月。
❋ 花朵尺寸／1～8cm、植莖高度／20～70cm
❋ 花材壽命／7～14天　換水／○　❋ 乾燥／╳

翠珠花

ブルーレースフラワー

花色 ●○●

特寫！

花苞

如同編織蕾絲一樣 散發高雅又纖細氣息

小花聚集成斗笠形狀的綻放模樣，如同編織蕾絲一樣的迷人漂亮，彎曲的纖細花莖即使做了適度的分枝，每一枝都還是能帶有多個花穗。花朵會從外側開始開起，一旦凋謝時就會零散掉落，因此要注意擺放地點。

與模樣非常相仿的蕾絲花與翠珠花是不同品種，花的大小還有結構也都截然不同。

科／五加科
屬／飾帶花屬
原產地／澳洲
香氣／－

開花期／5～6月
英文名稱／Blue lace flower
日文名／空色（ソライロ）レース草（ソウ）
花語／態度優雅、無言的愛

▼插花前準備

修剪花莖；插花時使用淺水。
＊奄奄一息的時候
修剪花莖。

▼搭配建議

可愛的小花因為帶給人溫柔的印象，適合搭配柔軟的花色。若能突顯出花莖的線條，則可以創造出輕盈氛圍。

＊切花百科

上市時期／全年
▷全國各地都有供應，4～5月迎來旺季。
❋ 花叢尺寸／3～5cm、植莖高度／30～70cm
❋ 花材壽命／7天左右　換水／○　❋ 乾燥／╳

琉璃唐棉

ブルースター

科／夾竹桃科
屬／尖瓣花屬
原產地／巴西、烏拉圭
香氣／－

開花期／5～10月
英文名稱／Blue milkweed
日文名／瑠璃唐綿（ルリトウワタ）
花語／幸福之愛、互信的心

花色

特寫！

藍色的星形花朵 柔和又有著溫暖質感

在婚禮上廣受歡迎的這款藍色花朵，名稱自然是來自於花朵顏色及形狀，想要賦予花藝作品有可愛星星形狀時，就能派上用場。花瓣、葉片到花莖都被白色絨毛包覆，柔軟質感也是琉璃唐棉（藍星花）的特色之一，最受歡迎品種就是Pure Blue（左圖），這是一款經過改良讓花瓣變得又大又圓的品種。

花朵顏色除了水藍色以外還有白及粉紅色，並且各自取名為Pink Star、White Star，而隨著重瓣品種的增加，近幾年也有大紅色品種登場。

本來琉璃唐棉的花莖帶有藤蔓特質，但被改良成結實而纖長的模樣，成為相當容易搭配的花材，而且因為擁有其他花卉所沒有的低調色彩及別緻花型，也是送花禮時特別高人氣的選擇。

Other Type

Inca Red

White Star

重瓣型的Lovely Pink，小巧花瓣十分可愛。

插花前準備

修剪花莖，由於花莖切口會流出白色汁液，容易阻礙吸水能力，記得要洗過之後再插花。

＊奄奄一息的時候

使用浸燙法，以報紙將花莖包起來浸在沸騰熱水中約10秒，重新修剪過花莖就可以開始插花作業。

搭配建議

想要強調可愛花型的時候，可以摘除葉片再做搭配，而去除葉子時一樣會流出汁液，擦拭以後再插花。藍色的品種是做為祝福新娘幸福的Something Blue之花，都會被添加進新娘捧花或祝賀的花禮中。

＊切花百科

上市時期／幾乎全年

▷主要產地的高知縣大多是原生品種，出口至歐美、中國等地也很多。旺季在5月及10月。

花朵直徑／約 **2cm**、植莖高度／ **30 ～ 50cm**

花材壽命／ **5 ～ 10** 天

換水／〇　乾燥／╳

大銀果

ブルニア

花色（花苞）——●○●●●

也很適合耶誕節別緻的煙燻色彩

擁有杉樹般葉子的枝椏頂端，開著低調而像是煙燻色彩的球狀花，雖然與小綠果模樣非常相似，不過大銀果的花朵更加大型。

流通在花市裡的大銀果，在冬季時數量較多，以稱為Silver Brunia的淺灰色品種為主流，非常適應乾燥的天候，因此即使做成了乾燥花也不會變形。

科／絨球花科
屬／絨球花屬
原產地／南非
香氣／○

開花期／4～5月
英文名稱／Brunia
日文名／ー
花語／熱情、時尚

特寫！

▼插花前準備
挑選沒有暗沉泛黑或皺褶的花朵。修剪枝條。
＊奄奄一息的時候
修剪枝條並在切口劃上幾刀。

▼搭配建議
相當適合與花圈或倒掛花束搭配的花材，本身的消光色澤，更能夠襯托出紅花或觀果類植物，分枝使用的話則可成為迷你花束的重點點綴。

＊切花百科
上市時期／全年
▷南非生產的大銀果，會在秋季到耶誕節前流通。
❋花朵直徑／約 2cm 、花枝高度／30 ～ 50cm
❋花材壽命／14 天以上 換水／○ ❋乾燥／○

福祿考

フロックス

花色——●●○●◎

映襯出華麗氣息簡樸的單瓣型花朵

項端有著叢生小花，福祿考除了有最具代表性的白色以外，還有深粉紅色、紅色、複色等，有著細微差異的豐富色彩。花朵會由外側朝中心處盛開，原本的花期只有一天，但靠著栽種調整改進、解決了這個問題，小小花朵會慢慢一一綻放，花期也變長，成為方便運用的自然風格系切花。

科／花荵科
屬／福祿考屬
原產地／北美、西伯利亞
香氣／ー

開花期／6～8月
英文名稱／Fall phlox、Garden phlox
日文名／花魁草（オイランソウ）
花語／溫和

特寫！

▼插花前準備
整理多餘葉子，修剪花莖。
＊奄奄一息的時候
以報紙將花朵與枝葉一起包起來，將花莖浸在沸騰熱水中約5秒。

▼搭配建議
非常活躍的自然風花藝的配角花材，選擇花瓣有皺褶或開成星星形狀的品種，則能為小型花藝添加可愛氣息。

＊切花百科
上市時期／6 ～ 9月
▷初夏起開始供應，中元節用花時節也是最旺季。
❋花朵直徑／1 ～ 2cm 、植莖高度／40 ～ 60cm
❋花材壽命／7 ～ 10 天 換水／○ ❋乾燥／╳

赫蕉

ヘリコニア

花色——
◎

特寫！

科／赫蕉科
屬／赫蕉屬
原產地／熱帶美洲、南太平洋群島
香氣／－

開花期／6～11月
英文名稱／Hanging lobster claw
日文名／鸚鵡花（オウムバナ）
花語／矚目、聚光燈下

搶眼的橘紅配綠色 熱帶天堂之花

讓人直接聯想到熱帶的橘紅與綠色組合，赫蕉鮮豔的對比色彩也讓人印象深刻，無論花朵或葉子都十分強壯，炎熱季節下花期還是非常持久，隨著夏季氣溫的逐年攀升，赫蕉也越來越受矚目。

如同龍蝦爪一樣的花型，或者是纖細花型亦或是多朵花下垂而開等等，擁有許多充滿特色的不同樣式。

▼插花前準備

修剪花莖；插花時使用淺水。
＊奄奄一息的時候
修剪花莖。

▼搭配建議

只需插入大型花器裡，就能營造出熱帶度假氛圍，由於花朵頗具重量，記得挑選重心較穩的花器。非常不耐寒，要放在攝氏13℃以上的房間。

＊切花百科

上市時期／全年
▷夏季主要沖繩縣供應，再加上自泰國、馬來西亞進口。
花朵尺寸／10～20cm、植莖高度／50～120cm
花材壽命／10～14天　換水／○　乾燥／╳

追風草

ベロニカ

花色——
○

Other Type

特寫！

粉紅品種

科／車前科
屬／婆婆納屬
原產地／北半球
香氣／－

開花期／6～8月
英文名稱／Speedwell
日文名／瑠璃虎尾（ルリトラノオ）
花語／經常保持微笑、名譽

散發涼意的花色與花型 花期長更是一大特徵

藍紫色小花匯聚成筆直花穗並且帶來了涼意，追風草的花穗長得就像是老虎尾巴，因此在日本也稱做是琉璃虎尾，即使在炎熱季節裡花期還是很長，是夏日時相當活躍的花材。

切花品種則是來自日本、歐洲原生種所改良的園藝品種，也有花穗頂端像雞冠一樣展開的類型。

▼插花前準備

整理多餘葉子，修剪花莖；保鮮劑相當有效。
＊奄奄一息的時候
修剪花莖。

▼搭配建議

集結各式草花的自然風設計裡，靈活搭配運用的話，也能為時尚風格增添視覺焦點。也不妨好好地運用、看起來彷彿會隨風擺動的花穗線條吧。

＊切花百科

上市時期／全年
▷除了國產以外，一整年也能看到來自衣索比亞的進口貨。
花穗尺寸／5～10cm、植莖高度／30～60cm
花材壽命／7～10天　換水／○　乾燥／○

聖誕玫瑰

ヘレボルス

科／毛茛科
屬／鐵筷子屬
原產地／歐洲、地中海沿岸、西亞
香氣／－

開花期／12～4月
英文名稱／Hellebore、Lenten rose
日文名／寒芍藥（カンシャクヤク）
花語／照顧、安心

花色 —— ● ● ● ○ ● ● ● ◎

垂著頭開花的可愛模樣與優美氣息獲得喜愛

聖誕玫瑰也是很受喜愛的園藝植物，只要在花藝作品或花束裡加進這款可愛的花材，就能夠增添纖細優美氛圍。

原本被稱為鐵筷子，但因這款耶誕節前後盛開的黑根鐵筷子 Helleborus niger，而有了聖誕玫瑰的暱稱，不過在日本，將全部的鐵筷子不分原生種或交配種，一律都稱聖誕玫瑰。

明治時代傳入日本，當時將黑根鐵筷子稱為初雪，而其他的鐵筷子相關花卉則以寒芍藥來稱呼，很受到茶室花藝的喜愛。

從單瓣、重瓣到中性花色還有帶著斑點花紋等等，品種非常豐富。最近幾年更出現了一整年都有的新品種，成為熱門話題。而花莖長且花朵數量多、欣賞花期持久的 Helleborus foetidus 原生種，則適合運用在大型花藝上。

底部

花苞

原生種Foetidus花莖長、花數多，看起來很澎派。

Other Type

Helleborus niger

單瓣型品種

重瓣型品種

▼插花前準備

購買時要挑選花粉已經掉落，正在開花當中的花枝。浸泡在40℃熱水中，並且放置到水涼為止。

＊奄奄一息的時候
修剪過花莖後，將切口處以火燒過並浸入深水中。

▼搭配建議

想為花藝添加可愛細緻氛圍時就能派上用場，聖誕玫瑰能夠增加典雅、高級感氣息。但因為花朵是低垂的模樣，看起來就像是缺了水，所以不妨擺放在其他的花葉中間，以此幫助花朵做支撐。

＊切花百科

上市時期／全年

▷以國產供應為主，流通的是黑根鐵筷子、東方聖誕玫瑰及其園藝品種。1月開始會有foetidus登場，旺季在2～3月。

❋ 花朵尺寸／2～6cm、植莖高度／15～60cm

❋ 花材壽命／5～15天

換水／△　❋ 乾燥／○

紅蝦花

ベロペロネ

花色 ◎

特寫！

科／爵床科
屬／爵床屬
原產地／墨西哥
香氣／ー

開花期／5～10月
英文名稱／Shrimp plant
日文名／小海老草（コエビソウ）
花語／男人婆、機智

可以欣賞到像蝦子模樣的萼片

如同花朵一樣的萼片就像紅色鱗片堆疊，看起來像是蝦子一樣而得名，屬於非常強壯且好搭配的花材。

真正的花朵是白色的，隱藏在萼片裡面並不起眼，而綠色的萼片在隨著前端往下垂落的同時，也會逐漸轉變成紅色，整體質感都十分地柔軟，只要摘除發黑的葉子，就能更長久地欣賞紅蝦花之美。

插花前準備

整理多餘葉子，修剪花莖。

＊奄奄一息的時候

修剪花莖並在切口處以火燒過，浸入深水中。

搭配建議

摘除葉子，可以讓獨特的萼片模樣更明顯，而萼片在枝條上低垂的模樣，也能展現出動態感。由於花莖很容易折斷，處理時要多加注意。

＊切花百科

上市時期／7～10月

▷以國產供應為主，9～10月時迎來旺季。

花穗尺寸／5～7cm、植莖高度／50～60cm

花材壽命／5天左右　換水／○　乾燥／×

油點草

ホトトギス

花色 ○ ◎

特寫！

底部

科／百合科
屬／油點草屬
原產地／日本、東亞
香氣／ー

開花期／8～9月
英文名稱／Toad lily
日文名／杜鵑草（ホトトギス）
花語／隱藏的意志

色彩與花型都個性十足屬於秋天的山間野草

油點草是一款在細長花莖上開出花朵，充滿秋天山野氣息的草花，白底帶有紫紅色斑點的花瓣，就像是杜鵑鳥胸部的花紋，在日本也稱之為杜鵑草。

在東亞約有20種原生種，其中半數都是日本固有品種，至於會以切花型態出現於花市中的是台灣油點草，以及與日本原生種的交配品種。

插花前準備

修剪花莖。

＊奄奄一息的時候

以報紙將花朵與枝葉一起包起來，將花莖浸在沸騰熱水中約5秒。

搭配建議

適合用在草花的自然風花束上，不過因有著纖細色彩與形狀，插花時記得，避免配置在周邊花朵太過混雜的位置。花莖很容易折斷，要注意。

＊切花百科

上市時期／8～11月

▷以山區戶外栽種為主，8～9月迎來旺季。

花朵尺寸／約2cm、植莖高度／40～60cm

花材壽命／7～10天　換水／○　乾燥／×

小白菊

マトリカリア

科／菊科
屬／菊蒿屬
原產地／南歐
香氣／－

開花期／5～7月
英文名稱／Feverfew
日文名／夏白菊（ナツシロギク）
花語／聚集的喜悅

花色 —— ◎ ○

小巧素雅的花朵 堪稱百搭的經典配角

像是縮小版瑪格麗特的素雅花朵，白色單瓣型的Vegmo Single品種，更是散發著野花般的風情。

宛如小型菊花的白花會在夏天綻放，在日本又稱為夏白菊；同時因具有消炎解熱的效果，在藥草界裡，則是以具有退燒意思的解熱菊Feverfew命名、廣為人知。在明治時代傳入日本，現在雖然是隸屬於菊蒿屬，不過日本還是習慣以過去的香菊屬Matricaria來稱呼它。

現在還多了重瓣型、球型等等，有著豐富品種出現，並且也有像是粉紅色與黃色複色的蛋粉紅Tamago Pink，以及杏色、薄荷綠等等粉嫩色調的染色小白菊，都相當獲得好評。

特寫！

底部

Other Type

Yellow Vegmo

Tamago Pink

清爽又有氣質的重瓣品種Double Latte。

▼插花前準備

葉子很容易枯萎，需要時常整理，摘除下方葉子並修剪花莖。

＊奄奄一息的時候

使用浸燙法，以報紙將花朵與枝葉包起來，將修剪過的花莖切口浸在沸騰熱水中約5秒、再浸入水中，重新修剪過花莖再開始插花作業。

▼搭配建議

彷彿是在路邊摘下的野花一般的小白菊，直接插入玻璃花器裡就很好看，由於小白菊有許多細小枝椏，不妨分枝來使用。若將花朵整把聚在一起使用，雖然能強調出可愛的效果，卻也很容易悶壞，所以要注意不要過量；需勤快地換水、修剪花莖。

＊切花百科

上市時期／全年

▷旺季是3～5月，主要產地在長崎縣與千葉縣。

❋ 花朵尺寸／約 1.5cm 、植莖高度／ 30 ～ 60cm

❋ 花材壽命／7 天左右

換水／○　❋ 乾燥／╳

瑪格麗特

マーガレット

花色

特寫！

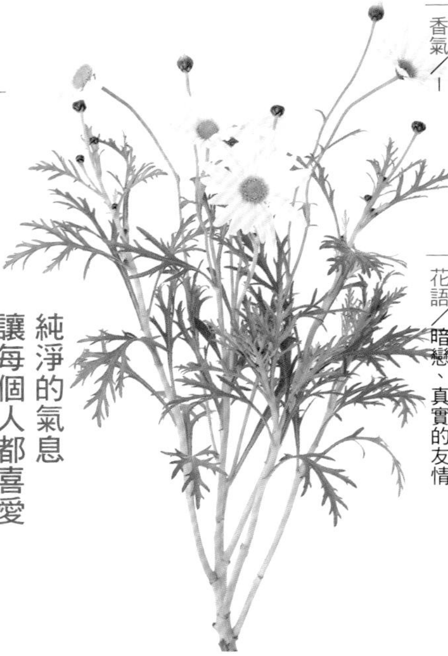

科／菊科
屬／木茼蒿屬
原產地／加那利群島
香氣／－

開花期／3～4月
英文名稱／Paris daisy、Marguerite
日文名／木春菊（モクシュンギク）
花語／暗戀、真實的友情

純淨的氣息 讓每個人都喜愛

細碎分裂的葉子間開出純淨的單瓣花朵，原生地是在加那利群島，17世紀時經過法國大量改良過，因此也被稱為Paris daisy。

明治初期傳入日本，會將之稱為木春菊，是因為根莖部位容易木質化，而葉子形狀又像是春菊而得名。至於白色花朵的品種，更是穩佔不可動搖的人氣王。

插花前準備

整理多餘葉子，修剪花莖。

＊奄奄一息的時候

以報紙將花朵與枝葉一起包起來，將花莖浸在沸騰熱水中約5秒。

搭配建議

只要整理多餘的葉子，就能夠展露出可愛花朵的迷人模樣。花莖很容易腐壞，需要勤快地修剪以及換水。

＊切花百科

上市時期／11～5月

▷日照量多且溫暖的靜岡縣、香川縣等地為主要產地。

花朵尺寸／3～5cm、植莖高度／40～60cm

花材壽命／7～10天　換水／○　乾燥／╳

忘都草

ミヤコワスレ

花色

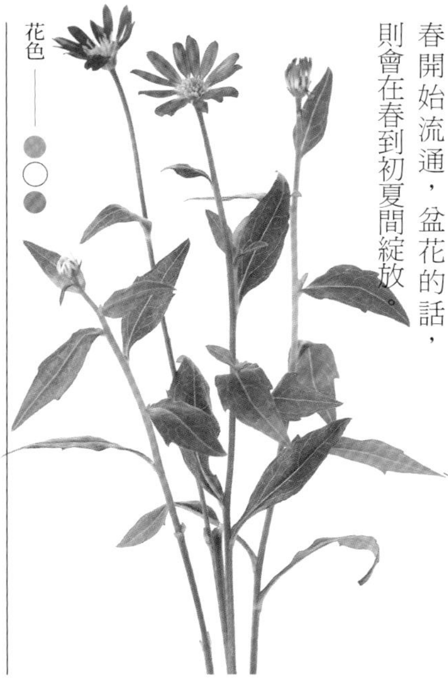

科／菊科
屬／紫菀屬
原產地／日本
香氣／－

開花期／4～6月
英文名稱／Gymnaster
日文名／都忘れ（ミヤコワスレ）
花語／暫時的安慰、短暫的愛

清純的單瓣型花朵 小花也能讓人印象深刻

清純單瓣花型，一直深受插花、茶室花藝的喜愛，據說鎌倉時代被流放到佐渡的順德天皇，就是靠著這花獲得心靈慰藉、而忘記在都城的紛擾。

忘都草是野春菊Aster savatieri的園藝品種，在日本原生野菊中，是少見的春天開花類型。切花從早春開始流通，盆花的話，則會在春到初夏間綻放。

特寫！

插花前準備

整理多餘葉子，修剪花莖。

＊奄奄一息的時候

使用浸燙法，將切口浸泡在沸騰熱水中大約5秒，再浸入水中。

搭配建議

小巧的單瓣型品種，適合與各色草花一起混搭；做成花束的話，單獨只用忘都草會讓人更加印象深刻。因為不耐熱，所以要擺放在涼爽地點。

＊切花百科

上市時期／2～5月

▷各地都會有少量生產供應，旺季在3月。

花朵尺寸／2～3cm、植莖高度／20～50cm

花材壽命／7～10天　換水／○　乾燥／╳

葡萄風信子

ムスカリ

花色　○●●

讓人聯想到紫色葡萄香氣清爽的球根花

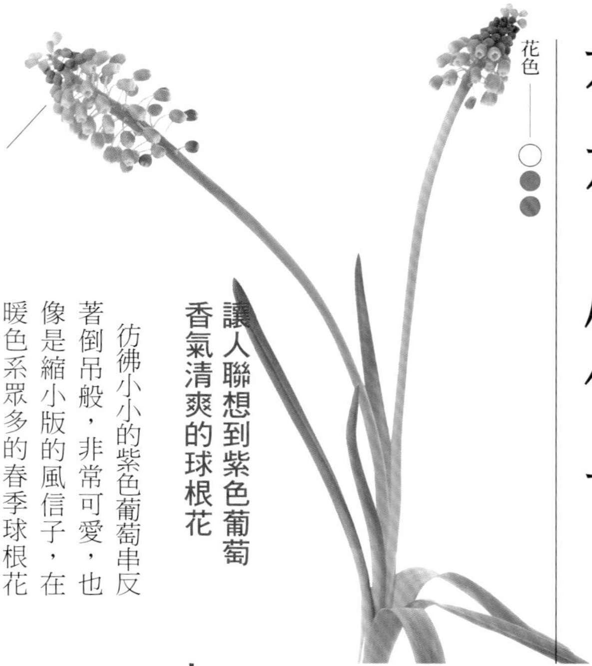

彷彿小小的紫色葡萄串反著倒吊般，非常可愛，也像是縮小版的風信子，在暖色系眾多的春季球根花當中，帶有清涼感藍色系花色可說非常珍貴。

花莖與葉片容易彎折，花市裡流通的、大多會在花莖內填充支撐物。靠近花，就能夠聞到一股清爽香氣，市面上也能夠看到帶球根的葡萄風信子。

Other Type

特寫!

深紫色品種

科／天門冬
屬／葡萄風信子屬
原產地／地中海沿岸、西亞
香氣／○

開花期／3～5月
英文名稱／Grape hyacinth
日文名／葡萄風信子（ブドウフウシンシ）
花語／寬大的愛

▼插花前準備

修剪花莖，由於球根很容易腐壞，因此最好只有根部浸到水。

＊奄奄一息的時候
修剪花莖。

▼搭配建議

可做為小型花藝的重點點綴，特別是藍色花朵也適合襯托大型花。若是帶球根的話，則可放入玻璃等花器裡，讓球根或根部也成為欣賞焦點。

＊切花百科

上市時期／**11～4月**

▷旺季的1～3月為國產，其餘時候流通的都是荷蘭進口。

✱ 花穗尺寸／**3～4cm**、植莖高度／**15～25cm**

✱ 花材壽命／**10天左右**　💧換水／○　✱ 乾燥／╳

蜂香薄荷

モナルダ

花色　●●○●

如同煙火綻放 帶有清新香氣的香草

看起來像花瓣一樣的萼片與花蕊，形成如煙火般四散噴發的獨特花朵，因為花型如同綻放的煙花，所以在日本也稱為松明花。

非常耐熱的蜂香薄荷擁有著粉紅、紫色等亮麗色彩，而且因為與芸香科的佛手柑，擁有類似的柑橘系香氣，在香草世界裡也以佛手柑之名而聞名。

特寫!

科／唇形科
屬／美國薄荷屬
原產地／北美、墨西哥
香氣／○

開花期／6～9月
英文名稱／Bee balm、Oswego tea
日文名／松明花（タイマツバナ）
花語／敏感、安穩

▼插花前準備

挑選即將滿開的蜂香薄荷，並修剪花莖。

＊奄奄一息的時候
浸燙法，將花莖浸在沸騰熱水中。

▼搭配建議

襯托著花朵的萼片與葉子，是適合直接運用搭配的漂亮綠意；至於奔放的花蕊，則可以做為混搭草花作品時的一大點綴。

＊切花百科

上市時期／**6～8月**

▷有少量國產供應，旺季在7月。

✱ 花朵尺寸／**3～4cm**、植莖高度／**50～70cm**

✱ 花材壽命／**7天左右**　💧換水／○　✱ 乾燥／○

貝殼花

モルセラ

花色

科／唇形科
屬／貝殼花屬
原產地／地中海沿岸、西亞
香氣／○

開花期／6～7月
英文名稱／Bell of Irelandx
日文名／貝殼（カイガラ）サルビア
花語／感謝、希望

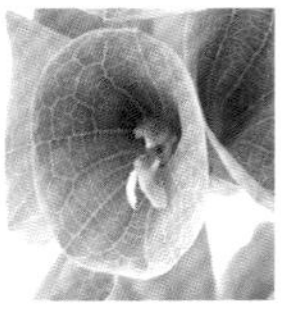

特寫！

堅挺地蜿蜒伸展 綠色葉材般的個性派

因為花萼模樣就像是貝殼，因此被稱為貝殼花，通常都會將葉子全部清除，只留下成串綠色花萼的切花型式流通於花市裡，花莖會相當堅挺地扭轉朝向光源方向，與其說是花材，一般大多都是做為綠色葉材來搭配。

在花萼中心會開出小朵的白花，散發如同薄荷一般的香氣。

▼插花前準備

要特別注意在花萼邊緣會有小刺；修剪花莖。
＊奄奄一息的時候
浸燙法，將花莖浸在沸騰熱水中。

▼搭配建議

與視覺蓬鬆飽滿的野花是絕配。充分善用貝殼花的獨特花型，就能夠打造出時尚氣息的設計。

＊切花百科

上市時期／幾乎全年
▷由國產供應，旺季是3～5月。
✱ 花朵尺寸／3～5cm、植莖高度／40～80cm
✱ 花材壽命／7天左右　換水／○　✱ 乾燥／○

矢車菊

ヤグルマギク

花色

科／菊科
屬／矢車菊屬
原產地／歐洲、中東近東
香氣／○（部分有）

開花期／4～6月
英文名稱／Cornflower
日文名／矢車菊（ヤグルマギク）
花語／幸運、幸福、信賴

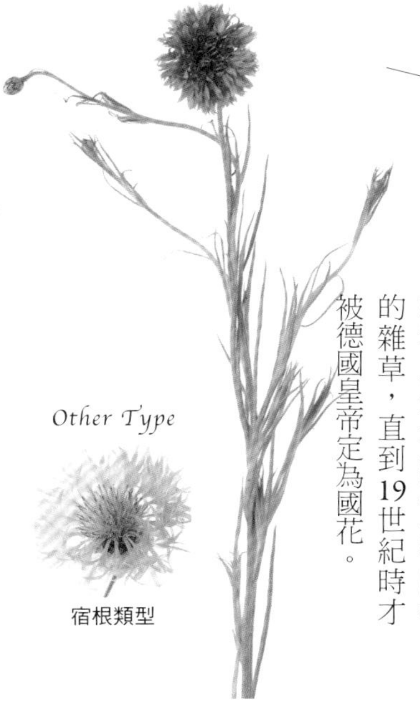

特寫！

Other Type

宿根類型

柔軟的葉子與花莖 還帶有美麗的清澈藍

擁有深裂口的花瓣、被絨毛包覆顯白的葉子與花莖，給予人溫柔印象。花莖分杈多、花朵大多都會依序盛開，記得挑選正要開花的花枝。

矢車菊也是古埃及圖坦卡門法老王陵墓中，描繪於陪葬品上的花朵，過去在歐洲只是生長於小麥田裡的雜草，直到19世紀時才被德國皇帝定為國花。

▼插花前準備

整理多餘葉子，修剪花莖，要注意容易從花托處折斷。
＊奄奄一息的時候
浸燙法，將花莖浸在沸騰熱水中。

▼搭配建議

與主要花材搭配的話能帶來柔和氛圍，清澈的藍色也能成為焦點。在匯聚各式可愛小花的花束中，也能成為當中的主角。

＊切花百科

上市時期／12～5月
▷冬季到春季之間都是由國內生產，旺季在4月。
✱ 花朵直徑／3～4cm、植莖高度／30～50cm
✱ 花材壽命／5～10天　換水／○　✱ 乾燥／╳

棣棠花

ヤマブキ

花色

有著黃綠色新嫩芽充滿華麗的黃色花樹

柔軟低垂枝椏，會開出黃色花朵的花樹，冒出黃綠色新芽的棣棠花，能為花藝帶來柔軟與明亮氣息。原生於日本，在萬葉集、源氏物語中都曾經登場過，到了江戶時代末期，甚至還誕生了10種的園藝品種。棣棠花也是日本所謂山吹色由來的花朵，屬於鮮亮的黃色，分為可愛的單瓣型與重瓣型。

花苞

特寫!

科／薔薇科
屬／棣棠花屬
原產地／日本、中國
香氣／－

開花期／4～5月
英文名稱／Japanese kerria
日文名／山吹（ヤマブキ）
花語／氣質、崇高

▼插花前準備

修剪較粗枝條，並在切口劃上幾刀，要注意枝條很細容易折斷。
＊奄奄一息的時候
修剪枝條並劃上幾刀，浸入深水中。

▼搭配建議

可以善加運用枝條低垂開花的曲線，明亮的花色、與眾多春季花朵都相當合拍。須注意花朵很容易四散凋落，要注意擺放地點。

＊切花百科

上市時期／2～4月
▷在櫻花流通季節結束的4月上旬，剛好迎來旺季。
❋花朵尺寸／2～3cm、花枝高度／50～100cm
❋花材壽命／5～10天　換水／○　❋乾燥／╳

夕霧花

ユウギリソウ

花色

細小花朵散開綻放活躍於夏季花藝的要角

夏天迎來花季的夕霧花，也成為炎熱時節花藝搭配的重要花材，2mm左右的細碎小花密集聚合，形成一朵大花穗，蓬鬆的模樣就像是傍晚的朦朧霧氣，因而稱夕霧草。

出現於花市裡常見的紫色夕霧花十分華麗，而綠色系則帶有葉材類的清爽氣息，無論是哪一種顏色，都能夠演繹出分量豐滿的視覺感。

特寫!

科／桔梗科
屬／療喉草屬
原產地／南歐、北非
香氣／－

開花期／5～6月
英文名稱／Throat wort
日文名／夕霧草（ユウギリソウ）
花語／溫柔的愛、虛幻的愛

▼插花前準備

整理多餘葉子，修剪花莖。
＊奄奄一息的時候
修剪花莖並將切口以火燒過，再浸入深水中。

▼搭配建議

夕霧草與滿天星、煙霧樹，同樣都是備受喜愛而十分活躍的蓬鬆類花材，最棒的是無論日式或西洋風格都能夠搭配。

＊切花百科

上市時期／全年
▷國產旺季是5～6月，荷蘭進口則是全年流通。
❋花叢尺寸／5～10cm、植莖高度／30～60cm
❋花材壽命／7～10天　換水／○　❋乾燥／╳

雪柳

ユキヤナギ

花色

紅葉

特寫!

科／薔薇科
屬／繡線菊屬
原產地／日本、中國
香氣／－

開花期／4月
英文名稱／Thunberg spirea
日文名／雪柳（ユキヤナギ）
花語／愛嬌、可愛

低垂的細長花枝上綻放著滿滿的小花朵

在枝條上開滿了白色花朵的這款落葉灌木，在櫻花季結束後的時節，原本不顯眼的樹枝，就像下了層白雪般轉變成潔白顏色，一邊冒出新綠嫩芽、也一邊開出小小單瓣花朵。

白花如同薄雪般輕柔而枝條又形似柳枝，因此稱為雪柳，初夏時是綠色葉的枝條，到了秋天就會以紅葉模樣上市。

▼插花前準備

修剪較粗枝條，並在切口劃上幾刀，細長枝條則以斜剪方式處理。

＊奄奄一息的時候

修剪枝條並劃上幾刀，浸入深水中。

▼搭配建議

活用垂枝綻放的模樣，若將細長花枝聚攏在一起，把周邊的花材包圍起來，就能夠帶來如同滿天星般的相同效果，可以呈現出一股朦朧氛圍。

＊切花百科

上市時期／12～4月

▷旺季在2～3月，除了冒新芽的5～7月、葉子全年流通。

花朵尺寸／0.5～0.8cm、植莖高度／60～120cm

花材壽命／7～10天　換水／○　乾燥／×

飛燕草

ラクスパー

花色

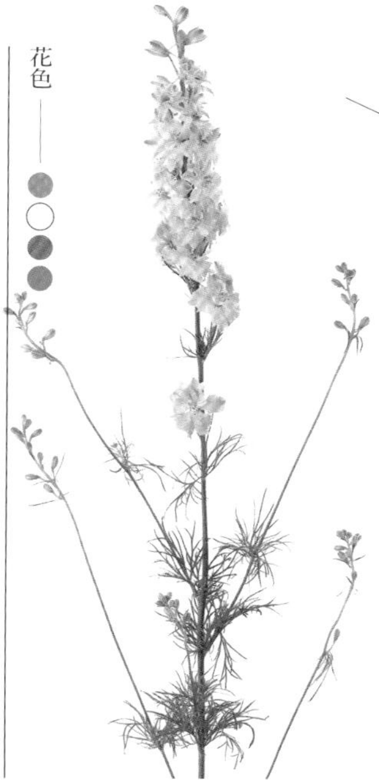

特寫!

花苞

科／毛茛科
屬／飛燕草屬
原產地／南歐、中亞
香氣／－

開花期／5～6月
英文名稱／Larkspur
日文名／千鳥草（チドリソウ）
花語／信賴、輕快

細長花莖開滿成串小花屬於柔和型的草花

飛燕草分成筆直花莖上開滿成串、帶有縐縐質感花朵的穗狀型，以及叢開類型兩種，雖然花型與大飛燕草相當類似，但是飛燕草較小巧且更華麗。輕盈的花朵、纖細的花莖，都是自然風花束或花藝不可或缺的要角。

日本也稱為千鳥草、飛燕草，無論哪一種稱呼，都是因為像花似鳥而命名。

▼插花前準備

盡可能摘除所有葉子，修剪花莖。

＊奄奄一息的時候

用浸燙法，將花莖浸在沸騰熱水中。

▼搭配建議

穗狀型可以拉出花藝整體的輪廓線條，而花莖極細的叢開型，則是很方便填滿花朵之間的空隙。夏季時要勤快地換水。

＊切花百科

上市時期／全年

▷全年供應固定花量，5～6月是最旺季。

花朵尺寸／約2cm、植莖高度／60～80cm

花材壽命／5～7天　換水／○　乾燥／×

爆竹百合

ラケナリア

花色——○◎

帶有透明感的花色 耀眼如同珠寶

以擁有充滿透明感水嫩花色、柔軟質感為最大特色，原生種超過上百種，而且還有著祖母綠、黃或橘色漸層等等，花色繽紛多樣。

成串的筒狀花朵，流通於花市裡的通常不會帶有葉子，而是只有花朵、花莖，當中也有帶著香氣的品種，但流通的數量並不多。2月是旺季

科／天門冬科
屬／立金花屬
原產地／南非
香氣／○

開花期／2～4月
英文名稱／Cape cowslips
日文名／－
花語／持續的愛

Other Type

藍綠色品種

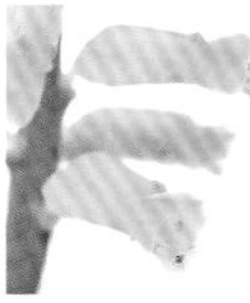

特寫！

▼插花前準備

修剪花莖，要注意別折斷柔軟的花莖。使用淺水。

＊奄奄一息的時候
修剪花莖。

▼搭配建議

因為花莖不長所以適合小型花藝或花束，只需要添加少量的爆竹百合，就能夠營造出纖細氛圍。非常喜歡陽光，不妨妝點在窗台邊吧。

＊切花百科

上市時期／12～4月

▷溫室栽培，在冬季到春季有一定流通量，旺季在2月。

❋花朵長度／約2cm、植莖高度／10～30cm

❋花材壽命／10～14天　換水／○　❋乾燥／╳

金花石蒜

リコリス

花色——○◎

石蒜花的同類 花色有黃也有白

花朵模樣像百合，花瓣卻朝著四面八方綻放的華麗球根花，屬於納麗石蒜以及原生於日本的石蒜花同類，在高挺生長的花莖頂端會開出花朵。

夏到秋季間會有少量流通於花市，旺季是在秋分之前，花色非常豐富，不過做為切花流通的顏色、主要是黃色的Aurea（左圖），以及紅、白花色。

科／石蒜科
屬／石蒜屬
原產地／日本、中國
香氣／－

開花期／7～10月
英文名稱／Spider lily
日文名／鍾馗水仙（ショウキズイセン）
花語／快樂的心、回憶

特寫！

▼插花前準備

修剪花莖，插進淺水中，保鮮劑會非常有效。

＊奄奄一息的時候
修剪花莖。

▼搭配建議

若想突顯出翻轉花瓣的律動感或花蕊的纖細氛圍，可以透過花藝作品的高度、角度來做變化。擺放在圓型花朵之間，則能夠帶來動態感受。

＊切花百科

上市時期／7～10月

▷由國產供應，在秋季的秋分前進入旺季。

❋花朵尺寸／4～6cm、植莖高度／40～50cm

❋花材壽命／約5天　換水／○　❋乾燥／╳

陽光百合

リューココリネ

花色 —— ● ○ ● ● ● ◎

Other Type

底部

Narcissus oides

科／石蒜科
屬／陽光百合屬
原產地／智利
香氣／○

開花期／3～4月
英文名稱／Glory of the sun
日文名／—
花語／溫暖的心

像是跳著舞一樣 花瓣優雅的球根花

澄淨又清爽的花色，加上輕盈優雅的氛圍，可說是陽光百合的最大魅力，向上筆直延伸的細長花莖，會分別開出5～6朵亮麗的星形花朵。

透過日本的育種專家還有各個產地的培育後，現在也有著各式各樣不同花色、花型的繽紛品種。依不同品種，還會有類似櫻餅、香草的甜美花香，或者是辛辣的香氣。

插花前準備

最好是挑選已經開了花的花枝；修剪花莖。
＊奄奄一息的時候
修剪花莖。

搭配建議

羽毛般的花瓣帶來律動感，為整體花藝演繹出輕盈氛息，由於花莖很細所以很容易處理，特別是在紫色系的花束中，屬於不可或缺的花色。

＊切花百科

上市時期／全年
▷2～4月旺季後，流通量會變得非常少。
花朵尺寸／**2～4cm**、植莖高度／**30～60cm**
花材壽命／**7～14天**　換水／○　乾燥／╳

魯冰花

ルピナス

花色 —— ● ● ○ ● ● ◎

Other Type

黃花羽扇豆

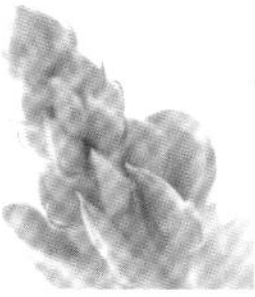

特寫！

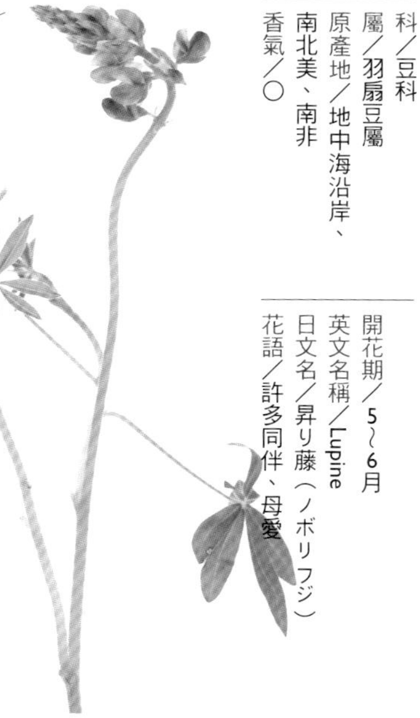

科／豆科
屬／羽扇豆屬
原產地／地中海沿岸、南北美、南非
香氣／○

開花期／5～6月
英文名稱／Lupine
日文名／昇り藤（ノボリフジ）
花語／許多同伴、母愛

朝向著陽光生長 呈現自然蜿蜒的姿態

就像是倒著生長的紫藤花。模樣如同豆子般的小花，會由下往上開放，因此在日本稱之為升藤。

花莖柔軟的類型除了有藍紫色Bluebonnet品種（右圖）以外，也有黃、白色品種，另外還有能結出大型花穗、花莖粗壯又長的類型。就算插花之後，花穗還是會繼續生長，可以感受到花莖自然蜿蜒的視覺趣味。

插花前準備

整理多餘葉子，修剪花莖，保鮮劑相當有效。
＊奄奄一息的時候
將花莖浸在沸騰熱水中。

搭配建議

Bluebonnet品種，會拿來當作祝福新娘幸福的Something Blue之用。插花時也能活用蜿蜒扭曲的花莖，帶來更豐富的花藝表情。

＊切花百科

上市時期／1～5月
▷旺季在3月，之後僅有極少量會流通於花市裡。
花朵直徑／**3～8cm**、植莖高度／**30～60cm**
花材壽命／**5～10天**　換水／○　乾燥／╳

蕾絲花

花色——○●

レースフラワー

科／繖形科
屬／阿米屬
原產地／地中海地區、西亞
香氣／ー

開花期／5～6月
英文名稱／Queen Anne's lace
日文名／毒芹擬（ドクセリモドキ）
花語／優雅的愛好

底部

特寫！

雪白又無比纖細 優雅襯托出各類型花朵

纖細小花匯聚在一起，蕾絲花看起來就像是白色的蕾絲一樣，彷彿霞霧籠罩、浪漫萬分的一款花材，大約40個直徑約2 cm的花朵集合成圓形狀，這些圓形狀再聚合成宛如斗笠模樣般地盛開。

細長花莖具有著一定彈性而非常好運用，更是無數花材的絕佳配角伙伴。花朵雖然帶有輕盈感、卻帶有相當的分量，這也成為蕾絲花的最大魅力。在進行花藝組合時，堪稱是填充空間的好幫手。除了白色花朵以外，也能在花市裡看得到帶有淡綠色彩、花籽密生的種子。

至於模樣非常相似的茶色Daucus，是近緣植物胡蘿蔔屬的花朵；翠珠花則又是另外一個屬的不同花朵，為了做出區別，也會將蕾絲花稱為白蕾絲花。

Other Type

Green Mist

Fresh Green

Daucus

分量十足外，蕾絲花種子也會出現於花市裡。

插花前準備

摘除葉子、新芽，修剪花莖。
＊奄奄一息的時候
修剪花莖。

搭配建議

活用蕾絲花纖細的花莖，讓花朵彷彿飄浮在空中的配置安排，會讓整體花藝有籠罩一層薄紗般的溫柔氛圍。擺放在花與花的中間時，訣竅就是角度要比主花更低。由於花瓣很容易散落，需要小心處理。

＊切花百科

上市時期／全年
▷旺季在3～5月，Green Mist的流通量增加當中。
花叢尺寸／**7～12cm**
植莖高度／**30～70cm**
花材壽命／**5～10天**
換水／○　乾燥／○

連翹

レンギョウ

花色

特寫！

科／木犀科
屬／連翹屬
原產地／中國
香氣／—

開花期／3～4月
英文名稱／Forsythia
日文名／連翹（レンギョウ）
花語／期待、希望

在春天的眾多花樹裡 鮮豔黃色格外搶眼

這一款能描繪出春天風情的落葉灌木，在枝椏冒出嫩芽前，會先開滿了鮮亮的黃色花朵，熱鬧奔放的模樣成為最大特色。花朵是由4片花瓣組成朝下綻放，在花朵凋謝以後，也能夠以綠葉、紅葉做為葉材流通於花市裡。

實際上連翹還有消炎、抗菌等效果，自古以來是被人們所利用的一味中藥方。

▼插花前準備

修剪枝條，並在切口處劃上幾刀。雖然枝條是中空但很結實。

＊奄奄一息的時候

修剪枝條並在切口劃上幾刀。

▼搭配建議

裝飾重點可以放在自在延伸的粗枝，及鮮豔的花朵色彩；也可以修短枝條來強調開滿小花的熱鬧感。花謝後，還能夠欣賞到冒出綠芽的模樣。

＊切花百科

上市時期／**2～4月**

▷旺季在3月，5～10月間則以綠葉及紅葉出現於花市裡。

❋花朵尺寸／**3～4cm**、花枝高度／**80～120cm**

❋花材壽命／**7～10天**　換水／○　❋乾燥／╳

勿忘我

ワスレナグサ

花色

特寫！

科／紫草科
屬／勿忘草屬
原產地／歐洲、亞洲
香氣／—

開花期／3～6月
英文名稱／Forget-me-not
日文名／勿忘草（ワスレナグサ）
花語／不要忘記我

可愛的藍色小花 連花名都讓人印象深刻

在春天時非常珍貴的藍色系花朵，花心的黃與花瓣的藍，組成令人印象深刻的對比，也是做為花藝或花束的點綴時，很重要的焦點。

不過勿忘我卻有著一段悲傷的故事，為情人摘花的青年不幸溺斃於多瑙河中，最後留下來的一句話，就是花的英文名Forget-me-not（不要忘記我）。勿忘我在全世界各地，約分布有50種。

▼插花前準備

整理多餘葉子，修剪花莖。

＊奄奄一息的時候

以報紙將花朵與枝葉包起來，修剪過的花莖切口浸在沸騰熱水中約5秒。

▼搭配建議

為了不混淆花藝焦點，可以將勿忘我當作點綴或對比強調色來使用，效果會很好。低溫時期容易缺水，要多加注意。

＊切花百科

上市時期／**2～6月**

▷各地都會有少量供應，4～5月是旺季。

❋花朵尺寸／約**1.5cm**、植莖高度／**40～50cm**

❋花材壽命／**5天左右**　換水／○　❋乾燥／╳

蠟花

ワックスフラワー

花色 ——— ●●●●○◎

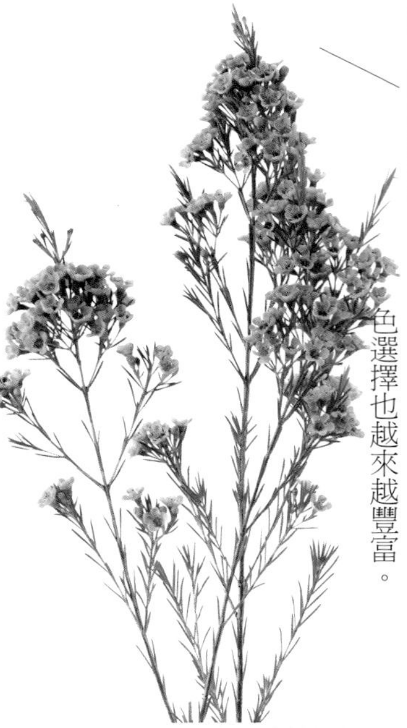

特寫！

Other Type

Revelation

Other Type

Rey

如同上過蠟的花朵般 好搭配是人氣關鍵

名稱由來是因為花瓣有著如同上過蠟一樣的光澤觸感，花朵形狀似梅花，純淨而可愛，且花期壽命長，即使是花苞也都會一一開花。蠟花有許多分杈枝條，可以分枝剪開來使用也是它人氣的原因。藍色、黃色、中性色彩等等，蠟花的顏色選擇也越來越豐富。

科／桃金孃科
屬／風蠟花屬
原產地／澳洲
香氣／—

開花期／3～5月
英文名稱／Waxflower
日文名／—
花語／可愛

▼插花前準備
挑選花朵不會紛紛掉落的新鮮花枝；修剪枝條。
＊奄奄一息的時候
在水中折斷枝條。

▼搭配建議
經過分枝以後，將帶有花朵的花枝集中起來，就能夠呈現出十足的分量感。葉子比較多的時候，不妨拉出一點距離就能夠突顯出花朵模樣。

＊切花百科
上市時期／全年
▷多數都是澳洲進口，國產只有少量流通。
❋ 花朵尺寸／1～2cm、花枝高度／50～70cm
❋ 花材壽命／14天以上　換水／○　❋ 乾燥／○

沃森花

ワトソニア

花色 ——— ●●○

特寫！

沿著細長花莖 向上綻放的球根花

花朵沿著細長花莖一路往上盛開，俐落的模樣相當迷人，光看花莖部分像是縮小版的唐菖蒲，擁有6片花瓣的花朵模樣像是上了蠟一樣，十分可愛，從花莖根部一路朝向頂端生長，花則朝橫向來開。

與其他球根花一樣，無論花朵還是花莖都非常結實，即使是出現在最頂端的花苞，最終都會盛開。

科／鳶尾科
屬／喇叭鳶尾屬
原產地／南非
香氣／—

開花期／4～5月
英文名稱／Bugle lily
日文名／扇水仙（ヒオウギズイセン）
花語／豐富的心

▼插花前準備
修剪花莖。
＊奄奄一息的時候
修剪花莖。

▼搭配建議
在大型花藝裝飾上，只要添加這款花莖細長的花材，就能夠展現出纖細氣息，也可以運用彎折的花穗，做成帶有動感或流動氛圍的花藝作品。

＊切花百科
上市時期／3～5月
▷國產有少量上市，旺季4～5月。
❋ 花朵尺寸／約2cm、植莖高度／50～80cm
❋ 花材壽命／7天左右　換水／○　❋ 乾燥／╳

Basic Knowlege—❸

花材養護＊其一

當花朵出現沒精神等問題的時候，以下整理出能夠派上用場的處理方式。

根部劃刀

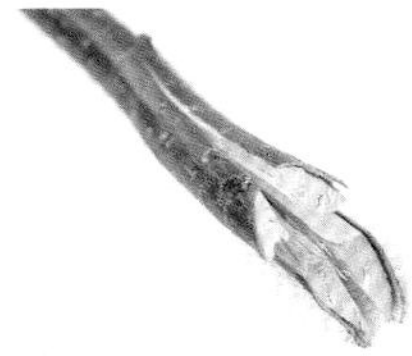

在枝條根部劃上幾刀，增加吸水面積的方法，主要運用在枝條比較堅硬粗壯的花材上。就算是分杈較多的枝條，只要使用這個處理方式，水分都可以直達到枝椏最尾端。較細的枝條則可以改用木槌等來敲碎，也有一樣效果。

\ 方法 /
使用剪刀深深地剪開

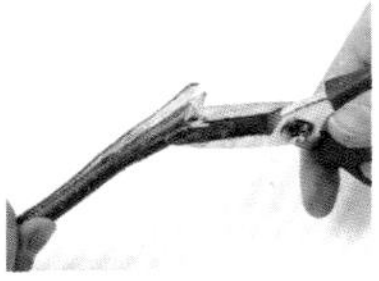

❶ 利用剪刀的刀刃以扭轉方式慢慢劈開，一一劃出割痕。可以依照枝條粗細來決定要劃幾刀，通常細枝只需要劃開一刀就可以，而粗枝則需要劃出十字。
❷ 割開以後將枝條浸入深水中，割開的部分要完全泡在水裡。

Point
劃開、割開
這一點很重要！

吸水的植物細胞在表皮下方，因此只粗略劃上刀痕的效果僅達到一半，大面積地割開是關鍵。

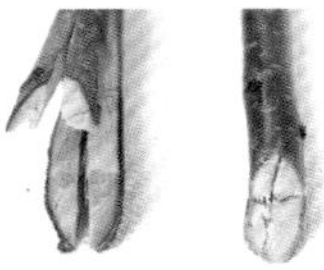

○　×

水中修剪

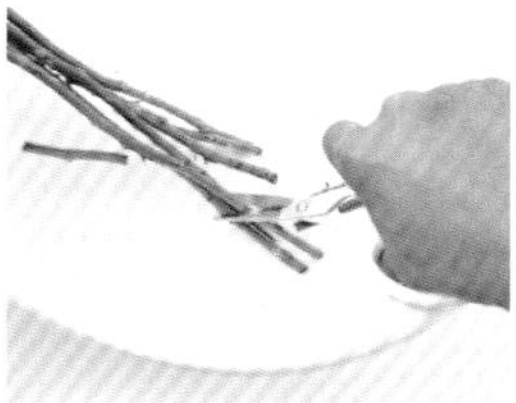

讓花莖浸在水中，直接以剪刀修剪的方法。因為是在水中進行而不用擔心空氣從切口處進入，剪下的瞬間就能因為水壓讓花莖完整吸到水，幾乎所有的花材都能這個方式。使用多種花材的時候，也可以一次同時在水中修剪。

\ 方法 /
只要在水中修剪即可

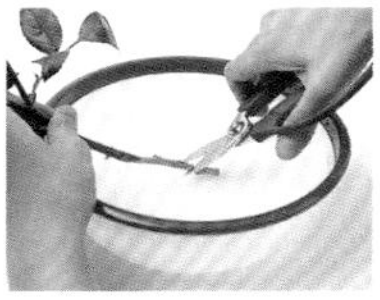

❶ 以較深的盆子將水放滿，將花莖放入後、直接以剪刀修剪，位置在切口往上3cm處，記得以斜剪方式處理。
❷ 剪下的瞬間就能吸進水，所以記得維持2秒以上再離水。接著快速轉移到高度不會泡到葉子的水中，靜置超過1個小時就完成。

Point
花莖的斷面
一定要有最大斜切面

這樣一來可以增加吸水面積，幫助花材吸收更多水分，因此斷面的面積越大越好。

水中折斷

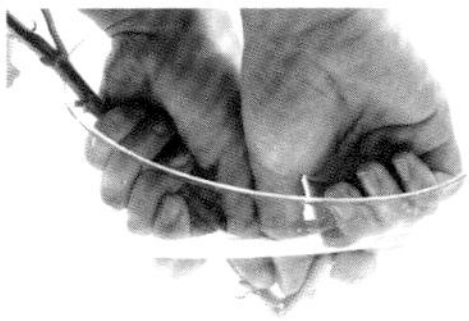

將浸在水中的花莖，直接以手折斷的方法，這樣一來折斷處會露出大量纖維，進而增加吸水能力。除了枝條這一類以外，花莖硬而便於折斷的菊花、龍膽花，或者是不喜歡剪刀金屬這類材質的鐵線蓮等，都適合用這個方法。

\ 方法 /
用手指指尖一口氣折斷

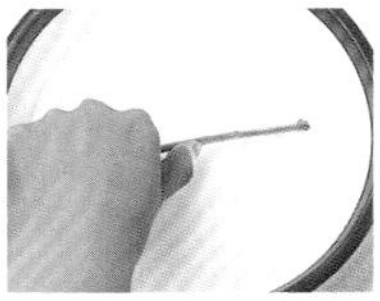

❶ 盡可能使用較深的盆子將水裝滿，把花莖浸入水中，在距離切口處往上5cm位置，以兩手大拇指指甲扣住、將其折斷，並且立刻將花莖浸入水裡。
❷ 需要移動到其他容器時動作要迅速，之後讓花莖泡在水中至少1小時，水量以不泡到葉子為止。

Point
裂開的纖維越多
吸水能力就越好

花莖纖維裂開得越厲害，接觸到水的表面積就越多，自然吸水能力也會提高。

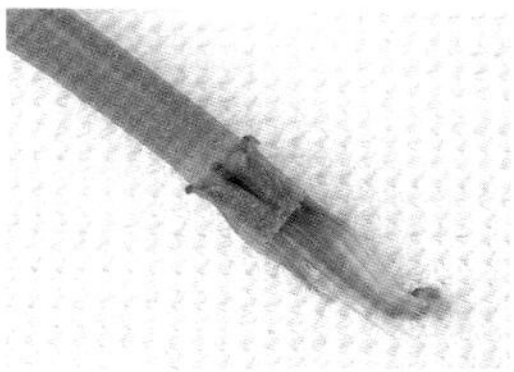

花材購入後需要先做的事情

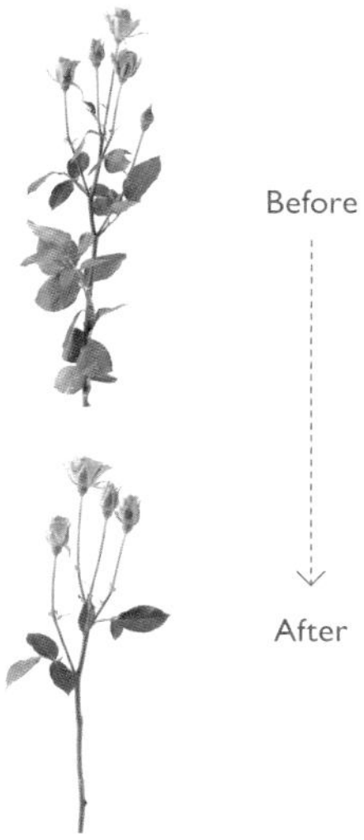

處理多餘的葉子、枝條

葉子越多，就越容易造成水分蒸發並消耗掉養分，因此插花時，將會泡到水的葉子全部摘除。

剪去不會開花的花苞

需要修剪掉的是、搭配時不需要用到的花苞，還有堅硬不會開花的花苞，讓原本要用在開花上的養分得以保留，並平均分配給其他開花的花朵。

直接修剪

進行插花之前，首先就是直接修剪花莖、枝條，因為新的切口，可以幫助植物提高吸水能力。

增加吸水性

這是為了讓切花能夠有充足的水分補充的作業流程。可依照花朵種類而分別使用水中修剪、水中折斷等不同方法（參考左述內容），無論是擔心在夏季時需要長時間離水的花束，還是想讓沒精神的花朵恢復元氣等，都是很實用的技巧。

Part 4

葉材

能將鮮花襯托得更為動人的綠色葉材，
如果夠善加運用的話，
就能成為花藝作品成功的關鍵。
只要能夠掌握各類葉材的特色，
絕對能提升整體花藝作品的完成度。
接下來就依照銀葉、香草、藤蔓等類別，
為大家介紹常見又好用的葉材植物。

Green

尤加利葉

葉色 ●

ユーカリ

科／桃金孃科
屬／桉屬
原產地／澳洲、東南亞、密克羅尼西亞

英文名稱／Eucalyptus
日文名／有加利樹（ユーカリノキ）

特寫！

沉穩的銀灰色葉子 隨著柔軟枝椏搖晃擺動

被稱為Sliver Leaf的低調綠色及清新草本香氣，尤加利是一款令人印象深刻的葉材植物。因為其特殊的芳香氣息具有放鬆效果，不僅被常做成精油外，也運用在藥草茶、保養品中等等。屬於原生於澳洲的常綠喬木，不僅十分耐旱且生長速度也很快，在非洲還被當成建材來使用，其中有幾個品種則是無尾熊的食物來源。

尤加利品種多達1000多種，但能夠做為切葉來使用的大約有40種。沉穩的銀灰葉色調及獨特的質感，能夠將花朵姿態襯托得更加優雅，堪稱是綠色葉材中的明星要角。從葉子大小、形狀到枝條曲線，依照種類而有各種變化，像是能開出小花苞而備受喜愛的大圓葉尤加利（P187右圖）外，也有能夠結出大型花苞的種類。

最受矚目的品種則是小圓葉尤加利，以葉片小而容易搭配廣獲好評。而無論是哪一種尤加利，只要簡簡單單地倒吊起來，就能做成乾燥花，是製作花圈或倒吊花束時，相當重要的搭配葉材。

▼插花前準備

挑選葉子密生的枝條，將有許多枝椏的尤加利分枝後使用；修剪枝條。

＊奄奄一息的時候
修剪枝條並在切口處劃上幾刀。

▼搭配建議

善用柔軟的枝條曲線來做搭配設計吧，輕盈的葉子會是絕佳的視覺點綴焦點。因為葉片顏色是柔和的銀綠色，與淡粉紅色、黃色等輕柔色調花朵非常搭。至於若選到香氣濃郁的品種，就要注意使用的量。

＊切葉百科

上市時期／全年

▷除了有國產、澳洲進口以外，也有從義大利、墨西哥等國家引進。10～12月是旺季。

花枝高度／30～180cm

葉材壽命／14天以上

換水／○　乾燥／○

從最經典到最人氣品種

小圓葉尤加利

圓葉尤加利

藍寶貝

銀世界

果實

特寫!

沙棗

葉色

ロシアンオリーブ

枝條

背面

關注度上升中！超級耐旱的優秀葉材

分布於中亞的乾燥地帶，非常耐旱，被譽為是沙漠三大英雄（植物）之一，英文名稱Russian olive，因如同橄欖樹的葉形與顏色而命名，實際上屬於胡頹子的一種，與橄欖樹分屬不同種。

　其切枝也才剛剛開始流通於花市之中，由於不容易缺水，葉子相當牢靠而非常易於處理，很快就成為倍受矚目的綠色葉材。

科／胡頹子科
屬／胡頹子屬
原產地／中亞

英文名稱／Russian olive
日文名／柳葉茱萸（ヤナギバグミ）

▼插花前準備

修剪枝條。
＊奄奄一息的時候
修剪枝條並在切口處劃上幾刀。

▼搭配建議

想要強調出纖細葉片與柔軟枝條的特色時，就必須保留一定的枝條高度，如果剪太短埋沒在花材之間，那就無法發揮其擁有的專屬特色了。

＊切葉百科

上市時期／全年

▷僅有國產供應，除了新芽時期以外，幾乎全年都看得到。

✻ 花枝高度／**60 ～ 100cm**

✻ 葉材壽命／**14** 天以上　換水／○　✻ 乾燥／○

銀葉菊

葉色

ダスティミラー

特寫！

被白色絨毛覆蓋 充滿天鵝絨般的質感

無論花莖還是葉片都被白色絨毛包覆，質感就像天鵝絨一樣，不僅是顏色，就連有著細碎裂開的葉子形狀，都給人無比柔軟的印象。有其他不同屬、名字卻相同的植物流通於花市裡，但是葉子的分裂模樣卻完全不一樣。

　至於裂痕不深、帶有圓邊模樣的種類，則是婚禮等場合上非常重要的配角。

科／菊科
屬／黃菀屬
原產地／地中海沿岸

英文名稱／Dusty miller
日文名／白妙菊（シロタエギク）

▼插花前準備

挑選植莖堅硬的葉材並直接修剪，由於不耐悶熱所以水要少一些。
＊奄奄一息的時候
將草花莖浸泡在沸騰熱水中。

▼搭配建議

具有著柔軟的顏色與質感，想讓淺色花朵帶有甜美氣息時，就很適合搭配運用。相反地，若與藍或紫色花朵組合時，則變成充滿個性。

＊切葉百科

上市時期／全年

▷從晚秋開始到耶誕節前，流通量會陸續增加。

✻ 植莖高度／**20 ～ 60cm**

✻ 葉材壽命／**5 ～ 7** 天　換水／○　✻ 乾燥／×

綿毛水蘇

ラムズイヤー

科／唇形科
屬／水蘇屬
原產地／西亞
英文名稱／Lamb's ear
日文名／綿草石蚕（ワタチョロギ）

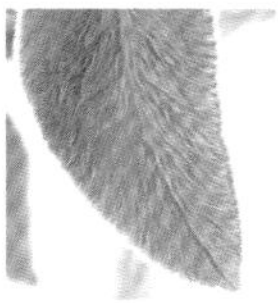

特寫!

葉子厚實又柔軟無比

細長又帶有厚度的葉片，覆蓋著一層鬆軟灰白色絨毛，也因為葉子擁有柔軟的橢圓形狀，下垂模樣就像跟綿羊耳朵一模一樣，而得到了Lamb's ear（羊耳）的名稱，本身還帶有些微香氣，初夏時會開出粉紅或紫色花朵。

葉色 ●●

▼插花前準備

挑選葉片沒有受損的。修剪植莖，插花時使用淺水。

▼搭配建議

因為模樣並不張揚，可以安排擺放在花朵之間，或者是多枝集結成一把來使用。

＊切葉百科　上市時期／全年

▷由國產供應，在秋季時流通數量會增加。

✻ 植莖高度／20～40cm

✻ 葉材壽命／5～7天　💧換水／○　✻ 乾燥／╳

細裂銀葉菊

シルバーレース

科／菊科
屬／菊蒿屬
原產地／地中海沿岸
英文名稱／Silver lace
日文名／—

葉色 ●●

特寫!

如同蕾絲般可愛

很容易與銀葉菊混淆，但兩者其實是不同屬。彷彿染上灰色的葉子本身並不厚實，葉子裂痕更瑣碎纖細，模樣看起來像是編織的蕾絲或雪結晶。與其他植物的庭園混栽種法相當高人氣，5～6月間綻放的白花也很可愛。

▼插花前準備

修剪植莖。在夏季、冬季時很容易缺水，需要格外注意。

▼搭配建議

這款充滿了可愛風情的葉材，搭配可愛花朵，能讓整體氛圍更加惹人愛憐。

＊切葉百科　上市時期／全年

▷入秋起會開始增加供應量，旺季在9～11月。

✻ 植莖高度／20～40 m

✻ 葉材壽命／5～7天　💧換水／△　✻ 乾燥／╳

鶴頂

コチア

科／藜亞科
屬／澳地膚屬
原產地／澳洲、地中海沿岸等地
英文名稱／Pearl blue bush
日文名／—

特寫!

讓人聯想到皚皚雪景

筆直枝條上長滿了帶有多肉質感的細葉，整體呈現細長的圓錐形，無論是葉子還是枝條都像是籠罩上一層白雪般，長有著極美的銀灰色澤，上市旺季剛好是耶誕節而十分受歡迎。葉子很容易腐壞，裝飾時只需使用淺水。

葉色 ●

▼插花前準備

修剪枝條並在切口處劃上幾刀。葉子很容易掉落，使用前不妨輕搖晃幾下。

▼搭配建議

因為模樣就像是積了一層雪的耶誕樹一樣，非常適合冬季的花藝裝飾。

＊切葉百科　上市時期／11～1月

▷僅有進口貨流通，主要是來自以色列。

✻ 花枝高度／40～60cm

✻ 葉材壽命／14天左右　💧換水／○　✻ 乾燥／╳

香葉天竺葵

センテッドゼラニウム

科／牻牛兒苗科
屬／天竺葵屬
原產地／南非

英文名稱／Scented geranium
日文名／匂天竺葵（ニオイテンジクアオイ）

葉色 ——●◎

帶有玫瑰、水果等各式各樣的迷人香氣

這是所有帶著香氣的天竺葵的總稱，因此也被稱做Herb Geranium，除了被當作葉材添加於花藝或花束等等之用，另外，濃郁的香氣也讓香葉天竺葵成為香氛精油、糕點等香味來源，也作為香水的原料。只要用手指頭輕輕摩擦葉片，就會散發強烈的芳香氣息，非常推薦乾燥起來做成乾燥香包。

除了有帶著玫瑰香氣的玫瑰天竺葵以外，還有蘋果、檸檬、薄荷等等各式各樣香氣，部分的葉子甚至擁有茶色或白色斑點，就連葉片皺褶深淺或是質感，都因種類不同而有各種模樣，因此光僅使用香葉天竺葵的花藝組合，也一樣非常的迷人。若是使用盆栽栽種的香葉天竺葵，在春～初夏時節之際，可以連同綻放的花朵一起剪下來做搭配。

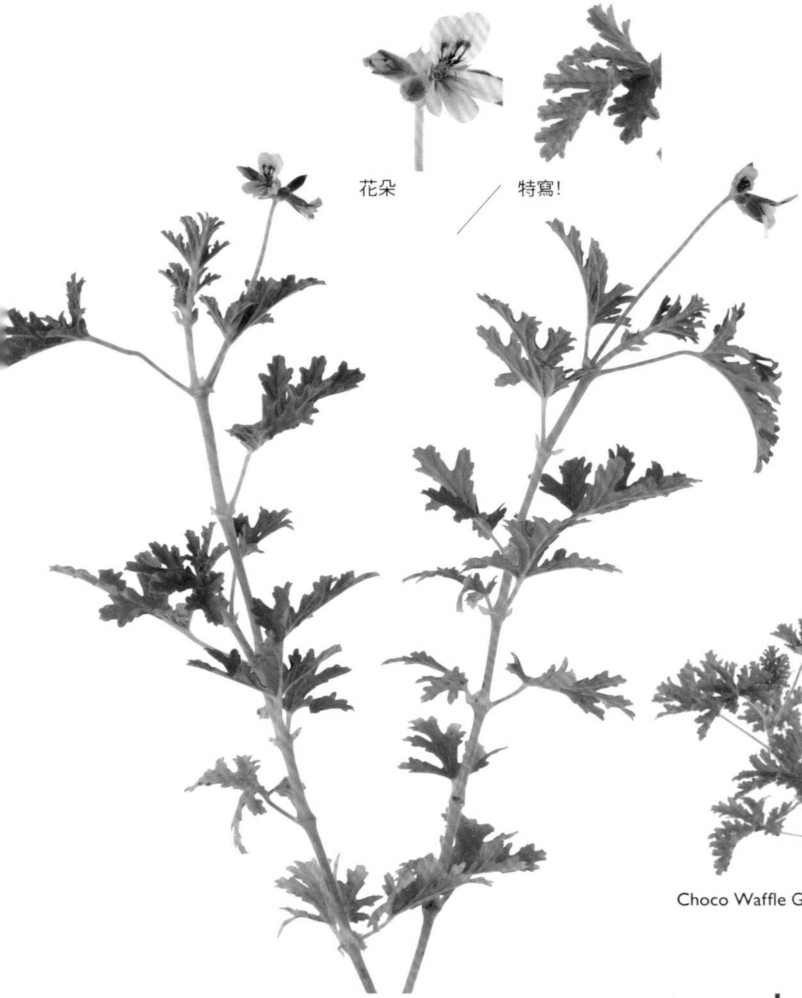

花朵 ／ 特寫!

Other Type

Clover Leaf Geranium

Snowflake Geranium

Choco Waffle Geranium（右圖）以及玫瑰天竺葵

▼插花前準備

修剪植莖。由於非常不耐悶熱，葉子很容易發黃，因此要先將下方葉片全部摘除。

＊奄奄一息的時候
使用浸燙法，以報紙將植莖包起浸在沸騰熱水中約5秒，再移入水裡。重新修剪過植莖再開始插花作業。

▼搭配建議

雖然是清爽的香氣，但是量太多時反而會變得刺鼻，不妨依照妝點場所來調整香葉天竺葵的種類或數量吧。另外少量的葉子除了可當香料為餐點提味外，在玄關、洗臉台等地點也能放置一小把，當作芳香除臭劑來使用。

＊切葉百科

上市時期／全年

▷由溫暖地區供應，旺季是在4～5月，不過夏季時出貨量會稍微減少。

植莖高度／**20 ～ 40 m**

葉材壽命／**7** 天左右

換水／○　　乾燥／×

迷迭香

ローズマリー

葉色

散發著清涼感與野趣

細枝上長滿尖刺般小片葉子，帶有辛辣清涼感的香氣，是很具人氣的香草植物，在做料理時經常用來消除魚肉類的腥味。迷迭香分為枝條直立生長型，以及往橫向或朝下生長的不同類型，可以依照使用目的來挑選。

花朵

科／唇形科
屬／迷迭香屬
原產地／地中海沿岸
英文名稱／Rosemary
日文名／迷迭香（マンネンロウ）

▼插花前準備

修剪枝條。要注意一旦空氣比較乾燥，葉子就容易掉落。

▼搭配建議

因為擁有充滿自然野趣的模樣，搭配野花等、可以營造出自然風。

＊切葉百科　上市時期／全年

▷產量雖然不多，但全年都有，旺季在5～6月。

❋ 枝材高度／15～30cm

❋ 葉材壽命／7～14天　換水／○　❋ 乾燥／○

奧勒岡

オレガノ

葉色

觀賞用的葉片色澤極美

不僅是知名的香料，也做為切葉出現於花市裡，在部分時期還會流通帶有花朵的奧勒岡切葉。細長植莖上長出蛋形的小片葉子，葉片顏色則是有著從萊姆色到深綠色等等多個品種，甚至還有漸層變色的美麗品種。

科／唇形科
屬／牛至屬
原產地／地中海沿岸、中亞
英文名稱／Oregano、Wildmarjoram
日文名／花薄荷（ハナハッカ）

▼插花前準備

使用浸燙法，以報紙將花朵與葉子一起包起來，將植莖浸在沸騰熱水中約5秒。

▼搭配建議

初夏時節有機會看到帶著可愛花朵的奧勒岡，不妨與素雅的草花一起搭配。

＊切葉百科　上市時期／全年

▷多數是以盆栽形式流通，可以直接從盆栽剪下來使用。

❋ 植莖高度／20～40cm

❋ 葉材壽命／7天左右　換水／○　❋ 乾燥／○

羅勒

バジル

葉色

香味與光澤葉片最具魅力

擁有清爽香氣的香草，江戶時代傳入日本，並將葉子做為飲食之用。切葉特色則在其香味和帶有光澤感的葉子。除了綠色的甜羅勒 Sweet Basil 以外，還有紫黑色的紫葉羅勒，夏季時則會帶著白、紫色花朵出現於花市裡。

科／唇形科
屬／羅勒屬
原產地／亞洲、非洲等
英文名稱／Basil
日文名／目箒（メボウキ）

▼插花前準備

修剪植莖；由於水分很容易蒸發而缺水，因此葉子只需要留下一半即可。

▼搭配建議

依季節可找到綠葉以及紫葉這兩種來運用，花穗還可以成為花藝作品的焦點。

＊切葉百科　上市時期／全年

▷由國產供應，旺季在9～10月，之後則是有少量流通。

❋ 植莖高度／20～60cm

❋ 葉材壽命／4～5天　換水／○　❋ 乾燥／✕

薄荷

葉色 ——●◎

ミント

科／唇形科
屬／薄荷屬
原產地／歐洲、非洲、亞洲、北美、大洋洲

英文名稱／Mint
日文名／薄荷（ハッカ）

清新香氣與明亮澄淨顏色都是受到矚目的焦點

薄荷屬於很常見到的香草植物之一，充滿清涼氣息的清新香氣，還有被稱為「薄荷綠」的新鮮葉片顏色都擁有高人氣。除了可以搭配花藝，還能運用在糕點、料理、香草茶、調酒等等，用途非常廣泛，因此使用盆栽來種植，要用到的時候就會很方便。

自古以來就為人們所喜愛，甚至還曾經出現在聖經、希臘神話裡，本身具有提神、除蟲效果，種類更是十分豐富。光是以切葉形式流通的薄荷也很多，最具代表性的除了綠薄荷、胡椒薄荷以外，還有散發甜香的蘋果薄荷，葉子帶有白色斑點的斑葉鳳梨薄荷，變冷時葉子會有紫色斑點的葡萄柚薄荷等等，品種非常多樣，而且葉子形狀、質感更是隨著品種不同，有各種變化。

特寫!

Other Type

蘋果薄荷

Citrus Green Mint

綠薄荷

轉成紅葉的葡萄柚薄荷（右），以及變色之前。

▼插花前準備

避免挑選到葉子已經變色的薄荷，最好是連葉子前端都吸足水分的為佳。以報紙包起來，將植莖浸在沸騰熱水中約5秒，再移入一般水中，重新修剪後就可以開始插花作業。

＊奄奄一息的時候
使用浸燙法，再浸入深水中。

▼搭配建議

以切葉形式流通的都是植莖較長的薄荷，但比起其他葉材還是稍短一些，因此適合搭配小型花藝。因為葉子小又具有鮮明的綠色，放進以小花為主角的自然風設計會非常搭。也可以結合其他的香草類植物，做成小型花束也很適合。

＊切葉百科

上市時期／全年

▷由國產供應，旺季在4～5月，冬季由溫室栽培來提供。

❋ 植莖高度／20～50cm
❋ 葉材壽命／5～7天
💧 換水／○　❋ 乾燥／╳

常春藤

葉色 ● ◎

アイビー

Other Type

斑葉品種

科／五加科
屬／常春藤屬
原產地／歐洲、北非、亞洲

英文名稱／Ivy、English ivy
日文名／西洋木蔦（セイヨウキヅタ）

用途五花八門 是非常活躍的葉材

在觀葉植物中，常春藤屬於非常知名的藤蔓類植物，花市裡也能夠看到許多常春藤盆栽，從大小、葉片形狀的些微差異，到帶有斑點等等，園藝品種就高達數百種之多，流通的切葉也有超過10種。

在葉材之中常春藤是壽命極長的一種，加上葉片大小恰到好處，也可將藤蔓切分來使用，運用上非常方便。

▼插花前準備

挑選葉片顏色鮮亮，且在最前端都有長葉子的常春藤；修剪植莖。
＊奄奄一息的時候
修剪植莖並敲碎切口處。

▼搭配建議

可以用來纏繞住花朵，也可切分後圍繞在花藝底部，或者做成花圈，運用方式非常多樣，且因不容易腐壞，還能夠浸入水中來幫忙固定花朵。

＊切葉百科

上市時期／全年
▷由國產及進口貨供應，旺季大約會在母親節前夕。
植莖長度／40～80cm
葉材壽命／14天以上　換水／○　乾燥／╳

多花素馨

葉色 ●

ハゴロモジャスミン

科／木犀科
屬／素馨屬
原產地／中國

英文名稱／Pink jasmine
日文名／—

帶有動感的柔軟藤蔓 春天時會開滿白色花朵

原產於中國雲南省的多花素馨，屬於半常綠的藤蔓植物，細長帶有深綠色彩的葉子依著一定間隔展開，由於藤蔓前端具有著動感線條，給人十分輕快的印象。

3～5月時，還能夠看得到帶有香氣花朵的素馨，也因為會被無數白花所覆蓋，就像是多了一層羽毛外衣，因此日文將之取名為羽衣茉莉。

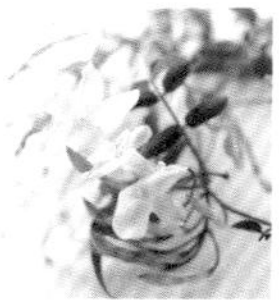

花朵

特寫!

▼插花前準備

挑選葉子顏色沒有變成咖啡色，且自在伸展的花枝；修剪植莖。
＊奄奄一息的時候
修剪植莖並敲碎切口處。

▼搭配建議

想突顯出藤蔓前端的捲曲線條的話，可以讓它從花器上自然垂落，或是纏繞在花器邊緣。至於帶有花朵的素馨，作為花藝的主角也相當迷人。

＊切葉百科

上市時期／全年
▷僅國產供應流通，3～5月時會有帶花朵的素馨上市。
植莖長度／30～60cm
葉材壽命／7～14天　換水／○　乾燥／╳

綠之鈴

葉色

グリーンネックレス

科／菊科
屬／黃菀屬
原產地／南非

英名／String-of-beads senecio
日文名／綠の鈴（ミドリノスズ）

特寫！

一顆顆綠色小球 成串而生的多肉植物

纖細如繩子的藤蔓上，成串地長了滿滿圓球般葉子的多肉植物，也因為看起來就像是一條項鍊，因此命名也是由此而來。

只要突顯出其獨特的模樣以及柔軟藤蔓，就可以為花藝作品帶來動感，另外也能夠當作觀葉植物來種植裝飾，甚至是剪下來使用都適合。綠之鈴還有葉子呈現新月模樣的品種。

插花前準備

挑選葉子呈現漂亮圓形而且數量多的綠之鈴；修剪藤蔓。
＊奄奄一息的時候
修剪藤蔓並敲碎切口處。

搭配建議

因為藤蔓十分的柔軟，可以纏繞在花朵或花器上，也可以從有高度的花器自然垂落來使用，或者是纏在花瓶上並整理出形狀。

＊切葉百科

上市時期／全年
▷溫室栽種的國產品，以婚禮旺季的6、9月為主要流通期間。
❋ 植莖長度／40cm 左右
❋ 葉材壽命／7～14 天　換水／○　❋ 乾燥／╳

闊葉武竹

葉色

スマイラックス

科／天門冬科
屬／天門冬屬
原產地／南非

英文名稱／Smilax asparagus
日文名／草薙葛（クサナギカズラ）

特寫！

善用枝條長度 大型花藝也很合適

細長藤蔓上長滿了卵形的明亮綠葉，是蘆筍的同類。小而薄的葉片有著輕盈感，無論搭配哪一種花材都不成問題。即便是以切葉形式出現，長度也都有超過1m以上，可說是闊葉武竹的魅力所在。

由於蔓條具有著優雅的曲線，因此經常會使用於新娘花束、或會場裝飾等大型華麗花藝上。

插花前準備

修剪藤蔓。由於葉子很容易受損，處理時要格外注意。
＊奄奄一息的時候
修剪藤蔓並敲碎切口處。

搭配建議

活用闊葉武竹的藤蔓長度以及線條之美，能纏繞出具生動活潑的意象。切分使用則能帶來柔順印象，很適合與小花一起搭配。

＊切葉百科

上市時期／全年
▷旺季在初夏及婚禮季節的6、9月，靠溫室栽種能穩定供應。
❋ 植莖長度／80～150cm
❋ 葉材壽命／7～10 天　換水／○　❋ 乾燥／╳

鈕扣藤

葉色

ワイヤープランツ

特寫！

科／蓼科
屬／竹節蓼屬
原產地／紐西蘭

英文名稱／Creeping wire vine
日文名／—

小小的圓形葉子 增添了愉悅及輕快感

特色是擁有鐵絲般細長堅硬的藤蔓，帶有些微紅色的藤蔓非常纖細，並且長出不規則又厚實的圓形綠葉。

由於葉子十分小巧，因此想在花藝呈現出輕快氛圍時就能派上大用場。雖然也會有切葉形式流通於花市裡，不過因為非常怕乾燥，最好是選擇盆栽再剪下需要的部分，並且還得要勤快地噴水。

▼插花前準備

挑選葉子長得多，且沒有太過乾燥狀態的鈕扣藤；修剪藤蔓。
＊奄奄一息的時候
修剪藤蔓並敲碎切口處。

▼搭配建議

藤蔓本身十分細長，很適合纖細風格的搭配，也可以鬆鬆地纏繞在花朵上，或者是插在花器裡，讓藤蔓自然下垂展現出美麗的曲線。

＊切葉百科

上市時期／全年
▷特別會在春、秋兩季的結婚旺季，增加流通量。
✻ 植莖長度／40 ～ 60cm
✻ 葉材壽命／10 天左右　換水／○　✻ 乾燥／○

愛之蔓

葉色
◎

ハートカズラ

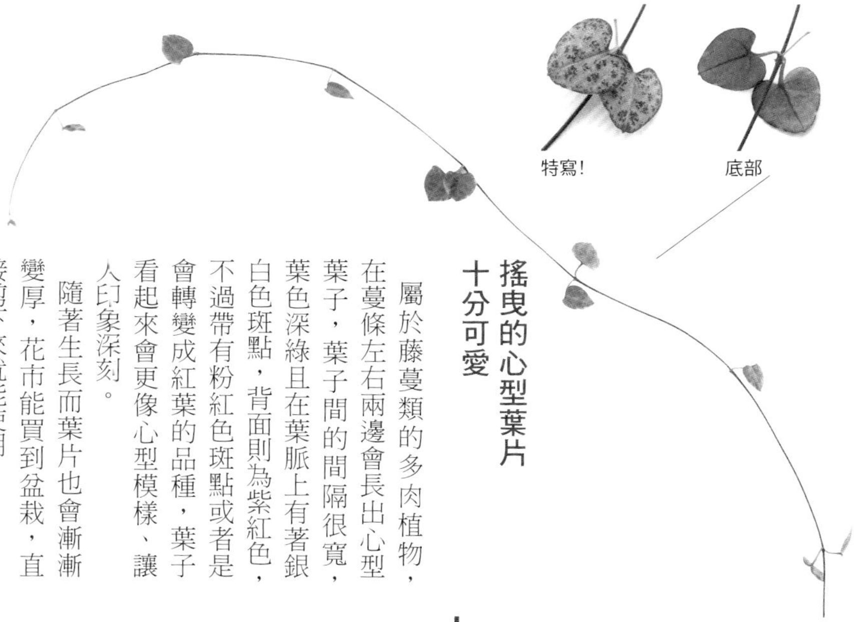

特寫！

底部

科／蘿藦亞科
屬／吊燈花屬
原產地／南非東南部

英文名稱／Rosary vine、String-of-hearts
日文名／—

搖曳的心型葉片 十分可愛

屬於藤蔓類的多肉植物，在蔓條左右兩邊會長出心型葉子，葉子間的間隔很寬，葉色深綠且在葉脈上有著銀白色斑點，背面則為紫紅色，不過帶有粉紅色斑點或者是會轉變成紅葉的品種，葉子看起來會更像心型模樣、讓人印象深刻。

隨著生長而葉片也會漸漸變厚，花市能買到盆栽，直接剪下來就能使用。

▼插花前準備

藤蔓極細、很容易勾纏，整理時要多加注意；修剪藤蔓。
＊奄奄一息的時候
修剪藤蔓並敲碎切口處。

▼搭配建議

為了突顯出可愛心型的葉子，最好運用在小型花藝搭配上。也因為顏色非常沉穩，與典雅的花藝組合或煙霧色彩花朵都很搭。

＊切葉百科

上市時期／全年
▷以盆栽形式流通居多，因此不妨從盆栽剪下來使用。
✻ 植莖長度／40 ～ 50cm
✻ 葉材壽命／7 ～ 14 天　換水／○　✻ 乾燥／╳

合歡

アカシア

葉色 ——●●●◎

擁有繽紛多彩的葉子

在枝條上有著細碎鋸齒羽狀葉子的合歡，出現於花市裡的品種有銀葉合歡、珍珠合歡、赤葉合歡等等，而且各自的葉子顏色或形狀都不太一樣。

另外帶有花朵的合歡，則稱為金合歡Mimosa，擁有很高的人氣。

特寫！

科／豆科
屬／相思樹屬
原產地／澳洲等地
英文名稱／Acacia
日文名／銀葉（ギンヨウ）アカシア

＊切葉百科　上市時期／全年

▷僅由國產供應，在需求量大的秋季到冬季時是最旺期。

❋ 枝材高度／30～120cm

❋ 葉材壽命／14天以上　換水／○　❋ 乾燥／○

▼搭配建議

將細長葉的品種與羽毛狀葉的品種混搭在一起，能讓整體花藝造型更加豐富。

▼插花前準備

修剪枝條。

鐵線蕨

アジアンタム

葉色 ——●

密生的小葉子非常纖細

常綠的蕨類植物，細而柔順的植莖以及柔嫩小葉子，會隨風沙沙搖曳，給予人十分纖細的印象。做為切葉形式的流通數量相當少，因此建議從盆栽剪下來使用。由於相當不耐乾燥，因此要勤快地噴水來補充水分。

特寫！

科／鳳尾蕨科
屬／鐵線蕨屬
原產地／全球的溫帶、熱帶地區
英文名稱／Maidenhair fern
日文名／唐草蓬萊羊齒（カラクサホウライシダ）

＊切葉百科　上市時期／全年

▷流通量相當少，因此可從盆栽剪下來使用。

❋ 植莖高度／20～40cm

❋ 葉材壽命／5～7天　換水／○　❋ 乾燥／×

▼搭配建議

活用鐵線蕨的明亮綠色，添加在色彩鮮豔的花朵中，能帶來不一樣的異國情趣。

▼插花前準備

挑選葉子密集生長的鐵線蕨；修剪植莖。

馬醉木

アセビ

葉色 ——●

充滿光澤感的美麗綠葉

具有光澤與十足彈性深綠色葉子的常綠灌木，花市裡還能看到枝條高度達1.5～2m的馬醉木。因帶有毒性的葉子或枝椏被馬吃到時，會因中毒而出現喝醉般模樣而得名，但只要不誤食葉子、枝條，馬醉木是無害的。

特寫！

科／鳳尾蕨科
屬／馬醉木屬
原產地／全球的溫帶、熱帶地區
英文名稱／Japanese pieris
日文名／馬醉木（アセビ）

＊切葉百科　上市時期／全年

▷由戶外栽種的國產來供應。

❋ 枝材高度／70～200cm

❋ 葉材壽命／14天以上　換水／○　❋ 乾燥／×

▼搭配建議

是作為花藝基底非常好用的綠色葉材，而且瓶插壽命也很長。

▼插花前準備

挑選葉子顏色鮮豔且無蟲咬的馬醉木；修剪枝條。

文竹

葉色

アスパラガス

科／天門冬科
屬／天門冬屬
原產地／南非、歐亞大陸

英文名稱／Asparagus
日文名／忍箒（シノブボウキ）、立ち箒（タチボウキ）

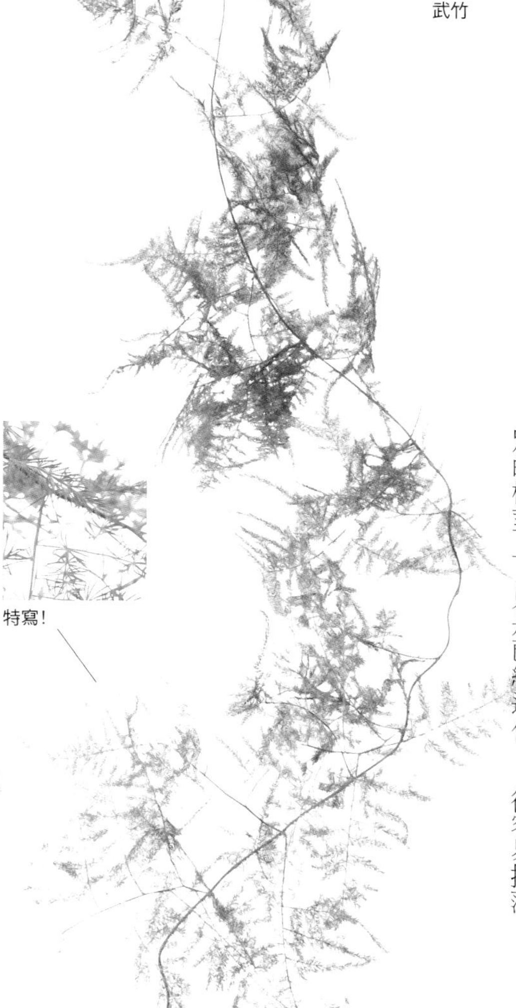

特寫！

Other Type

武竹

擁有深綠色彩，觀葉植物中很受歡迎的松葉武竹。

植莖上四散分杈的枝條長出細碎的假葉

具有著透視感與纖細優點的一款葉材，原生種約有300種之多，蔬菜的蘆筍就是它的同類之一，不過會用來做為花藝搭配的綠色葉材，則是屬於觀賞用的品種。看起來就像是縫衣針般的細葉部分，其實是樹枝變化而成的假葉，葉子則會另外生長於別的植莖上，只是已經退化成尖刺或者變成鱗片狀。

以切葉形式出現於花市裡的文竹，有細碎假葉密集生長於植莖上的類型，也有在藤蔓般的植莖上、長滿非常蓬鬆的假葉，有這兩種類型。以品種來說，有著柔軟假葉如同鳥類羽毛的文竹（左圖），也有假葉短而堅硬叢生的松葉武竹，以及植莖極長會下垂的武竹等等類型，但要注意的是，有一些品種的葉子很容易掉落。

插花前準備

會泡到水的葉子要全部摘除，修剪植莖。整理過程中，假葉很容易凹折或細碎地掉落，需要多加注意。

＊奄奄一息的時候
修剪植莖並敲碎切口處。

▼搭配建議

因為葉子十分細碎，顏色也不會太深，與任何一種花材都很搭配，堪稱是萬能百搭王的一款葉材，細葉還可以是整體花藝的點綴重點。至於無法硬挺直立的文竹這類，則適合添加在花朵之間，或者是放置在大型花藝裡來擴大整體設計的面積。

＊切葉百科

上市時期／全年（盛夏除外）

▷由溫暖地區生產供應，在初夏以及春秋的結婚季節是旺季，盛夏時因為保水性不佳使得供應會減少。

植莖長度／30～80cm

葉材壽命／5～7天

換水／○　乾燥／×

黃椰子

葉色 ●

アレカヤシ

散發著熱帶的風情

充滿南洋熱情氛圍的一種椰子葉，細長裂開的大大的葉形，在椰子類中顯得特別優美。長度從50～120cm，葉子尺寸大小選擇很多。從葉子散出水蒸氣的蒸散作用相當好，具加濕及淨化空氣效果，也是很受歡迎的觀葉植物。

科／棕櫚科
屬／馬島棕屬
原產地／馬達加斯加
英文名稱／*Areca palm*、Butterfly palm
日文名／山鳥椰子（ヤマドリヤシ）

＊切葉百科　上市時期／全年

▷國產主要在夏季時由沖繩縣供應，進口則是來自於熱帶地區。

❋ 葉子尺寸／大

❋ 葉材壽命／7～10天　換水／○　❋ 乾燥／○

▼插花前準備

修剪植莖。缺水時葉子就會下垂，需要插入深水中。

▼搭配建議

與蘭花等熱帶花朵最搭，也會只剪下葉子前段綁進花束裡做運用。

觀音蓮

葉色 ● ◎

アロカシア

帶有光澤感的厚實葉片

橢圓或箭頭形狀的深綠色葉子，十分厚實還帶有光澤，部份甚至擁有金屬光，雖然流通量並不多，卻是想要呈現個性花藝時的重要葉材。也能夠看得到邊緣、葉脈為白色的黑葉觀音蓮，或者是葉片較小的尖尾等品種。

科／天南星科
屬／海芋屬
原產地／東南亞
英文名稱／*Giant elephant's ear*
日文名／食わず芋（クワズイモ）

＊切葉百科　上市時期／全年

▷國產、進口都有，只有少量流通。

❋ 葉子尺寸／中・大

❋ 葉材壽命／10～14天　換水／○　❋ 乾燥／╳

▼插花前準備

挑選左右對稱且斑點漂亮的觀音蓮；修剪植莖。

▼搭配建議

依照搭配的花朵種類，可以呈現出日式和風氛圍或者是時尚摩登氣息。

觀葉火鶴

葉色 ● ◎

アンスリウム

像花一樣漂亮的心型

這款葉材與花朵的火鶴不同，僅有葉子會出現在花市裡，具有著心型一樣的外型，顏色為深綠色，表面有著網狀葉脈而且十分光滑又厚實。觀葉火鶴還另外有葉緣呈現波浪狀或帶有黃色、或呈現紅色的其他品種。

科／天南星科
屬／花燭屬
原產地／熱帶美洲
英文名稱／*Anthurium*
日文名／大紅団扇（オオベニウチワ）

＊切葉百科　上市時期／全年

▷有國產及進口兩種，由栽種火鶴花的產地供應。

❋ 葉子尺寸／中

❋ 葉材壽命／14天以上　換水／○　❋ 乾燥／╳

▼插花前準備

葉子非常結實，瓶插壽命又長；修剪植莖。

▼搭配建議

可搭配大型又搶眼的花朵，能夠呈現出摩登氛圍。

芒萁

アンブレラファン

葉色 —— ●

科／裏白科
屬／芒萁屬
原產地／澳洲
英文名稱／Umbrella fern
日文名／—

模樣就像是一把張開的傘

擁有就像是玉羊齒四散分開的獨特形狀，是生長在澳洲原始林下方的蕨類植物，英文名字來由就是因為它的模樣像是一把傘。葉子本身帶有些微乾燥的質感，但又具有一定柔軟度，屬於非常好搭配的一款葉材。

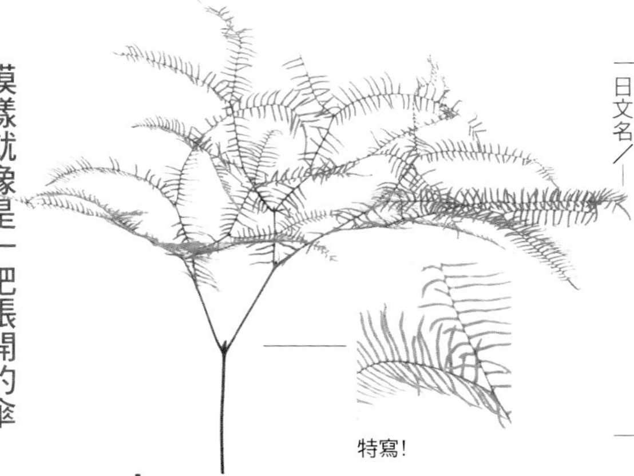

▼插花前準備

修剪植莖。

▼搭配建議

可以依據花藝尺寸分枝來使用。由於很容易乾燥，也適合做成倒吊花束。

＊切葉百科　上市時期／全年

▷澳洲產，全年會在花市供應一定數量。

❋ 植莖高度／30 ～ 40cm

❋ 葉材壽命／14 天以上　換水／○　❋ 乾燥／○

義大利假葉樹

イタリアンルスカス

葉色 —— ●

科／百合科
屬／大王桂屬
原產地／西亞
英文名稱／Alexandrian laurel
日文名／笹葉（ササバ）ルスカス

自然不拘又充滿亮澤

充滿光澤的細長葉子，常見於花束或小型花藝中，因為模樣與竹葉非常相似，在日本還將它冠上假竹葉的名字。看起來像是葉子的部分，其實是植莖變成的假葉。至於外型也很相似的假葉樹，葉片較大，屬於不同種。

▼插花前準備

挑選全枝植莖都長滿葉子的枝條；修剪植莖。

▼搭配建議

就算大量使用也不會感到太過沉重，能夠將主角花朵襯托得非常鮮明。

＊切葉百科　上市時期／全年

▷以進口為主，國內也有部分生產供應。

❋ 植莖高度／40 ～ 70cm

❋ 葉材壽命／10 ～ 14 天　換水／○　❋ 乾燥／╳

藍冰柏

イトスギ

葉色 —— ●●

科／柏科
屬／柏木屬
原產地／北半球
英文名稱／Cypress
日文名／糸杉（イトスギ）

適合庭園樹木或切葉

以Conifer的名稱而受人喜愛的常綠針葉樹的一種，也是庭園栽種樹木的選擇，而切葉形式出現較多的品種是藍冰柏，細碎分杈的葉子顏色在銀中帶綠，看起來非常清爽，而且還具有獨特的香氣。

▼插花前準備

整理多餘葉子、細枝，修剪枝條。

▼搭配建議

為了不破壞細葉具有的纖細感，插放時要留一些空間，不要全部塞滿。

＊切葉百科　上市時期／全年

▷做為耶誕節的花材，主要是年底時流通量最多。

❋ 枝材高度／30 ～ 100cm

❋ 葉材壽命／14 天以上　換水／○　❋ 乾燥／○

羊毛松

葉色 ●

ウーリーブッシュ

特寫！

柔軟且觸感很好

羊毛松的煙燻葉色以及柔滑質感是最大特色，彷彿松葉變細般的線狀葉子，毛茸茸又十分地柔軟，觸感非常好，而且瓶插壽命非常長，加上枝條很具彈性，是極好搭配的葉材，乾花材也擁有十分高的人氣。

科／山龍眼科
屬／獨雀花屬
原產地／澳洲西部
英文名稱／Wooly bush
日文名／—

＊切葉百科　上市時期／全年

▷由澳洲直接供應，最近幾年流通量也在增加當中。

❋ 枝材高度／**40～50cm**

❋ 葉材壽命／**14天以上**　💧換水／〇　❋ 乾燥／〇

▼搭配建議

分枝使用就能夠增加分量，筆直的曲線也能成為花藝上活用焦點。

▼插花前準備

整理不需要的葉子，修剪枝條。

鴯鶓草

葉色 ◎

エミューファン

特寫！

如同羽毛一般輕盈

蓬鬆而擁有著獨特的造型，就像是鳥的羽毛一樣十分輕盈，別名又稱做Emu feather（鴯鶓羽毛），屬於細而長的一款葉材，在綠色中出現了紅褐色線條花紋，而且就算是直接做成乾燥花，形狀也幾乎不會有變化。

科／莎草科
屬／莎草屬
原產地／澳洲
英文名稱／Emu fern
日文名／—

＊切葉百科　上市時期／全年

▷澳洲產，全年有一定數量會在市場流通。

❋ 植莖高度／**60～80cm**

❋ 葉材壽命／**14天以上**　💧換水／〇　❋ 乾燥／〇

▼搭配建議

羽毛似的綠色葉材，能夠添加輕盈的動感。

▼插花前準備

修剪植莖。

東方鳶尾

葉色 ●

オクラレルカ

葉子的線條格外帥氣

是鳶尾花的同類，長劍一般的細長葉子，可以生長到1m左右，鮮豔的嫩綠色彩，會從根部朝向尾端一路有漸層變化，到了春季時還會開出類似燕子花的紫色花朵，並且帶著花流通於花市裡。

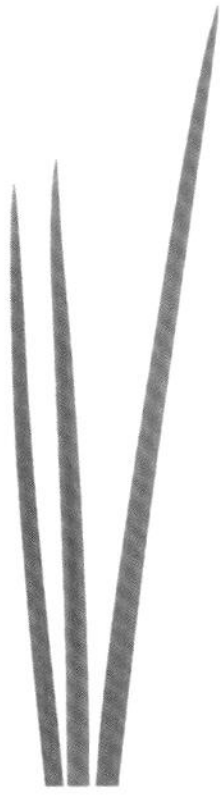

科／鳶尾科
屬／鳶尾屬
原產地／土耳其
英文名稱／*Iris ochroleuca*
日文名／長大（チョウダイ）アイリス

＊切葉百科　上市時期／全年

▷主要由沖繩縣供應，旺季是4～6月。

❋ 葉子尺寸／大

❋ 葉材壽命／**7～10天**　💧換水／〇　❋ 乾燥／✕

▼搭配建議

想讓花藝顯得更加時尚，或者是想要有俐落感的時候，都能派上用場。

▼插花前準備

因為很容易折斷，處理時要格外小心；直接修剪葉子根部。

橄欖

葉色

特寫!

科／木樨科
屬／木犀欖屬
原產地／地中海沿岸

英文名稱／Olive
日文名／阿列布（オリーブ）

煙燻色葉片非常廣用

在柔韌的枝條上長出了細長的葉子，葉子表面是帶有光澤的綠色，但因為背面是白色的，所以被風吹動時，翻飛的葉子會閃閃發光十分美麗。切葉一整年都能供應，葉子在夏天時會比較柔軟，到了冬天又會變硬。

至於果實的部分，可以經過醃漬變成醃橄欖，或者是榨成油來使用。

オリーブ

▼插花前準備

修剪枝條。較粗的枝條可以在切口處劃上幾刀。

▼搭配建議

只要將枝條圈折成圓形，就可以變成非常可愛的花圈，也能夠直接做成乾燥花材。

＊切葉百科

上市時期／全年
▷以國產為主，部分為進口供應，上市主要時間是9～11月。
❋ 枝材高度／**20 ～ 60cm**
❋ 葉材壽命／**7 天左右** 換水／○ ❋ 乾燥／○

木莓葉

葉色

紅葉

科／薔薇科
屬／懸鉤子屬
原產地／日本、北美

英名／Bramble
和名／木莓・黃莓（キイチゴ）

隨著季節而有不同模樣

木莓葉擁有像是小一點的八角金盤形狀的葉子，呈現鮮豔的綠色。

早春時節以冒新芽、開花形式出現，之後才以綠色葉材流通於花市裡，接下來葉子會越長越大，等進入秋天以後，就會從黃色轉變成紅色，以紅葉的模樣上市。

做為切葉形式上市的部分，在懸鉤子屬當中又以無刺的日本木莓為主流。

キイチゴ

▼插花前準備

整理多餘葉子，修剪枝條並在切口處劃上幾刀。

▼搭配建議

春天發新芽時的木莓葉，與早春花卉十分搭配，切分枝條使用的話，還可以增加花藝整體分量。

＊切葉百科

上市時期／全年
▷由國產供應，從發芽到紅葉都有，旺季在5～9月。
❋ 枝材高度／**40 ～ 150cm**
❋ 葉材壽命／**10 ～ 14 天** 換水／○ ❋ 乾燥／╳

玉簪

葉色 ◎

ギボウシ

依顏色展現不同時尚氛圍

卵形的葉子，從底部到前端會出現直線的葉脈紋路，除一般常見的深綠色外，還有帶斑點花紋或黃綠色品種等等，長度在10～50 cm，大小各有不同。7～8月間會開出像百合一樣的穗狀花朵，帶花樣式也會流通於花市裡。

科／天門冬科
屬／玉簪屬
原產地／日本、中國
英文名稱／Plantain lily
日文名／擬宝珠（ギボウシ）

插花前準備

修剪植莖。由於植莖十分柔軟，插花時要小心不要折到。

搭配建議

非常適合日本和風的搭配，至於帶有斑點花紋的玉簪則能呈現時尚氛圍。

＊切葉百科　上市時期／全年

▷由國產供應，旺季在4～6月，8月則會帶花出現。

葉子尺寸／中

葉材壽命／7～10天　換水／○　乾燥／×

香桃木

葉色

ギンバイカ

特寫！

搓揉葉子會散發強烈香氣

散發皮革般光澤的橢圓形葉片，是帶有類似百合香氣的一款常綠灌木，也作為添加料理或釀酒時的香氣之用。會開出有如梅花般的白花，在歐洲會做為婚禮時的裝飾或花束。當作香草的話，則以Myrtle之名為大家所熟知。

科／桃金孃科　屬／香桃木屬
原產地／地中海沿岸
英文名稱／Myrtle
日文名／銀香梅（ギンコウバイ）、銀梅花（ギンバイカ）

插花前準備

整理多餘葉子，修剪枝條，並在較粗枝條切口處劃上幾刀。

搭配建議

屬於不算有個性的葉材植物，因此可以分枝後運用於各種範圍。

＊切葉百科　上市時期／全年

▷由國產供應，春天會帶有花朵，秋天則是結著果實上市。

枝材高度／50～80cm

葉材壽命／14天以上　換水／○　乾燥／×

羽葉蔓綠絨

葉色

クッカバラ

羽毛形狀的觀葉植物

羽葉蔓綠絨的模樣像是熱帶植物，是非常具有視覺效果的一款葉材。頗具厚度的葉子擁有極深裂痕，呈現羽毛的形狀。由於植莖十分柔軟，用手就能夠輕鬆彎折出曲線，可以幫助花藝添加不一樣的風貌。

科／天南星科
屬／蔓綠絨屬
原產地／中美洲、南美洲
英文名稱／*Philodendron kookaburra*
日文名／—

插花前準備

葉片一有受損就會非常明顯，要記得挑選完整無傷的葉子；修剪植莖。

搭配建議

外型充滿個性，使用時只需1～2片即可，如需多片使用，不妨以大小做出變化。

＊切葉百科　上市時期／全年

▷由國產與進口一起供應，旺季在7～8月。

葉子尺寸／中

葉材壽命／14天左右　換水／○　乾燥／×

植梧

グミ

葉色

科／胡頽子科
屬／胡頹子屬
原產地／亞洲、歐洲、北美
英文名稱／Silverberry
日文名／茱萸（グミ）

也有帶果實的種類

葉子背面是銀色

植梧（胡頹子）在全世界約有60種，日本原生的則約15種，以切葉形式上市的主要是小葉胡頹子。帶有明亮綠色的葉子，在背面有著稱為鱗狀毛的細毛，因此看起來像是銀色色澤，也會以木半夏之名流通於花市裡。

▼插花前準備

修剪枝條，並在切口處劃上幾刀後浸入深水，要小心枝條上的尖刺。

▼搭配建議

想讓整體氛圍看起來有輕盈感時，可以利用葉子背面的銀色色澤，效果非常好。

＊切葉百科　上市時期／全年

▷由國產供應，流通時間會避開發芽季節，9～12月是旺季。

❋ 枝材高度／50～100cm

❋ 葉材壽命／14天以上　換水／○　❋ 乾燥／╳

大仙茅

クルクリゴ

葉色

科／仙茅科
屬／仙茅屬
原產地／熱帶亞洲、澳洲
英文名稱／Palm grass
日文名／大金梅笹（オオキンバイザサ）

有著筆直線條的葉脈

寬而細長的葉子充滿亮澤感，並且還會具有突起纖維般的直線型葉脈，做裝飾搭配的時候，可以特別強調大仙茅這個美麗的特色。儘管植莖比較短，葉子卻有達到近1m的長度，適合充滿活力有生氣的設計。

▼插花前準備

修剪植莖；由於葉子很容易直線裂開，在做細部處理時要多留意。

▼搭配建議

葉子可彎折，也可以折成圈，或者是鋪放在花器下方等，可應用方式非常多。

＊切葉百科　上市時期／全年

▷在溫暖的沖繩縣等地栽種，需求量大的夏季是旺季。

❋ 葉子尺寸／大

❋ 葉材壽命／14天以上　換水／○　❋ 乾燥／╳

銀樺葉

グレビレア

葉色

科／山龍眼科
屬／銀樺屬
原產地／澳洲、新喀里多尼亞
英文名稱／Grevillea
日文名／—

備受喜愛的黃金葉色

銀樺是澳洲等地原生的一種常綠灌木，花市主要流通的品種為Rivularis的葉子Gold，以及擁有美麗柔順曲線的Aspleniifolia。Gold這個品種的葉子表面為綠色，背面則是金色，即使乾燥以後顏色也不會改變。

▼插花前準備

修剪枝條。

▼搭配建議

建議可以利用葉子顏色不會改變的特性，做成花圈或倒吊花束。

＊切葉百科　上市時期／全年

▷以進口貨供應為主，少量但品種變化多樣，全年都有流通。

❋ 枝材高度／20～60cm、葉子尺寸／中

❋ 葉材壽命／14天以上　換水／○　❋ 乾燥／○

變葉木

葉色

クロトン

形狀多變又色彩繽紛

樣式十分豐富的一款葉材，有令人印象深刻的黃、紅、紫等顏色，形狀則有線形、螺旋、橢圓等，就連大小尺寸也很多樣。葉子具光澤與彈性，即使一片葉子也具十足存在感，適合做為花藝的焦點或想強調特色時使用。

科／大戟科
屬／變葉木屬
原產地／馬來半島到大洋洲
英文名稱／Garden croton
日文名／変葉木（ヘンヨウボク）

▼插花前準備

因為很容易受損，整理時要格外小心，葉子上的髒汙可以用擦的；修剪植莖。

▼搭配建議

擁有其他葉材所沒有的顏色，想強調花藝或花束的獨特個性時，就能派上用場。

＊切葉百科　上市時期／全年

▷有沖繩縣產，以及來自東南亞的進口貨，旺季在7～8月。

葉子尺寸／中

葉材壽命／7～14天　換水／○　乾燥／╳

銀河葉

葉色

ゲイラックス

鋸齒邊緣的心型葉子

圓圓的心型葉子模樣十分可愛，邊緣呈現鋸齒狀，表面還具有著光澤，顏色則為深綠色，秋天時還會有帶著紅色色調的品種登場。葉子有彈性又柔順，易搭配度可說相當高。葉子會一片片切分後、成把銷售。

科／岩梅科
屬／銀河草屬
原產地／北美東部
英文名稱／Beetleweed
日文名／—

▼插花前準備

挑選帶有美麗光澤的銀河葉；修剪植莖。

▼搭配建議

因為十分柔順，可以圍成細圈，或者是貼在吸水海綿上等來使用。

＊切葉百科　上市時期／全年

▷美國生產的銀河葉會定期供應。

葉子尺寸／小

葉材壽命／1個月左右　換水／○　乾燥／╳

羽衣甘藍

葉色

ケール

葉子邊緣的皺褶很有個性

羽衣甘藍是高麗菜的同類，也因是青汁的原料而知名。葉子邊緣細碎如波浪般的形狀非常有意思，即使只有1片葉子也很具有分量，因此在最近幾年做為葉材的人氣也越來越高。另外，紫色的羽衣甘藍則是個性十足。

科／十字花科
屬／蕓薹屬
原產地／地中海沿岸
英文名稱／Kale
日文名／羽衣甘藍（ハゴロモカンラン）

▼插花前準備

挑選顏色飽滿的羽衣甘藍；修剪植莖。

▼搭配建議

因為造型非常獨特，可以和充滿存在感的花朵做簡單的搭配。

＊切葉百科　上市時期／全年

▷以葉子壽命較長的天涼時節為主，由國產供應。

葉子尺寸／中

葉材壽命／5～10天　換水／○　乾燥／╳

朱蕉

コルジリネ

科／天門冬科
屬／朱蕉屬
原產地／東南亞、澳洲

英文名稱／Good-luck plant
日文名／千年木（センネンボク）

葉色 ——— ●●●●◎

紅、咖啡、條紋等花樣 擁有繽紛多彩的顏色

具有光澤的繽紛葉色為最大特徵的朱蕉，屬於瓶插壽命非常耐久的一款葉材，也是非常受歡迎的園藝觀葉植物。進行大型花藝搭配時，會連葉帶枝一起用上，如果是小型花藝時，則會將葉子一片片分開使用，可說是相當好運用的葉材。

除了有紅色、卡布奇諾、白雪等，以葉子顏色命名的品種以外，還有帶著直條紋的Green Stripe、Gold Stripe等品種，在顏色、花紋上，都有著微妙差異的不同選擇，品種非常豐富，而且不限季節全年穩定供應。

可能是因為質感非常相似，有時候還會被錯植成科、屬都不一樣的龍血樹名字出現於花市裡，兩者最明顯的不同點在根的形狀，光從花材恐怕看不出差別，但會帶有根莖的就是朱蕉。

特寫！

Other Type

Red

Lemon Red Edge

擁有漂亮直條紋的Silver Stripe（右）以及Gold Stripe。

▼插花前準備

修剪枝條。
＊奄奄一息的時候修剪枝條。

▼搭配建議

把咖啡色葉子搭配上甜美粉色花朵，就能營造出摩登的大人氛圍，不僅帶有光澤還能提升高級感。如果使用有白色斑點的朱蕉，則能夠展現清爽而明亮的氣息，不妨依照花藝設計的目的，再來挑選葉子顏色吧。

＊切葉百科

上市時期／全年
▷以東南亞各國的進口貨為主，不過也有國產，都是大量流通於花市裡。在抽新芽葉季節時吸水能力差，此時產量稍減。

枝材高度／**40～80cm**
葉材壽命／**14天以上**
換水／◎　乾燥／✕

無尾熊草

葉色 ●

コアラファン

像是蓬鬆的鳥羽毛

無尾熊草的葉子就像是鳥羽毛一樣，柔軟、細碎的葉子聚集在一起成串生長，而綠色的植莖則不時看得到咖啡色紋路。這是澳洲特有的植物，原生於靠近海岸邊的乾燥地帶，雖然全都是靠進口供應，但流通量十分穩定。

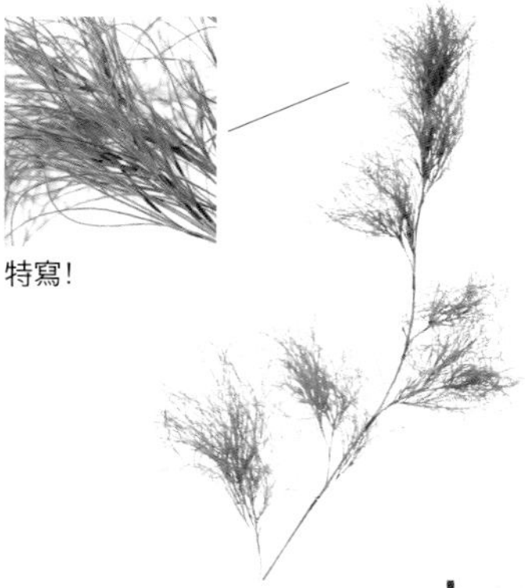

科／莎草科
屬／莎草屬
原產地／澳洲
英文名稱／Koala fern
日文名／—

▼插花前準備

修剪植莖。
＊奄奄一息的時候敲碎植莖切口處。

▼搭配建議

利用葉子本身具有的空氣感，不要全部塞滿，留出空間與草花搭配出輕盈感。

＊切葉百科　上市時期／全年

▷由澳洲產供應，全年穩定流通。

❋ 植莖高度／60～80cm

❋ 葉材壽命／10～14天　換水／○　❋ 乾燥／○

海星蕨

葉色 ●

シースターファン

沒有水也能插花使用

張開呈傘狀的葉子是其最大特色，廣布於澳洲原生林底部的一種蕨類植物，名稱來自於外型就像是海中的海星一樣。細小葉子壽命很長，即使沒有吸水也能運用，甚至也有將海星蕨，纏在花藝上這種獨特的搭配方法。

科／裏白科
屬／裏白屬
原產地／澳洲
英文名稱／Seastar fern
日文名／—

▼插花前準備

修剪植莖。
＊奄奄一息的時候敲碎植莖切口處。

▼搭配建議

適合運用於通過葉材透視、欣賞到花朵的設計，就算分枝使用也可以。

＊切葉百科　上市時期／全年

▷大都是來自於澳洲生產，全年有固定數量流通。

❋ 植莖高度／50cm

❋ 葉材壽命／10～14天　換水／○　❋ 乾燥／○

鋼草

葉色 ●

スチールグラス

質地堅硬又十分細長

鋼草是一款葉子前端極尖又細長的葉材，長度能達1～2m，而且就像是它的另一個英文名字Steel grass一樣，具有著鋼鐵般的堅硬質感，常出現在大型花藝中，做為修飾線條的好用花材，不過要注意過度彎折還是會斷。

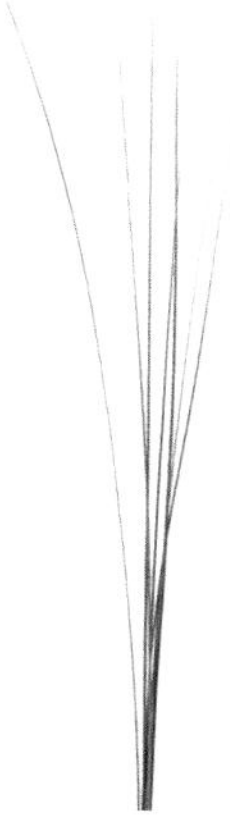

科／阿福花科
屬／刺葉樹屬
原產地／澳洲
英文名稱／Grass tree、Blackboy
日文名／—

▼插花前準備

葉子前端硬又尖，處理時要小心；修剪植莖。

▼搭配建議

可以垂直豎立擺放，也能夠綁成一束讓頂端散開成扇形。活用其曲線來做設計。

＊切葉百科　上市時期／全年

▷供應的僅有從澳洲所進口，流通數量固定。

❋ 植莖高度／80～110cm

❋ 葉材壽命／14天以上　換水／○　❋ 乾燥／○

山蘇

タニワタリ

葉色

紮實葉子有多種玩搭方式

山蘇是一種葉子不但有光澤又厚實的蕨類植物，葉子前端尖、邊緣擁有海浪拍打般的波浪形狀。因為不容易腐爛且十分厚實，可以自由自在彎折或捲成圈，也能夠鋪在透明花器最下方，用來遮蓋插花的海綿。

科／鐵角蕨科
屬／鐵角蕨屬
原產地／日本、台灣
英文名稱／Spleenwort
日文名／大谷渡（オオタニワタリ）

▼插花前準備

挑選擁有鮮豔綠色又水嫩的山蘇；修剪植莖。

▼搭配建議

可以捲起來變圓圈，也可以對半折起來，或者是撕成小片，玩法多樣。

*切葉百科　上市時期／全年

▷由國內的溫暖地帶供應，夏天時流通量會增加。

❋ 葉子尺寸／中・大

❋ 葉材壽命／14天以上　換水／○　❋ 乾燥／×

海州骨碎補

タバリアファン

葉色

宛如細膩的蕾絲工藝

細碎分裂的葉子排列成三角形，由於有著蕾絲般的通透感，能帶來纖細又高雅的氛圍。也因不會太過搶眼，加上植莖十分柔順，無論跟哪一種花都能夠輕鬆搭配，可說是相當好用的一款葉材，顏色則屬於清新的綠色。

科／骨碎補科
屬／骨碎補屬
原產地／馬來西亞
英文名稱／Hare's-foot fern
日文名／—

▼插花前準備

修剪植莖；因為不耐乾燥，所以要注意擺放地點的濕度。

▼搭配建議

利用其透明感，與冷色調花朵搭配營造涼爽感。做成押花也很漂亮。

*切葉百科　上市時期／全年

▷來自馬來西亞等地進口，有一定的流通數量。

❋ 植莖高度／15～25cm

❋ 葉材壽命／10～14天　換水／○　❋ 乾燥／×

腎蕨

タマシダ

葉色

鋸齒狀的輪廓十分獨特

帶著明亮綠意的細長葉子，就沿著中軸線左右兩側、如鋸齒狀般的成串而生，葉子表面有著微微光澤，與葉子形狀完全相反的圓形花朵是最佳搭檔。

葉子前端的新葉很容易受損，可以摘掉以後再來配置使用。

科／篠蕨科
屬／腎蕨屬
原產地／熱帶、亞熱帶各地
英文名稱／Ladder fern、Sword fern
日文名／玉羊歯（タマシダ）

▼插花前準備

吸水性絕佳，非常好利用；修剪植莖。

▼搭配建議

集合多枝腎蕨與個性化花朵組合起來，就能夠營造出摩登氛圍。

*切葉百科　上市時期／全年

▷由國內的溫暖地帶供應，一整年都有一定流通數量。

❋ 植莖高度／約30cm

❋ 葉材壽命／5～10天　換水／○　❋ 乾燥／×

水甘草

チョウジソウ

葉色

秋天的紅葉倍受矚目

柔軟植莖上有著紅葉，秋季變色的草葉種類很少，讓它成了人氣花材之一。春天時會開出可愛小花，夏季時則以綠色葉材流通於花市中。原是生長在日本各地的野草，不過現在花市所流通的，則為同種類的北美原生種。

特寫！

科／夾竹桃科
屬／水甘草屬
原產地／日本、北美、小亞細亞
英文名稱／Bluestar
日文名／丁子草（チョウジソウ）

＊切葉百科　上市時期／9～11月（紅葉）

▷5月時帶著花上市，接著是綠色葉材，秋天時則為紅葉型態。

枝材高度／40～50cm

葉材壽命／7～10天　換水／○　乾燥／○

插花前準備

修剪植莖；屬於吸水能力非常好的花材。

搭配建議

分枝使用，能做為搭配時的緩衝中間花材，也可為花束增添分量。

空氣鳳梨

チランジア

葉色

不需要泥土的空氣植物

空氣鳳梨多數附生在樹木或岩石上，透過葉子來吸收水分，因此不需要供應水分，常做為裝飾之用。常被用於花藝搭配的松蘿鳳梨（右圖）就帶有柔軟質感，只要通風良好，使用噴霧方式供應水分就會持續生長。

特寫！

科／鳳梨科
屬／鐵蘭屬
原產地／北美、南美
英文名稱／Tillandsia、Airplants
日文名／—

＊切葉百科　上市時期／全年

▷幾乎都是由菲律賓等的進口貨供應，也有部分國產流通。

植莖長度／10～80cm

葉材壽命／14天以上　換水／不需要　乾燥／○

插花前準備

儘管不需要插在水裡，還是需要定期噴霧來供給水分。

搭配建議

裝飾於沒有直射陽光，通風良好的地點。

黃楊

ツゲ

葉色

長滿了帶著光澤的葉片

枝條細碎分杈，密集地長滿了散發皮革般光澤的葉子，因此光是單枝看起來就很有分量。也有葉子是咖啡色的紅黃楊，也是適合做成乾燥的一種花材。因黃楊是質地細緻的樹木，木頭也被用來製作梳子。

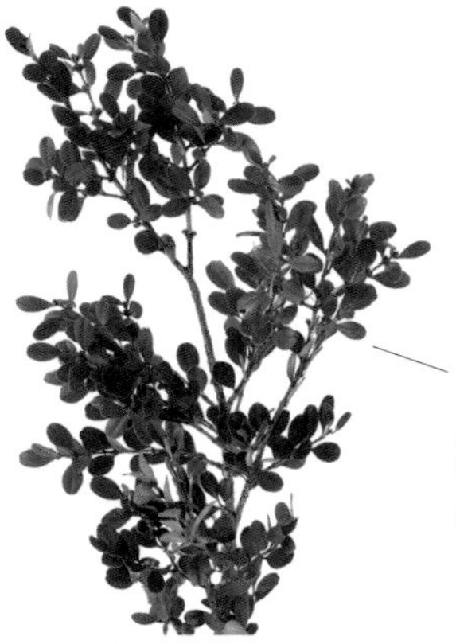

特寫！

科／黃楊科
屬／黃楊屬
原產地／地中海沿岸、日本等地
英文名稱／Boxwood
日文名／柘植・黃楊（ツゲ）

＊切葉百科　上市時期／全年

▷旺季在11～12月，幾乎都在耶誕節時流通。

枝材高度／40～70cm

葉材壽命／14天以上　換水／○　乾燥／○

插花前準備

修剪枝條，並在較粗枝條切口劃上幾刀。

搭配建議

葉子密集叢生，分枝使用的話分量就能變多。也適合園藝修剪造型用。

風箱果

テマリシモツケ

葉色 —— ●●●●

或紅或黃的葉色極美

會開出類似麻葉繡線菊花型的落葉灌木，葉子顏色非常豐富，人氣也逐漸攀升。花市常見品種是原本黃銅色葉子、到秋天會變成大紅的紫葉風箱果Diabolo；還有從亮麗嫩黃色轉成黃綠色，最後再變成綠色的金葉風箱果Luteus。

特寫！

科／薔薇科
屬／風箱果屬
原產地／北美
英文名稱／Ninebark
日文名／手毬下野（テマリシモツケ）

▼插花前準備

修剪枝條。因非常會吸水，所以花器裡要放滿滿的水。

▼搭配建議

將葉子有紅、黃等不同顏色的品種組合起來，可以讓彼此互相襯托。

＊切葉百科　上市時期／5～11月

▷僅由國產供應，從初夏的花朵到結果、直至晚秋為止，都有流通。

❋ 枝材高度／50～100cm

❋ 葉材壽命／5～7天　換水／○　❋ 乾燥／╳

木賊

トクサ

葉色 —— ●

特寫！

像問莖的蕨類植物

外觀看起來就像是大型的問莖，筆直朝上生長的深綠色植莖，不時地會有黑節點出現，表面相當堅硬還有著粗糙手感。由於植莖中空，所以很輕鬆就能折疊彎曲，能作成各式各樣的形狀也是它的一大魅力。

科／木賊科
屬／木賊屬
原產地／北半球溫帶
英文名稱／Scouring rush
日文名／砥草・木賊（トクサ）

▼插花前準備

挑選植莖相當紮實的木賊；修剪植莖。

▼搭配建議

修剪相同高度，沿著吸水海綿圍繞插成一圈，就能搭配和風花器了。

＊切葉百科　上市時期／全年

▷國產供應，不過主要都是流通盆栽形式，旺季是6～10月。

❋ 植莖高度／50～70cm

❋ 葉材壽命／7～10天　換水／○　❋ 乾燥／╳

龍血樹

ドラセナ

葉色 —— ●●●◎

擁有多種漂亮葉色

龍血樹擁有許多葉片上帶有直線條的類型，因為模樣極美而成為了人氣的觀葉植物。切葉也是一樣，無論是曲線細緻還是橢圓形葉子都有，種類很豐富，不過主要流通的是富貴竹（右圖）、星點木等等的品種。

科／天門冬科
屬／龍血樹屬
原產地／熱帶亞洲、非洲
英文名稱／Dracaena、Dragon tree
日文名／銀葉千年木（ギンヨウセンネンボク）

▼插花前準備

修剪枝條。

▼搭配建議

不妨大量使用帶斑點的葉子，只要再加一種花，立刻展現時尚氣息。

＊切葉百科　上市時期／全年

▷從國產到進口都有，栽種著各式各樣的種類，一整年穩定流通。

❋ 枝材尺寸／40～80cm

❋ 葉材壽命／14天以上　換水／○　❋ 乾燥／╳

日本吊鐘花

葉色 ——

ドウダンツツジ

科／杜鵑花科
屬／吊鐘花屬
原產地／日本

英文名稱／White enkianthus
日文名／灯台躑躅（ドウダンツツジ）

新綠、紅葉色澤都很搶眼 人氣翻天的枝條類選擇

枝條上分散地長著小巧葉子，日本吊鐘花是一款枝條線條極美，又很好搭配的葉材，光是分拆成不同小枝條直接單獨使用，就非常美。若是插進花瓶裡，更有著其他觀葉植物所沒有清新氣息，屬於只需簡單配置，就能輕鬆打造家居綠意時尚風格。

這款原生於日本的落葉灌木，常見於庭園樹木或被當路樹來運用。枝條上呈放射狀、滿滿輕盈感的橢圓形葉子，在春夏之間，花市看到的枝葉是帶著清爽綠意；到了秋天則變成帶有鮮豔紅色的枝葉；發新綠的季節裡，甚至還有帶著花朵的枝條，像是鈴蘭般的鐘型小花會開滿整個枝椏。

至於單朵花型較大、花瓣還有紅色線條的布紋吊鐘花，也會出現於花市中。

令人印象深刻的布紋吊鐘花，有著可愛紅花。

特寫！

紅葉

插花前準備

挑選枝條健康、葉色新鮮的吊鐘花；整理多餘葉子，修剪枝條並在切口處劃上幾刀。

＊奄奄一息的時候
修剪枝條，在切口處劃上幾刀或者是敲碎纖維組織。

搭配建議

利用枝繁葉茂的特色，做為大型花藝的背景裝飾。或剪下有葉子的枝條，添加於小型花束裡，也一樣迷人。由於吊鐘花枝條相當柔軟而適合分切運用，不妨可適度地做一些彎折，在花材較少時也能幫忙完美固定，成為相當好用的天然劍山。

＊切葉百科

上市時期／3～11月

▷僅有國產供應，從冒嫩芽到秋天紅葉為止都有出貨。近幾年出口到中國等地的量也持續增加，旺季是5～6月。

枝材尺寸／**60～250cm**

葉材壽命／**7～14天**

換水／○　　乾燥／✕

鳴子百合

ナルコ

葉色 ● ◎

科／天門冬科
屬／黃精屬
原產地／日本
英文名稱／Solomon's-seal
日文名／鳴子百合（ナルコユリ）、甘野老（アマドコロ）

帶來山林自然氣息

彎曲如弓箭的植莖上，長出模樣像是竹葉般的鮮嫩葉子，葉片呈現橢圓形狀，一般都會帶有斑點花紋，而做為切葉形式出現於花市裡的，其實是同屬的玉竹，兩種都是原生於日本各地山林間，要注意它並不耐悶熱。

插花前準備

挑選帶有斑點的漂亮葉子，摘除黃葉、修剪植莖。

搭配建議

不只能搭配和風，與西式花朵也很合適，可以選擇與斑點同色花材搭配。

＊切葉百科　上市時期／2～10月

▷由國內產地供應，旺季在5～7月。

❋ 植莖高度／30～60cm

❋ 葉材壽命／7～14天　換水／○　❋ 乾燥／╳

新西蘭葉

ニューサイラン

葉色 ● ◎

科／天門冬科
屬／紐西蘭麻屬
原產地／紐西蘭
英文名稱／New Zealand flax
日文名／新西蘭（ニューサイラン）

尖銳又結實的葉形

前端尖而細長的葉子彷彿一把堅硬長劍，從葉子能夠取出強韌纖維，可做成織物或網子等。葉脈呈直線條走向，所以能夠很輕鬆就以手撕開。葉子除了有亮綠顏色以外，還有帶著直條紋的紅或白色花樣等不同品種。

插花前準備

修剪植莖；由於葉子十分堅硬又銳利，要小心別被邊緣割到手。

搭配建議

除了可以豎直做為花藝的背景襯托，還能夠撕開、捲成圓圈或編織形狀。

＊切葉百科　上市時期／全年

▷由國產供應。

❋ 葉子尺寸／大

❋ 葉材壽命／10～14天　換水／○　❋ 乾燥／╳

芭蕉

バショウ

葉色 ●

科／芭蕉科
屬／芭蕉屬
原產地／中國
英文名稱／Japanese fiber banana
日文名／芭蕉（バショウ）

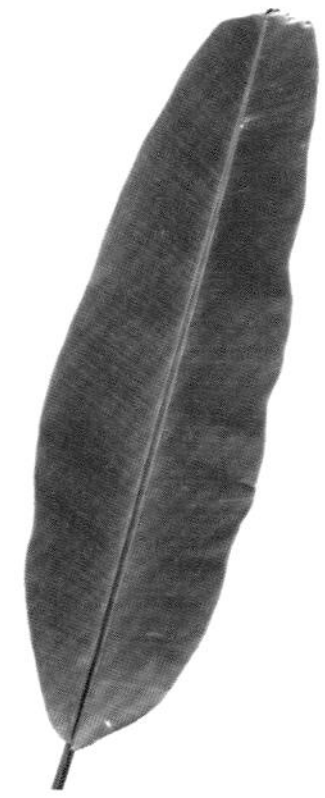

形似香蕉的大型葉子

有著亮綠色的大型葉子，花市裡看到的大多都是長約1m左右的美人蕉，但也有超過2m以上的品種，可以利用葉子本身大尺寸優點，來做出活力滿點的花藝。外型非常相似的香蕉葉，也會以芭蕉之名流通於花市中。

插花前準備

葉片非常柔軟而很容易裂開，處理時要多加注意。修剪植莖。

搭配建議

利用芭蕉本身的存在感，搭配熱帶或造型獨特的花朵，能夠更加突顯其特色。

＊切葉百科　上市時期／6～10月

▷以夏季為主，沖繩縣會有少量供應，旺季在7～8月。

❋ 葉子尺寸／大

❋ 葉材壽命／7～10天　換水／○　❋ 乾燥／╳

葉牡丹

葉色 ─── ● ○ ● ● ● ◎

ハボタン

科／十字花科
屬／蕓薹屬
原產地／歐洲

英文名稱／Decorative kale
日文名／葉牡丹（ハボタン）

形狀如同花朵般的葉子也能作為花藝主角

　看起來像是花瓣的部分，其實全部都是葉牡丹的葉子，而名字也是來自於模樣像是一朵牡丹。江戶時代做為食用目的而傳入，之後才變成觀賞葉子的植物，花市供應的主要是在日本進行改良的品種。

　一般的葉牡丹都是外緣為綠色，中心是白色或紅紫色類型，至於形狀則有圓形葉片、邊緣緊縮、也有極深裂痕或皺褶等等，誕生出各式各樣不同品種。

　而且最近幾年還有顏色往外逐漸漸層的變色，或者是澄澈的粉紅、紫色、甚至全黑的葉子登場，是非常活躍於耶誕節或新年的裝飾花卉。

　與花圃、盆栽種植的大株類型不一樣，花市裡看得到的都是植株較小型、但植莖會較高且筆直生長的款式。

特寫！

底部

Other Type

戀姿

Feather Red

Black Angel豔

新穎類型有Black Leaf豔、及叢開類的Ellena。

▼插花前準備

挑選植莖筆直生長且葉子顏色鮮豔的葉牡丹。修剪植莖，盡量裝飾於陰涼場所。

＊奄奄一息的時候
使用浸燙法，以報紙包起來，將植莖浸在沸騰熱水中約5秒再浸入水中，修剪過花莖就可以開始插花作業。

▼搭配建議

人氣的正月花材，在鮮花稀少的冬天裡，成為擁有多樣顏色選擇的珍貴花材。色調時尚的品種，甚至還能夠取代花朵，成為花藝搭配的主角。由於植莖比較粗糙很難與葉子取得美感平衡，所以在搭配組合時可以將植莖遮掩起來。

＊切葉百科

上市時期／11～2月

▷做為迎接春天的花材，主要由國產供應，集中在12月中旬至年底間流通。

植莖高度／20～70cm

葉材壽命／14天以上

換水／○　乾燥／×

輪傘莎草

パピルス

葉色

科／莎草科
屬／莎草屬
原產地／北非、熱帶非洲
英文名稱／Papyrus sedge
日文名／紙蚊帳吊（カミガヤツリ）

放射狀伸展的水草

群生於河畔的一種水生植物，古埃及時代將植莖做成紙張的原料。在筆直延伸的植莖前端，會長出看起來像葉子般的萼片，看起來十分清爽，是在夏季時能夠帶來涼意的重要綠色葉材，也是充滿欣賞樂趣的觀葉植物。

特寫

插花前準備

修剪植莖；因為非常會吸水，所以要給予豐沛的水分。

搭配建議

向四面八方散開的獨特形狀，即使只使用單一的莎草來插花也很有型。

＊切葉百科　上市時期／5～9月

▷初夏到夏季之間，會有部分國產供應。

植莖高度／40～60cm

葉材壽命／5～7天　換水／○　乾燥／╳

蜘蛛抱蛋

ハラン

葉色 ◎

科／天門冬科
屬／蜘蛛抱蛋屬
原產地／日本、中國
英文名稱／Barroom plant
日文名／葉蘭（ハラン）、馬蘭（バラン）

各式各樣的斑點非常美

柔順又結實的寬幅葉子，不但觀賞期長，還能夠折疊、撕開等等，使用方法非常多，因葉子具有殺菌效果，也被用於鋪放在料理底下。除了有深綠顏色外，也有條紋、斑點等花紋，漂亮的葉型也是搭配時的最佳點綴。

插花前準備

挑選尖端、植莖都看起來很鮮嫩的葉子。修剪植莖。

搭配建議

因為非常柔順，可以捲成圈或者折出形狀、撕開等等來使用。

＊切葉百科　上市時期／全年

▷由國產供應，流通的都是栽種於戶外樹蔭底下的種類。

葉子尺寸／大

葉材壽命／14天以上　換水／○　乾燥／╳

斑蘭葉

パンダナス

葉色 ◎

科／露兜樹科
屬／露兜樹屬
原產地／亞洲、非洲、大洋洲等
英文名稱／Screw pine
日文名／蛸の木（タコノキ）

葉子非常有型

大多自然生長於熱帶地區的常綠植物，硬而細長的葉子，通常都是以黃綠色帶有斑點花紋類型流通於花市裡，也可以將過長的葉子修剪來使用。長得非常厚實的樹根看起來就像是章魚腳一樣，在日本也稱為章魚樹。

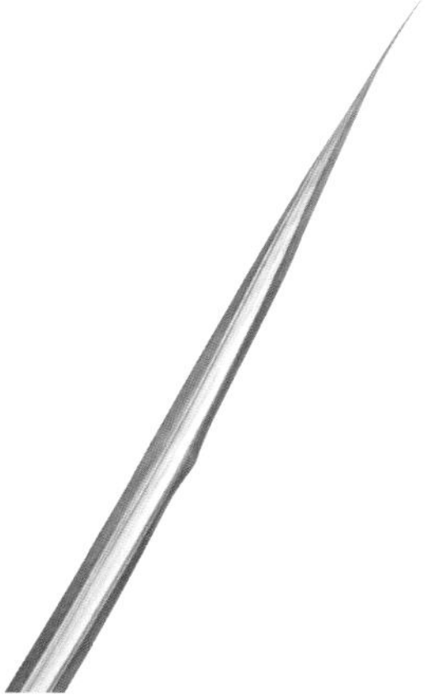

插花前準備

要挑選到葉尖都依舊筆挺的葉子。修剪根部。

搭配建議

葉子前端呈現細長伸展的模樣，非常適合搭配俐落又時尚的花藝。

＊切葉百科　上市時期／全年

▷也有來自沖繩縣的供應，不過主要都來自馬來西亞。

葉子尺寸／大

葉材壽命／14天以上　換水／◎　乾燥／╳

柊樹

ヒイラギ

葉色 ◎

能夠除厄驅魔 充滿尖刺的個性派

邊緣像是刺般的鋸齒狀葉子，帶有光澤的濃綠色。自古以來因具有驅魔效果而為人所熟悉，在節分這天甚至還有為了驅逐厄運，會將沙丁魚魚頭插在柊樹樹枝上並裝飾於門口的習俗。日本將柊樹稱為Hiiragi，就是源自於帶有刺痛感的日文「疼痛Hiiragu」一詞。至於會長出紅色果實的歐洲冬青，與柊樹則是不同屬種的植物。

科／木樨科
屬／木樨屬
原產地／日本、台灣

英文名稱／False holly
日文名／柊（ヒイラギ）

特寫！

▼插花前準備

修剪枝條並劃上幾刀。需注意若乾燥的話，葉子就很容易掉落，要不時噴霧來幫忙補充水分。

▼搭配建議

只要加上幾支柊樹樹枝就很有耶誕節氣氛，整理重疊的多餘葉子，裝飾時可以多顯露出充滿個性的葉子造型；加在花圈裡也很迷人。

＊切葉百科

上市時期／12～2月
▷以耶誕節及2月的節分使用為主，由國產供應。
❋ 枝材高度／30～80cm
❋ 葉材壽命／10～14天　換水／○　❋ 乾燥／○

鹿角草

ヒカゲノカズラ

葉色

也會用於神道儀式上 是細葉蕨類植物的同類

自由生長在山林裡，在冬季依舊擁有鮮綠色的常綠蕨類植物，也因不容易乾枯，一直以來都會被使用於神道儀式或正月新年裝飾上。

彷彿攀附著地面而生長，不時會伸出約15cm長的直立植莖，長得像杉樹般的針狀葉子，滿滿地遍布於植莖上也是特色之一。植莖具彈性及柔軟度，也可以捲成圈來運用。

科／石松科
屬／石松屬
原產地／北半球溫帶

英文名稱／Ground pine
日文名／日陰の葛（ヒカゲノカズラ）

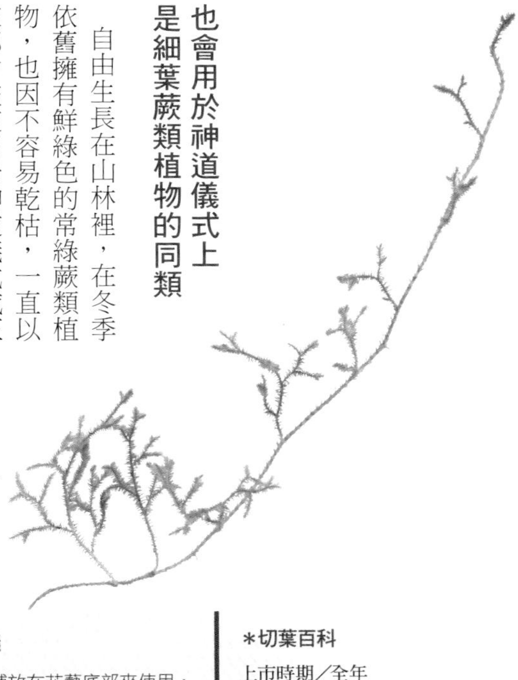

特寫！

▼插花前準備

修剪植莖。為了讓枝材的綠色可以更持久，關鍵就是不要讓它乾燥，保持一定濕度，噴霧會是很有效的方法。

▼搭配建議

可以分枝後鋪放在花藝底部來使用，遮掩住吸水海綿也非常合適，就算泡在水裡也不容易腐爛。

＊切葉百科

上市時期／全年
▷負責供應耶誕節及新年正月裝飾的國產貨，流通量以12月為主。
❋ 植莖長度／60～80cm
❋ 葉材壽命／14天以上　換水／◎　❋ 乾燥／○

扁柏

ヒノキ

葉色

科／柏科
屬／扁柏屬
原產地／日本

英文名稱／Hinoki cypress
日文名／檜（ヒノキ）

果實

特寫！

帶著果實上市的葉子 也帶有能使人放鬆的香氣

扁柏是被稱為Conifer的常綠針葉樹的一種，在日本分布範圍相當廣，自古以來就是非常為人所熟悉的建築用木材。

扁柏葉子呈現針狀，擁有漂亮的綠色，並具有抗菌防腐的效果，另外帶有清涼感的香氣，更能帶來令人放鬆的功效。到了冬季，在花市裡還能看到帶有圓形咖啡色果實的扁柏。

▼插花前準備

整理多餘葉子，修剪枝條並且在切口處劃上幾刀。

▼搭配建議

可與日本冷杉、日本扁柏等耶誕節出現的葉材，一起組合成花圈或倒吊花束。也是一般花藝搭配時的重要點綴要角。

＊切葉百科

上市時期／10～12月

▷因為是做為耶誕節的裝飾，因此會集中在這個時節供應。

枝材尺寸／80～100cm

葉材壽命／14天以上　換水／○　乾燥／○

日本扁柏

ヒバ

葉色 ◎

科／柏科
屬／扁柏屬
原產地／日本

英文名稱／Japanese cypress
日文名／檜葉（ヒバ）

葉子緊密生長的針葉樹 也是人氣的耶誕花材

與扁柏一樣，日本扁柏也是常綠針葉樹Conifer的一員，以切葉形式經常可見的品種是孔雀扁柏，枝葉組成的模樣，就像是孔雀的羽毛一樣而得名，除了亮綠色以外，也有葉尖染黃的品種。

日本扁柏也具有著常綠針葉樹特有的清新香氣，因而也成為耶誕節裝飾極受歡迎的花材選擇。

特寫！

▼插花前準備

整理多餘葉子，修剪枝條並且在切口處劃上幾刀。

▼搭配建議

想要有耶誕節裝飾氛圍時的常用花材，搭配時如果能突顯出葉尖特色，也能賦予整體花藝動態感。是適合做為花圈的花材。

＊切葉百科

上市時期／全年

▷以耶誕節需求為主，由國產供應。

枝材尺寸／80～100cm

葉材壽命／14天以上　換水／○　乾燥／○

海桐

ピットスポルム

葉色 ● ◎

彎曲而密生的細葉

在細長枝條上長滿了帶著些許彎曲的小葉，花市裡的海桐除了純綠色以外，還有葉子邊緣帶有白、黃斑點的類型這2種。無論與哪一種花材都很好搭配，因此只要準備一枝海桐，就能在花藝配置時派上用場。

科／海桐科
屬／海桐屬
原產地／紐西蘭
英文名稱／Kohuhu
日文名／黒葉海桐花（クロバトベラ）

▼插花前準備

插花前先抖一抖枝條讓老舊葉子掉落。修剪枝條。

▼搭配建議

帶有動感的一款綠色葉材，適合與大而飽滿的花材類，像是玫瑰等來搭配。

＊切葉百科　上市時期／全年

▷除了從義大利進口以外，也有流通部分國產。

❋ 枝材尺寸／**30～60cm**

❋ 葉材壽命／**10天左右**　換水／〇　❋ 乾燥／╳

日本花柏

ヒムロスギ

葉色 ●

製作花圈基底的葉材

與扁柏、日本扁柏一樣都屬於常綠針葉樹Conifer，泛著灰色的綠色葉子擁有縫衣針般的銳利形狀，葉片質地柔軟而枝條則具有彈性。由於葉子的長勢很好，拿來做為花圈的基底，就能夠完成非常有立體感的作品。

特寫！

科／柏科
屬／扁柏屬
原產地／日本
英文名稱／Sawara cypress
日文名／檜椹杉（ヒムロスギ）、姫椹（ヒムロ）

▼插花前準備

挑選葉片顏色漂亮的日本花柏，修剪枝條並在切口處劃上幾刀。

▼搭配建議

推薦可做為耶誕節的應景裝飾，與溫和色系的花朵也十分相配。

＊切葉百科　上市時期／全年

▷以耶誕節為主，由國產貨供應。

❋ 枝材尺寸／**30～120cm**

❋ 葉材壽命／**14天以上**　換水／〇　❋ 乾燥／〇

斐濟果

フェイジョア

葉色 ●

表裡不同的葉色變化

枝葉上蛋形葉片與尤加利非常相似，葉子質地柔軟、表面呈現光澤的綠色，但背面則有細小絨毛覆蓋，看起來就像是銀色的葉子。除了以切葉形式流通於花市，還有酸甜的果實可供食用，包括花朵也是食用花卉之一。

科／桃金孃科
屬／野鳳榴屬
原產地／南美
英文名稱／Feijoa
日文名／—

▼插花前準備

葉子很容易掉落，插花時要注意。修剪枝條。

▼搭配建議

因為葉子的表裡顏色不一樣，所以只要添加這款葉材，就能為整體帶來變化。

＊切葉百科　上市時期／全年

▷在吸水能力較差的初夏～夏季時間以外，會有固定數量供應。

❋ 枝材尺寸／**40～100cm**

❋ 葉材壽命／**14天以上**　換水／〇　❋ 乾燥／〇

礬根

葉色

葉子背面

Other Type

Caramel

Silver Duke

有各式能襯托花色的典雅葉片顏色。

ヒューケラ

科／虎耳草科
屬／礬根屬
原產地／北美、墨西哥

英文名稱／Coral bells
日文名／壺珊瑚（ツボサンゴ）

葉子結實且壽命長 還有豐富的中性色彩

如手掌般的葉子擁有獨特的美麗配色，可說是葉色非常豐富的一款葉材，綠、黃、紫紅等顏色以外，還有著淡咖啡色的中間色，並且還出現葉脈帶有紅斑、葉面上遍布斑點的種類等等，花紋同樣是非常多樣。礬根（珊瑚鈴）原本就是非常受歡迎的易種植園藝植物，生長於陰涼處、有著繽紛葉色，因為色彩多變化的迷人魅力，也開始以切葉形式登場，現在儼然是花藝搭配時的一大人氣常用葉材。

葉薄，具有著低調舒適的質感，葉型像是比較圓的楓葉，帶來惹人憐愛的氛圍，很容易與其他花材搭配，而且壽命很長。以盆栽種植礬根的話，春季到初夏間，還會有綻放小花可以跟葉子一起欣賞。

插花前準備

修剪植莖。
＊奄奄一息的時候修剪植莖。

搭配建議

植莖很短，所以適合小型花藝，由於葉面扁平，所以也可以用來遮掩吸水海綿。可加以活用其中性色彩，將多種不同顏色的礬根一起搭配，光以葉子為主角的花藝也非常迷人。

＊切葉百科

上市時期／全年
▷國產的切葉僅有少量供應。

葉子尺寸／小
葉材壽命／5～7天
換水／○　乾燥／×

米太蘭

フトイ

葉色 ——●◎

可彎折起來做造型

米太蘭（莞）是生長於濕地的植物，筆直伸展的鮮豔綠色線條也帶來一股涼意，纖細植莖的頂端會開出茶褐色的花穗。由於植莖中空能輕鬆彎折，可以做出許多不同造型設計，另外也有帶橫條或直線斑紋的種類。

科／莎草科
屬／擬莞屬
原產地／日本
英文名稱／Softstem bulrush
日文名／太藺（フトイ）

＊切葉百科　上市時期／全年
▷由國內的溫暖地帶生產。
❋ 植莖高度／60～100cm
❋ 葉材壽命／10天左右　換水／○　❋ 乾燥／×

▼搭配建議
將多枝綁一起，展現出趣味的直線條。若帶有線條斑紋，則適合夏季花藝搭配。

▼插花前準備
挑選花穗沒有發黑的米太蘭。修剪植莖。

熊草

ベアグラス

葉色 ——●

適合用於描繪曲線

堅硬又具彈性的細長葉子，長度達50～80 cm，直立擺放時會展現出微微弧線，若將多枝熊草集合在一起，就能欣賞由葉子前端所描繪出來的美麗線條。由於質地很結實，可以綁在花莖上，或圍成環狀、做成其他曲線等。

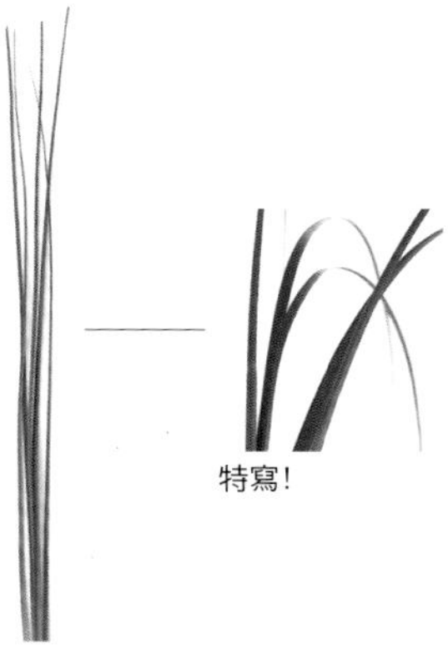

科／莎草科
屬／薹屬
原產地／北美
英文名稱／Bear grass
日文名／—

＊切葉百科　上市時期／全年
▷由來自北美的進口貨供應。
❋ 植莖高度／50～80cm
❋ 葉材壽命／14天以上　換水／○　❋ 乾燥／○

▼搭配建議
熊草因為具有著一定長度，可以隨意裁剪不同長短搭配，讓花藝有更多變化。

▼插花前準備
葉子前端變咖啡色的話就已經是老葉了，修剪葉子根部可以讓壽命更久。

紫葉李

ベニスモモ

葉色 ——●

從新葉就開始泛紅

春季到秋季間登場，葉子顏色會變得越來越深是一大特色，而且從新葉就開始泛紅，進入秋天以後顏色則會加深，最終轉成暗紅色，在能夠欣賞葉色變化的葉材中，可說相當珍貴，花朵則長得像日本山櫻。

科／薔薇科
屬／李屬
原產地／西南亞洲、高加索地區
英文名稱／Purple cherry plum
日文名／紅葉李（ベニバスモモ）

＊切葉百科　上市時期／3～6月、9～11月
▷靠國產供應，葉子以秋天為主，春天則是由花朵登場。
❋ 枝材尺寸／60～150cm
❋ 葉材壽命／10～14天　換水／△　❋ 乾燥／×

▼搭配建議
搭配暗色系花朵，就能打造出典雅的大人味風韻花藝。

▼插花前準備
修剪枝條，在切口處劃上幾刀。

蠟菊

ヘリクリサム

葉色

科／菊科
屬／蠟菊屬
原產地／南非
英文名稱／Everlasting、Immortelle
日文名／—

特寫!

模樣既溫柔又柔軟

擁有法蘭絨般舒服觸感的小小葉子，就連植莖都覆蓋著一層白色絨毛，蠟菊的葉子顏色有綠中帶銀以及淡萊姆這兩色，不僅植莖十分柔軟，蠟菊整體都給予人非常溫柔的印象。修剪掉新芽部分可以讓蠟菊壽命更長。

▼插花前準備

修剪植莖；奄奄一息的時候使用浸燙法，將植莖浸在沸騰熱水中。

▼搭配建議

小型花藝可以搭配粉嫩色調的花，能打造非常柔和的氣息。

＊切葉百科　上市時期／全年

▷由國產供應，旺季在4～5月、10～12月。

❋ 植莖高度／約 30cm

❋ 葉材壽命／5～10天　💧換水／〇　❋ 乾燥╳

福祿桐

ポリシャス

葉色

科／五加科
屬／南洋參屬
原產地／亞洲、非洲、澳洲、太平洋群島的熱帶地區
英文名稱／Polyscias
日文名／台湾紅葉（タイワンモミジ）

分量感無與倫比

葉緣呈現鋸齒狀、帶有光澤的柔軟葉子，就密集地生長在枝椏間，福祿桐是可以填補花藝中間空洞，帶出分量感的重要葉材，種類更是從常綠灌木到喬木應有盡有，不過切枝部分，市場流通的還是以綠色單一種為主。

▼插花前準備

修剪枝條，切口劃上幾刀並浸入深水中。

▼搭配建議準備

柔軟葉片容易低垂而會看起來沒精神，不妨多枝綁在一起來使用。

＊切葉百科　上市時期／全年

▷有國產以及進口貨，不過都是少量供應。

❋ 枝材尺寸／40～60cm

❋ 葉材壽命／5～7天　💧換水／〇　❋ 乾燥／╳

魚尾蕨

ポリポジウム

葉色

科／水龍骨科
屬／星蕨屬
原產地／大洋洲、熱帶非洲
英文名稱／Microsorum
日文名／獅子葉谷渡り（シシバタニワタリ）

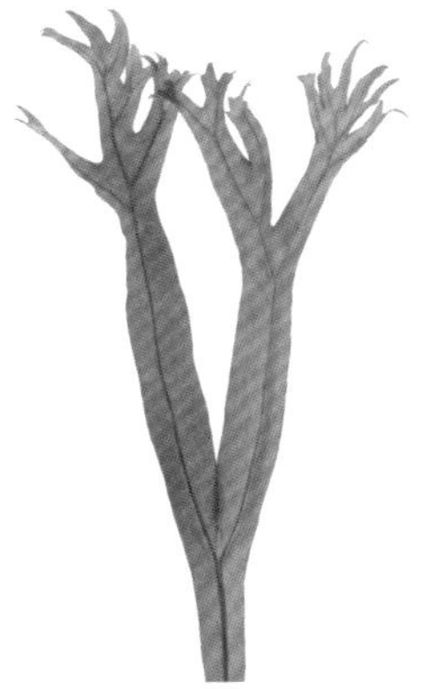

模樣與質感都如同雞冠

葉子前端會分杈，模樣就像是公雞的雞冠一樣，十分有彈性又結實，黃綠色的葉子能夠讓搭配的花朵看起來更為明亮，同時也是非常有人氣的觀葉植物。在葉子中心處看得到粗葉脈，除了葉尖以外都是直線的線條。

▼插花前準備

修剪葉子根部。葉子一旦受損就會非常明顯，處理時要注意。

▼搭配建議

無論質感還是造型都獨一無二，適合搭配花型別緻的蘭花等花材。

＊切葉百科　上市時期／全年

▷有國產以及進口貨，不過都是少量供應。

❋ 植莖高度／30～50cm

❋ 葉材壽命／14天以上　💧換水／◎　❋ 乾燥／╳

日本衛矛

葉色——●◎

マサキ

斑點花紋能搭出西洋風

葉子不僅具有光澤還很厚實，邊緣有著淺淺裂齒狀的一款常綠樹木，經常被用做為樹籬笆，也能夠代替榊（淡紅比）供奉給神社的神靈。除了全為綠色葉子的日本衛矛以外，還有帶著黃色或奶色斑點的品種登場。

特寫！

科／衛矛科
屬／衛矛屬
原產地／日本
英文名稱／Japanese spindle
日文名／正木（マサキ）

＊切葉百科　上市時期／全年

▷從埼玉、靜岡縣會有少量供應。

❋ 枝材尺寸／**70～120cm**

❋ 葉材壽命／**14天以上**　換水／○　❋ 乾燥／○

▼插花前準備

修剪枝條，較粗枝條可在切口處劃上幾刀或敲碎纖維。

▼搭配建議

給人明亮感受的斑點品種，非常易與其他花材搭配，也能分枝來填補於花材中。

松樹

葉色——●

マツ

高級的正月花材

松樹在日本是正月時，年神會依附的神聖樹木，會用在像是門松裝飾等，自古就與日本人生活息息相關。常綠的葉子被視為生命力與健康的象徵，屬於非常吉利的枝條葉材，種類或大小很多樣，可根據使用目的挑選。

特寫！

科／松科　屬／松屬
原產地／北半球
英文名稱／Pine、Japanese black pine
日文名／黑松（クロマツ）、赤松（アカマツ）

＊切葉百科　上市時期／**12**月

▷以年底市場的需求為主，集中供應新年正月所需。

❋ 枝材尺寸／**40～150cm**

❋ 葉材壽命／**14天以上**　換水／○　❋ 乾燥／╳

▼插花前準備

修剪枝條並劃上幾刀，從切口處分泌出來的樹脂可以用水洗掉。

▼搭配建議

搭配草珊瑚、菊花等吉祥類花材，就能組成祝賀的花藝。

富貴竹

葉色——●

ミリオンバンブー

像竹子的吉祥植物

因為一節一節的枝條看起來像竹子，在日本有了Million bamboo的名稱，屬於龍血樹屬的一種，而富貴竹的名稱，象徵可提高財運，而成為相當受喜愛的觀葉植物。分成枝條前端會扭曲生長（左圖）以及整體都會筆直生長兩種。

科／天門冬科
屬／龍血樹屬
原產地／喀麥隆
英文名稱／Lucky bamboo
日文名／—

＊切葉百科　上市時期／全年

▷以台灣產為主，不定期進口供應。

❋ 枝材尺寸／**40～70cm**

❋ 葉材壽命／**14天以上**　換水／○　❋ 乾燥／╳

▼插花前準備

去除葉子反而更能夠突顯出富貴竹的特色。修剪枝條。

▼搭配建議

與熱帶花卉搭配，能夠產生亞洲韻味；同日式花卉組合起來則能呈現時尚氛圍。

日本冷杉

モミ

葉色 —— ●

耶誕節絕對少不了它

日本冷杉是做為耶誕樹的樹種之一，與松樹是同類，暗綠色的細長葉片滿滿地生長在枝條上，而且新鮮的冷杉還會散發一股清新香氣，也是一大吸引人魅力。另外還能夠看到，葉子背面有著兩條白線的日光冷杉。

特寫!

科／松科
屬／冷杉屬
原產地／日本、北美
英文名稱／Momi fir
日文名／樅（モミ）

▼插花前準備

乾燥的日本冷杉葉子很容易掉落，所以盡量避免挑選；修剪枝條並劃上幾刀。

▼搭配建議

日本冷杉相當合適作為耶誕節裝飾，因為很有彈性也能夠做成花圈。

＊切葉百科　上市時期／11～12月

▷國產供應以外，還有來自美國奧勒岡州的整棵樹以及切枝。

❋ 枝材尺寸／20～250cm

❋ 葉材壽命／14天以上　💧 換水／○　❋ 乾燥／○

電信蘭葉

モンステラ

葉色 —— ● ◎

裂痕充滿設計美學

電信蘭（龜背芋）葉子擁有非常深的裂痕，厚實又帶著濃綠色澤，如同擺飾一樣的豪邁輪廓，更是散發出滿滿魄力，無論是做為擺飾還是增添花藝分量，都能夠完成個性十足的設計，葉子大小或裂痕都各有不同。

科／天南星科
屬／龜背芋屬
原產地／熱帶美洲
英文名稱／Windowleaf
日文名／鳳莱蕉（ホウライショウ）

▼插花前準備

挑選帶有光澤的葉子。修剪植莖。

▼搭配建議

只要有片電信蘭葉就能夠做為劍山使用，想遮住花器瓶口時也能派上用場。

＊切葉百科　上市時期／全年

▷由來自熱帶地區的進口貨供應，尺寸非常多樣。

❋ 葉子尺寸／中・大

❋ 葉材壽命／10～14天　💧 換水／○　❋ 乾燥／╳

八角金盤

ヤツデ

葉色 —— ● ◎

手掌形狀吸睛度滿點

庭園常見的常綠灌木，手掌形狀的葉子非常有存在感，宛如對人招手一樣，所以也被當幸運物來運用。切葉的葉子尺寸較小且裂痕較淺，都是與常春藤的交配種，也有帶著白、黃斑點或果實的八角金盤流通於花市裡。

科／五加科
屬／八角金盤屬
原產地／日本
英文名稱／Fatsia
日文名／八手（ヤツデ）

▼插花前準備

修剪枝條。帶有果實的八角金盤很容易掉果，處理時要多加注意。

▼搭配建議

不分日式、洋風，各種風格都能融入為其魅力，不過最適合搭配和風設計。

＊切葉百科　上市時期／全年

▷主要在冬季期間流通，除了部分進口以外，都由國產供應。

❋ 葉子尺寸／中・大

❋ 葉材壽命／14天以上　💧 換水／○　❋ 乾燥／○

百部

リキュウソウ

葉色 ——●

呈現出律動感的植莖

因常裝飾於茶席上，所以在日本就借茶聖千利休之名，稱之為利休草。明亮的綠葉上看得到直線葉脈，給人清涼的氣息，自帶曲線的柔順植莖，前端就像是藤蔓一樣充滿律動感。偶爾也有帶花苞的百部流通於花市裡。

特寫！

科／百部科
屬／百部屬
原產地／中國
英文名稱／Stemona
日文名／利休草（リキュウソウ）、百部（ビャクブ）

▼插花前準備

修剪植莖。整理多餘葉子、展露出植莖本身的線條。

▼搭配建議

想為大輪花朵增添輕盈氣息時，就可以利用百部前端、藤蔓般的曲線來點綴。

＊切葉百科　上市時期／全年

▷國產溫室栽種的百部，一整年都有供應。

✱ 植莖高度／**20～150cm**

✱ 葉材壽命／**7～10天**　換水／○　✱ 乾燥／×

蒲葵

リビストニア

葉色 ——●

模樣很美的棕櫚葉

蒲葵葉子會展開成非常漂亮的扇狀，散發光澤的明亮綠意，是很受歡迎的觀葉植物。切葉種類則是從10cm左右的小片葉子，到將近1m的大尺寸都有，只要在花藝中添加一片蒲葵，就能夠演繹出熱帶氣氛。

科／棕櫚科
屬／蒲葵屬
原產地／東南亞
英文名稱／Livistona
日文名／丸葉枇榔（マルバビロウ）

▼插花前準備

挑選葉子形狀完整的蒲葵。修剪植莖，還要注意蒲葵相當不耐乾燥。

▼搭配建議

搭配上令人印象深刻的花，僅是一花一葉組合就夠迷人。要注意植莖比較短。

＊切葉百科　上市時期／全年

▷由來自斯里蘭卡的進口貨供應。

✱ 葉子尺寸／**中・大**

✱ 葉材壽命／**5～14天**　換水／◎　✱ 乾燥／×

麥門冬

リリオペ

葉色 ——●◎

捲曲線條展現華美氣息

細而長的葉子自然地描繪出曲線，用手指捏住、綁在棒子上就能簡單做出蝴蝶結造型。麥門冬的葉長有30～40cm，寬約1cm左右，葉色除了純綠色以外，還有綠中帶著奶油色斑紋的類型。

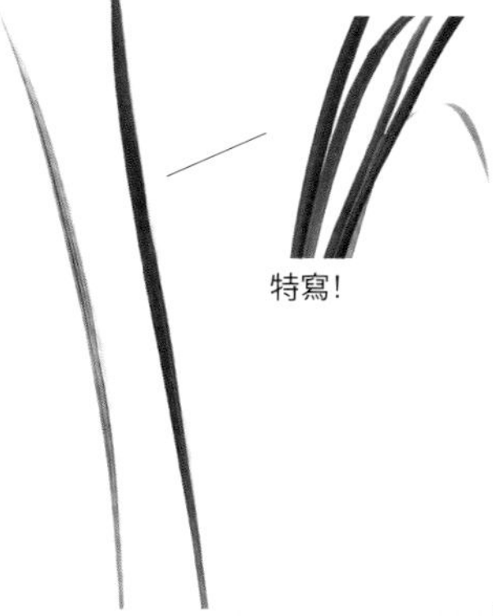

特寫！

Other Type

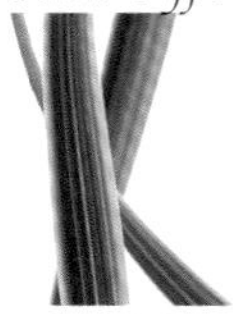

斑紋品種

科／天門冬科
屬／麥門冬屬
原產地／日本、中國、台灣
英文名稱／Liriope、Lily turf
日文名／藪蘭（ヤブラン）

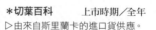

▼插花前準備

要挑選到葉尖都很筆挺的麥門冬。修剪植莖根部。

▼搭配建議

不僅可以利用麥門冬本身的線條，也能夠做成U字型或者是編織出造型。

＊切葉百科　上市時期／全年

▷供應的是來自斯里蘭卡的進口貨。

✱ 植莖長度／**30～40cm**

✱ 葉材壽命／**14天以上**　換水／◎　✱ 乾燥／○

假葉樹

ルスカス

葉色

有著圓潤結實的葉子

假葉樹是擁有光滑亮澤且壽命很長的葉材，花市上的切葉是由葉形圓又堅硬的 Hypophyllum 品種所流通，不過為了與其他種的義大利假葉樹做區別，也會稱為舌苞假葉樹，而看起來像葉子的部分，其實是由植莖變化而成。

科／百合科
屬／假葉樹屬
原產地／地中海沿岸
英文名稱／Spineless butcher's broom
日文名／—

▼插花前準備

挑選擁有鮮豔綠色且充滿光澤的假葉樹。修剪植莖。

▼搭配建議

濃綠顏色的葉子搭配淺色溫柔花朵，就能夠呈現出對比。

＊切葉百科　上市時期／全年

▷國產、進口貨同時都有流通，在國內溫暖地帶或溫室進行栽種。

❋ 植莖高度／40 ～ 70cm

❋ 葉材壽命／14 天以上　💧換水／○　❋ 乾燥／○

麗莎蕨

レザーファン

葉色

擁有規則的美麗三角形狀

麗莎蕨的植莖幾乎是左右對稱地長出葉子，而整體輪廓就是一個大三角形，深綠色的葉子邊緣像是鋸齒一樣，充滿了大自然的野性氣息，也因為具有光澤及一定厚度，被比喻成皮革 Leather，而有了 Leather-leaf fern 這樣的英文名稱。

科／鱗毛蕨科
屬／革葉蕨屬
原產地／南半球
英文名稱／Leather-leaf fern
日文名／—

▼插花前準備

修剪植莖。由於葉子前緣很容易折壞，處理時要格外注意。

▼搭配建議

只要搭配充滿異國情調的花朵，就能夠完成帶有亞洲風韻的花藝。

＊切葉百科　上市時期／全年

▷國產會來自伊豆大島，也有進口貨供應。

❋ 植莖高度／30 ～ 60cm

❋ 葉材壽命／10 ～ 14 天　💧換水／○　❋ 乾燥／╳

北美白珠樹

レモンリーフ

葉色

特色是檸檬形狀的葉子

也稱沙巴葉，模樣像是一顆顆檸檬的葉型，互生在之字形的枝條上，不僅結實又很耐久，漂亮的葉子形狀自成一幅美景。無論是整枝使用還是只用單片葉子，都可以根據使用目的來利用，也是隱藏吸水海綿的好用葉材。

科／杜鵑花科
屬／白珠樹屬
原產地／北美
英文名稱／Salal
日文名／—

▼插花前準備

挑選在枝條上長出許多葉子的葉枝。修剪枝條。

▼搭配建議

無論是葉子還是枝條都比較堅實，因此適合正式風格的花藝。

＊切葉百科　上市時期／全年

▷由進口貨供應，除了發新葉季節以外全年都有流通。

❋ 枝材尺寸／30 ～ 40cm

❋ 葉材壽命／14 天左右　💧換水／○　❋ 乾燥／○

Part 5

觀果植物

帶有果實或種子的花材，
圓滾滾的可愛模樣，
無論是搭配花藝或綁成花束，
都能夠增添惹人喜愛的律動感。
而且從初夏到晚秋之間，
也能夠特別傳遞出，
專屬這時節的季節氣息。

Berry

菝葜

果實色

イタリアンベリー

科／百合科
屬／菝葜屬
原產地／歐洲

英文名稱／Smilax aspera
日文名／－

特寫！

漿果從生澀到成熟 漸層變化的顏色極美

也稱為穗菝葜 Smilax aspera，在纖細枝蔓上長滿了成串充滿光澤又水嫩的漿果，特別是當漿果一開始還是綠色時，帶來清新的魅力，而特別有人氣。

當漿果從綠色過渡到暗紅時，會出現的漸層變化，更是深具自然野趣、非常美麗，同屬的光滑菝葜也一樣，枝蔓會呈曲折延伸生長。

▼插花前準備

要注意漿果很容易掉落，枝蔓上有尖刺。修剪枝條並將切口處敲碎。

＊奄奄一息的時候

修剪枝條並浸入深水中。

▼搭配建議

纖細枝蔓的不規則曲線，加上帶有亮澤的漿果配色，與自然風的花藝十分搭配，也能夠做為吸睛的時尚點綴。

＊切果百科

上市時期／全年

▷流通的幾乎是進口貨，在5～6月間出現的是綠色漿果。

❋ 果實尺寸／小、枝材尺寸／約 **60cm**

❋ 果材壽命／**7～14** 天　換水／○　❋ 乾燥／╳

落霜紅

果實色

ウメモドキ

科／冬青科
屬／冬青屬
原產地／日本

英文名稱／Japanese winterberry
日文名／**梅擬**（ウメモドキ）

特寫！

四散結出的火紅漿果 帶著明亮、慶賀氛圍

不論在秋天花藝、新年或慶祝宴席上，都備受喜愛的枝條類植物。從秋季到冬季，會結出滿滿色彩鮮豔的果實，因葉子像梅花、在日本也稱之為梅擬。

做為原生於日本各地的落葉灌木，落霜紅也是常見的庭園樹木，果實還另外有著白梅擬、黃實梅擬的不同顏色，至於南蛇藤則是另外不同種類的植物。

▼插花前準備

修剪枝條並在切口處劃上幾刀，果實很容易掉落需要注意。

＊奄奄一息的時候

修剪枝條並劃上幾刀。

▼搭配建議

光插上單一枝，紅色果實就能夠帶來明亮氣息，如果搭配白色果實，紅白配色的美麗模樣，更具有祝賀氛圍，不妨任意地安排吧。

＊切果百科

上市時期／**10～12** 月

▷主要產地在山形縣、福島縣、埼玉縣，旺季在10～11月。

❋ 果實尺寸／小、枝材尺寸／ **70～150cm**

❋ 果材壽命／**10** 天左右　換水／○　❋ 乾燥／○

多腺懸鉤子

エビガライチゴ

果實色

科／薔薇科
屬／懸鉤子屬
原產地／日本、中國、朝鮮半島

英文名稱／Japanese wineberry
日文名／海老殼莓（エビガライチゴ）

特寫！

果實就隱藏在長滿狂野尖刺的花萼之中

原生於日本各地山林間的落葉蔓生灌木，屬於樹梅的同類，花萼與植莖都被紫紅色細毛覆蓋，就像是蝦殼一樣，因此在日本有海老殼莓的名稱。

果實會在長滿尖刺的花萼中成熟以後才出現，屬於顆粒分明的聚花果，有著令人印象深刻、帶透明感的紅色。流通於花市時，果實都還是隱藏在花萼裡的狀態。

▼插花前準備

枝條上長滿尖刺與細毛，處理時要注意。修剪枝條。
＊奄奄一息的時候
修剪枝條。

▼搭配建議

由於枝條並不長，適合小型花藝或綁成花束，如果摘除葉子，不僅果實更明顯，壽命也更長。即使少量搭配，紅色果實也能成為吸睛焦點。

＊切果百科

上市時期／7～9月
▷屬於戶外栽種，靠少量生產來供應。
果實尺寸／小、枝材尺寸／20～50cm
果材壽命／7天左右　換水／○　乾燥／○

南瓜

カボチャ

果實色

科／葫蘆科
屬／南瓜屬
原產地／南北美洲

英文名稱／Pumpkin
日文名／南瓜（カボチャ）

繽紛的色彩與造型光是擺著就很討人喜愛

南瓜隨著萬聖節的人氣，有越來越多花店會引進，便於搭配使用的南瓜以直徑10～15 cm為主，有著各式不同的大小尺寸。

顏色則有黃、橘、白、複色等等，形狀除了一般常見的南瓜模樣以外，還有細長型、星星形狀、貝蕾帽形狀等等十分多樣，質感也是各有不同特色，可以依照使用目的來挑選。

Other Type

白色品種

▼插花前準備

不需要預先額外處理，只要記得挑選形狀與色澤都很漂亮的南瓜即可。

▼搭配建議

在花藝周邊任意擺上幾顆南瓜，就能夠營造出萬聖節的氣氛，要是挖空來做成各種造型時，要注意南瓜就無法長久擺放。

＊切果百科

上市時期／8～10月
▷國產與進口都有，品種也是形形色色，旺季在9～10月。
果實尺寸／大
果材壽命／14天以上　換水／不需要　乾燥／╳

王瓜

果實色

カラスウリ

帶有蔓條的好用果材

果實呈現橢圓形，顏色則是帶有紅色光澤的橘色，以果實連帶枝蔓的狀態流通於花市裡。蔓條十分柔軟，可以做成花圈，或是纏繞於花藝上，可以任意做出各種設計。王瓜原生在山林裡，會一邊長出捲鬚一邊延伸。

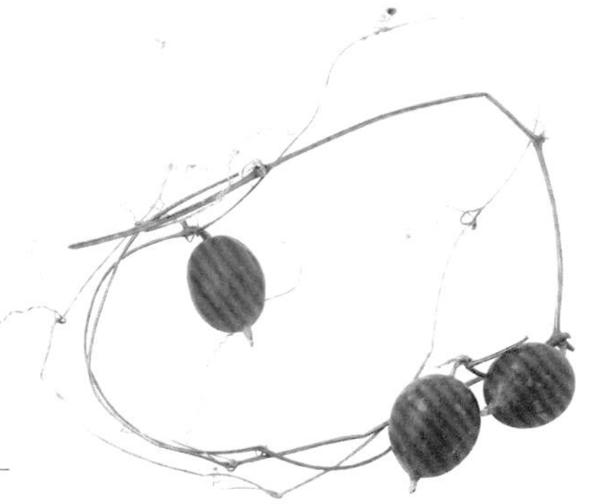

科／葫蘆科
屬／栝蔞屬
原產地／中國、日本
英文名稱／Japanese snake gourd
日文名／烏瓜（カラスウリ）

插花前準備
已經是呈乾燥的狀態，所以不需要給水。

搭配建議
纏在紅葉枝條上，或者擺放在花藝頂端，能夠演繹出結實纍纍的秋季氛圍。

＊切果百科　上市時期／8～11月
▷僅有國產，主要是在秋天流通，會有少量供應。
果實尺寸／中、枝材尺寸／80cm
果材壽命／14天以上　換水／不需要　乾燥／○

金桔

果實色

キンカン

招來好運的吉祥植物

以食用為目的而被人熟悉的觀果植物，帶有鮮豔黃果與常綠葉子的枝條，會在新年期間流通，在原產地的中國被視為具有幸運、願望達成、子孫繁盛寓意的吉祥樹木，相同寓意也直接傳入日本，成為正月的開運植物。

科／芸香科
屬／金柑屬
原產地／中國
英文名稱／Kumquat
日文名／金柑（キンカン）

插花前準備
修剪枝條並在切口處劃上幾刀。

搭配建議
與紅色的草珊瑚果實或者常綠葉子組合在一起，就是洋溢著正月喜慶氣氛的擺設。

＊切果百科　上市時期／12～1月
▷僅由國產供應，帶有果實的枝條在年底到新年期間流通。
果實尺寸／中、枝材尺寸／60～130cm
果材壽命／7～10天　換水／○　乾燥／╳

棉花

果實色

コットンツリー

有著蓬鬆的暖暖溫度感

棉花也是常見花材的一種，模樣像朱槿的花朵會結出圓形果實，當果實成熟爆開以後，就會顯露出包覆著種子的棉絮，就可以將之做成切花或乾燥花了。而所謂的棉製品就是以這些蓬鬆棉絮加工製成。

Other Type

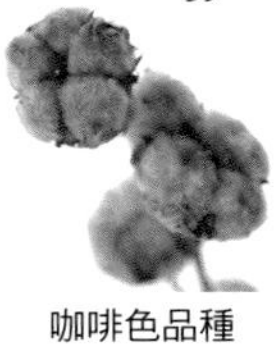

咖啡色品種

科／錦葵科
屬／棉花屬
原產地／熱帶亞洲、亞熱帶地區
英文名稱／Cotton
日文名／棉（ワタ）

插花前準備
幾乎是乾燥花的狀態，可以直接剪短枝條，或者是只將果實摘下來使用。

搭配建議
冬季花藝的經典花材，擁有其他花材所沒有的質感，能為花藝帶來溫暖。

＊切果百科　上市時期／10～12月
▷以色列生產為主，還有部分是國產，供應到耶誕節前。
果實尺寸／大、枝材尺寸／50～80cm
果材壽命／14天以上　換水／不需要　乾燥／○

歐洲冬青

クリスマスホーリー

果實色

特寫！

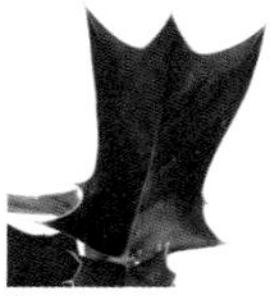

葉子

科／冬青科
屬／冬青屬
原產地／西亞、南歐、北非

英文名稱／European holly
日文名／西洋柊（セイヨウヒイラギ）

紅果與形狀獨特的葉子是耶誕節的經典象徵

果實進入深秋會轉變成紅色，讓歐洲冬青成為耶誕節的經典花材，日本雖然也稱為西洋柊，但是與觀葉植物的柊樹卻是不同種類，只是因為鋸齒狀的葉子與柊樹非常相似而得名。

葉緣銳利的尖角會隨著時間而越來越少，至於往四角伸張出去的葉子形狀也會跟著越來越圓潤。

▼插花前準備

要注意葉子尖角。修剪枝條並在切口處劃上幾刀。
＊奄奄一息的時候
修剪枝條並在切口處劃上幾刀。

▼搭配建議

將帶有果實的枝條分枝處理以後，與葉子一起添加在耶誕花圈或花藝作品裡。也能只用歐洲冬青做成花圈，花材即使簡單，卻依舊非常迷人。

＊切果百科

上市時期／11～12月
▷紅色果實的枝條，主要在耶誕節期間供應，旺季在12月。
果實尺寸／小、枝材尺寸／30～150cm
果材壽命／14天以上　換水／○　乾燥／○

黑醋栗

クロスグリ

果實色

特寫！

科／醋栗科
屬／醋栗屬
原產地／歐洲

英文名稱／Blackcurrant
日文名／黑房酸塊（クロフサスグリ）

散發著光澤的黑帶來典雅氛圍意象

以Cassis之名被大家認識的黑醋栗，帶有亮澤的黑色果實常被做成利口酒、糕點等，與歐洲醋栗屬同類的落葉灌木。

成熟的黑色果實很容易從枝頭掉落，一旦破裂的話就會染到顏色，因此花材供應主要都是成熟前的果實。雖屬於期間限定的花材，卻因擁有其他花材沒有的顏色，而成為人氣很高的觀果植物。

▼插花前準備

整理多餘葉子，修剪枝條。
＊奄奄一息的時候
修剪枝條並在切口處劃上幾刀。

▼搭配建議

黑色果實能為花藝帶來低調收斂的效果，與帶有明亮葉子顏色的天竺葵、羅勒、薄荷等香草類，會是絕佳的組合搭配。

＊切果百科

上市時期／5～6月
▷僅由青森縣生產供應。
果實尺寸／中、枝材尺寸／60～120cm
果材壽命／7～10天　換水／○　乾燥／╳

山歸來

サンキライ

果實色

之字形的枝條上長著成串的紅色漿果

左右彎折延伸的枝條上，轉彎處會結著放射狀的圓形果實串，這些在初夏時節還是青綠色的漿果，一到秋天就會轉變成大紅色，並在此時流通於花市。已經成熟的漿果不容易縮水，能夠保有較長欣賞時間也是其一大魅力。

而且漿果還具有解熱、解毒功效，自古以來就被當作藥材來使用。

特寫！

轉成紅色的模樣

科／菝葜科
屬／菝葜屬
原產地／日本、朝鮮半島、中國、台灣等地

英文名稱／Chinaroot、Chinese smilax
日文名／山帰来（サンキライ）、猿捕茨（サルトリイバラ）

▼插花前準備

注意藤蔓上的尖刺，修剪枝條，還要注意夏季很容易缺水。

＊奄奄一息的時候
修剪枝條，切口劃上幾刀或敲碎。

▼搭配建議

不僅漿果優美，花藝配置時展現其充滿個性的枝條曲線，也很迷人。綠色果實可以做成水中花，至於紅色果實則可搭配耶誕花圈。

＊切果百科

上市時期／5～12月
▷分為國產及進口兩種，12月時會有大量的中國產輸入。
果實尺寸／小、枝材尺寸／30～80cm
果材壽命／14天左右
換水／綠果△、紅果不需要　乾燥／○

唐棣

ジューンベリー

果實色

枝條上樸實紅色漿果適合大型花藝

唐棣是春天時會開出白色小花，而秋天有紅葉的美麗樹木，晚春到初夏之際會結出紅色果實，並做為花材流通於花市裡。

果實形狀就像是小一號的櫻桃，葉子呈現圓形模樣，是非常可愛的一款枝材，由於果實會平均地分散在所有枝椏上，適合搭配大型花藝或者是擺設。

特寫！

科／薔薇科
屬／唐棣屬
原產地／北美

英文名稱／Juneberry、Serviceberry
日文名／アメリカ采振木（ザイフリボク）

▼插花前準備

挑選結出較多果實的唐棣，修剪枝條並劃上幾刀。

＊奄奄一息的時候
修剪枝條並劃上幾刀。

▼搭配建議

想要做出令人印象深刻又自然的花藝時，可以利用唐棣帶有明亮綠意的葉子，以及在葉片間露出的紅色果實，可成為整體的亮點。

＊切果百科

上市時期／5月
▷結出果實的季節裡，會有少量流通。
果實尺寸／小、枝材尺寸／70～150cm
果材壽命／7～10天　換水／○　乾燥／╳

雪果

果實色

科／忍冬科
屬／毛核木屬
原產地／北美

英文名稱／Snowberry
日文名／雪晃木（セッコウボク）

特寫！

珍珠般的白色果實滿滿地盤據在枝頭上

圓滾滾又帶有光澤的白色漿果，就盤據在纖細的枝條前端，雪果在日本稱為雪晃木，英文名稱則為Snowberry，正是因為它如同白雪一般可愛迷人的果實，而且還能夠擁有很長的觀賞期。

花市裡的漿果顏色，還有粉紅、淡綠、紅色等選擇，夏季時還會開出像是鈴蘭一樣的可愛粉色花。

シンフォリカルポス

▼插花前準備
整理多餘葉子，修剪枝條並在切口處劃上幾刀。
＊奄奄一息的時候
修剪枝條並在切口處劃上幾刀。

▼搭配建議
不妨活用雪果的可愛顏色與造型，添加在帶有甜美氛圍的花藝中。記得摘除已經變成咖啡色的漿果，讓顏色都統一維持為白色。

＊切果百科
上市時期／8～11月
▷中元節過後由荷蘭進口貨供應，到秋季時也會有國產，旺季是9～11月。
❋ 果實尺寸／小、枝材尺寸／40～80cm
❋ 果材壽命／10天左右　換水／○　❋ 乾燥／╳

草珊瑚

果實色

科／金粟蘭科
屬／草珊瑚屬
原產地／日本、東南亞、台灣

英文名稱／Japanese sarcandra
日文名／千両（センリョウ）

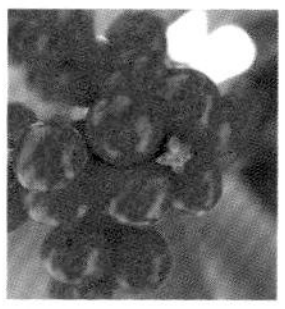

特寫！

能夠招來富貴正月花材的經典必備

鮮豔的紅色果實搭配上濃郁常綠葉子，草珊瑚呈現出亮眼的對比色彩，而且因為是在色彩蕭條的冬季裡結出果實，價比千金而在日本獲得了千兩的名稱。

從年末到新年之間會在花市出現，也是正月裝飾所不可或缺的吉祥花材，另外也有象徵能夠提高財運的黃色果實品種。

Other Type

黃果草珊瑚

センリョウ

▼插花前準備
整理多餘葉子，修剪枝條並在切口處劃上幾刀。
＊奄奄一息的時候
修剪枝條並在切口處劃上幾刀。

▼搭配建議
枝條很長而非常便於搭配，也能輕鬆與其他正月花材融為一體，像是菊花、松樹等，當然也能與蠟梅、山茶花等季節花樹組合在一起。

＊切果百科
上市時期／12月
▷國產供應，在12月中旬的花市裡流通。
❋ 果實尺寸／小、枝材尺寸／40～120cm
❋ 果材壽命／1個月左右　換水／○　❋ 乾燥／╳

南蛇藤

ツルウメモドキ

果實色

黃色外皮與紅色漿果對比色彩充滿了秋意

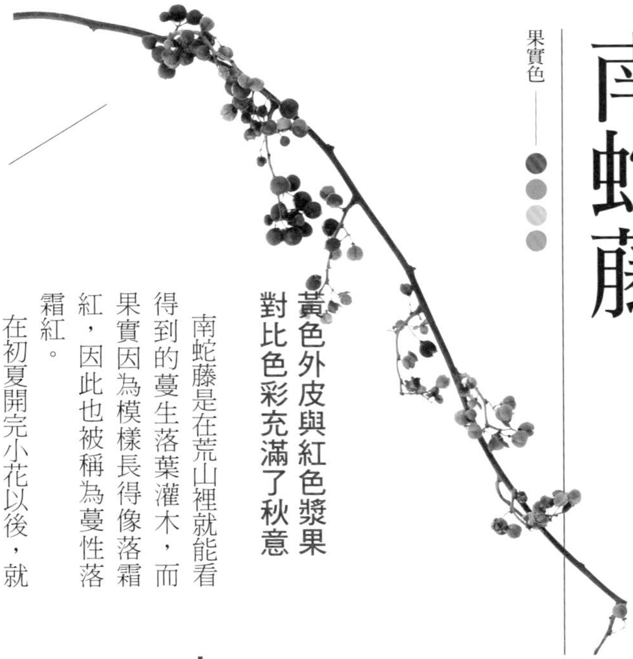

南蛇藤是在荒山裡就能看得到的蔓生落葉灌木，而果實因為模樣長得像落霜紅，因此也被稱為蔓性落霜紅。

在初夏開完小花以後，就會結出滿滿的漿果，成熟後的黃色果實外皮會裂開，裸露出藏在裡面的紅色種子，黃色外皮與紅色種子的組合十分鮮豔，而漿果綻開的形狀更是十分獨特。

特寫!

底部

科／衛矛科
屬／南蛇藤屬
原產地／日本、中國

英文名稱／Oriental bittersweet
日文名／蔓梅擬（ツルウメモドキ）

▼插花前準備

要注意果實很容易掉落；修剪枝條。
＊奄奄一息的時候
修剪枝條並劃上幾刀，或者是做成乾燥花。

▼搭配建議

可以搭配橘或紅色等秋季色彩花卉。由於枝條十分柔順可以輕鬆做成乾燥花，不妨就圈起來做成圓形花圈。

＊切果百科

上市時期／8～12月
▷一部份由人工栽種，也有山裡直接採摘供應，旺季在10～11月。
❋ 果實尺寸／小、枝材尺寸／50～150cm
❋ 果材壽命／14天以上　換水／○　❋ 乾燥／○

辣椒

トウガラシ

果實色

顏色十分豐富最適合做成花藝焦點

也是食材之一的辣椒是非常受歡迎的觀果植物，細長模樣的果實，會結果在植莖頂端並朝上生長。

辣椒在觀果植物當中，顏色可說是非常豐富多彩，除了有清晰明亮的紅、橘、黃、綠等色彩以外，最近還有黑色辣椒登場，形狀也有圓形、細長型等等，型態變化非常多樣。有圓形、細長型等，型態變化非常多樣。

Other Type

圓錐辣椒

科／茄科
屬／辣椒屬
原產地／熱帶美洲

英文名稱／Capsicum pepper、Chili pepper
日文名／唐辛子（トウガラシ）

▼插花前準備

挑選果實帶有光澤、顏色鮮亮的辣椒。修剪植莖。
＊奄奄一息的時候
修剪植莖。

▼搭配建議

活用辣椒鮮明的色彩與獨特外型，可以為整體花藝帶來十分亮眼的點綴效果。黃色或綠色的辣椒則很適合自然風花藝。

＊切果百科

上市時期／9～12月
▷由國產供應，主要流通品種是紅色鷹爪辣椒。
❋ 果實尺寸／小・中、植莖高度／30～70cm
❋ 果材壽命／10天左右　換水／○　❋ 乾燥／○

綠鈴草

ナズナ

果實色

特寫！

科／十字花科
屬／菥蓂屬
原產地／歐洲

英文名稱／Pennycress、Field penny-cress
日文名／配薺（グンバイナズナ）

非常容易搭配 如同葉片般地輕盈

花市流通的是歐洲原生的綠鈴草，在日本也有跟著麥子一起傳入的同種近親，最後並演變成歸化植物。

細而有彈性的植莖上分散著綠色小小種子，自然氣息與纖細美感的獨有特色外，更是一款既是果材、也能當成綠色葉材來使用的珍貴花材。購入時，挑選尚未開花、全為種子的枝材，欣賞期就能拉長。

插花前準備

整理多餘葉子，修剪植莖。

＊奄奄一息的時候

以報紙將果實與葉子一起包起來，將植莖浸泡在沸騰熱水中約5秒。

搭配建議

除了與纖細草花非常搭配外，再配上幾枝一樣屬於分枝類型的花材，就能增加分量。為了維持吸水能力，可以摘除部分葉子。

＊切果百科

上市時期／全年

▷由以色列等地的進口貨供應，國產也在增加當中。

果實尺寸／小、植莖高度／30～80cm

果材壽命／7天左右　換水／○　乾燥／○

花楸

ナナカマド

果實色

特寫！

科／薔薇科
屬／花楸屬
原產地／日本、朝鮮半島

英文名稱／Japanese rowan
日文名／七竈（ナナカマド）、山南天（ヤマナンテン）

比其他植物更早一步 展現四季的變化

果實與葉子會迅速變色，比正式季節早一步通知秋天到來的花楸，是一款落葉喬木，從北海道一直到九州都有分布，也經常被選為高冷地區的路樹。

春天發芽，初夏則是新綠與開花，夏季時結出青色的果實，到了秋天再轉成紅葉及紅色果實，隨著四季變化，帶來應景的自然氣息。

插花前準備

適度地整理多餘葉子，修剪成插花高度，在切口處劃上幾刀。

＊奄奄一息的時候

修剪枝條並劃上幾刀。

搭配建議

不妨靈活運用花楸跟隨四季變化的模樣吧，帶有果實的紅葉不僅帶來沉穩氣息，也能夠演繹出華麗氛圍，不過要注意紅葉很容易掉落。

＊切果百科

上市時期／9～11月

▷紅葉與果實旺季在9～10月，也流通綠芽、開花、青色果實類型。

果實尺寸／小、枝材尺寸／50～150cm

果材壽命／14天左右　換水／○　乾燥／○

南天竹

ナンテン

果實色

果葉皆美的吉祥寓意植物

南天竹在日文意同「轉移災難」，被視為能除厄驅邪，因此自古以來就是庭園常見樹木之一。

紅色果實搭配纖細葉子展現出十足美感，是經典的正月花材，也能夠看到葉子轉成紅葉、果實是白或黃色的類型。

特寫!

科／小檗科
屬／南天竹屬
原產地／日本、中國、東南亞
英文名稱／Nandina、Heavenly bamboo
日文名／南天（ナンテン）

▼插花前準備

修剪枝條並在切口處劃上幾刀，要注意果實很容易掉落。

▼搭配建議

新年時可以將紅白雙色果實組合起來，與水仙等季節性花朵也很搭配。

＊切果百科　上市時期／11～12月

▷迎春需求，有果實枝條及僅有果實類型，旺季12月。

❋ 果實尺寸／小、枝材尺寸／20～150cm

❋ 果材壽命／14天以上　換水／○　❋ 乾燥／○

迷你鳳梨

ミニパイナップル

果實色

炒熱盛夏氣氛的果實

擁有可愛迷你尺寸的鳳梨，帶有長植莖，只要輕鬆插上就能夠使用的一款花材，而被稱為Pink Pineapple的粉紅色系、咖啡色系鳳梨也很有人氣。觀賞期很長，加上充滿特色的外表，很適合夏天的熱帶風情花藝，不過無法食用。

特寫!

科／鳳梨科
屬／鳳梨屬
原產地／熱帶美洲
英文名稱／Ornamental ananas
日文名／－

▼插花前準備

不需要給水，但要注意葉子邊緣有銳利尖刺。

▼搭配建議

與火鶴、蘭花以及充滿夏日氣息的向日葵搭配，就能夠演繹出季節感。

＊切果百科　上市時期／全年

▷以7～8月的旺季為主，由沖繩產供應。

❋ 果實尺寸／大、植莖高度／30～50cm

❋ 果材壽命／14天以上　換水／不需要　❋ 乾燥／○

彩茄

ハナナス

果實色

以顏色變化演繹出秋天

模樣就像是縮小版的番茄或茄子，顏色會從綠色轉變成白、黃、橘、紅等色彩，即使只有一株彩茄，也能夠欣賞到不同色彩變化。雖然是茄子的同類，但是只供觀賞，果實非常堅硬不能食用，也有綠色直線條類型。

特寫!

科／茄科
屬／茄屬
原產地／熱帶非洲
英文名稱／Garden egg
日文名／花茄子（ハナナス）

▼插花前準備

挑選果實顏色變化豐富的彩茄。修剪植莖。

▼搭配建議

利用彩茄的植莖高度，就很有華麗氣息，因此搭配花朵時需控制使用量。

＊切果百科　上市時期／9～10月

▷在國內溫暖地帶栽種，以秋天供應為主，固定供貨。

❋ 果實尺寸／小、植莖高度／50～100cm

❋ 果材壽命／14天左右　換水／○　❋ 乾燥／○

薔薇果

バラの実

果實色

特寫!

Other Type

鈴薔薇

Other Type

Sensational Fantasy

科／薔薇科
屬／薔薇屬
原產地／北半球

英文名稱／Rose hip
日文名／薔薇（バラ）の実

漿果十分小巧 容易與花朵一起搭配

會摘除葉子、以果實枝條型態上市，從夏季的淡綠色漿果，到果實成熟的冬季，都會出現於花市及花店裡，流通期很長。

柔韌有彈性的細枝也是特色之一，包括漿果小巧而滿布枝頭的野薔薇（左圖），形狀像是杏仁的鈴薔薇，漿果較大顆的 Sensational Fantasy 等都很有人氣。

▼插花前準備

修剪枝條並在切口處劃上幾刀，處理帶刺薔薇果時要多加注意。
＊奄奄一息的時候
修剪枝條並劃上幾刀。

▼搭配建議

無論西洋或日式風格都能駕馭，綠色果實適合清爽氛圍花藝，而紅色果實儘管迷你卻具有華麗氛圍。果實不容易褪色，也適合做成乾燥花。

＊切果百科

上市時期／8～12月
▷青色果實是屬於野薔薇品種，秋天以後還會有橘、紅色果實流通。
❋ 果實尺寸／小、枝材尺寸／40～180cm
❋ 果材壽命／14天以上　換水／○　❋ 乾燥／○

射干

ヒオウギ

果實色

科／鳶尾科
屬／鳶尾屬
原產地／日本、朝鮮半島、中國、印度

英文名稱／Blackberry lily
日文名／檜扇（ヒオウギ）

花朵、果實、種子 能欣賞到3種不同面貌

長在植莖最前端的果實擁有明亮綠色，果實形長卻又圓滾中帶著凹凸形狀，非常獨特。

當果實變成咖啡色乾裂開來時，就能發現隱藏在裡面帶有光澤的黑色種子，也會以這樣的型態來供應。是款能讓人欣賞到花朵、綠色果實、黑色種子，這3種不同樣貌的花材，橘色的簡樸花朵也會以花材型態出現。

種子

特寫!

▼插花前準備

修剪植莖，不過要注意從植莖流出來的白色汁液有可能讓人起疹子。
＊奄奄一息的時候
修剪植莖再浸入深水中。

▼搭配建議

綠色果實可以活用其獨特造型，成為清新風格花藝的一大亮點。至於以種子型態上市的射干，已經屬於乾燥花，所以不需要給水。

＊切果百科

上市時期／9～11月
▷由國產供應，流通來源有栽種也有從山裡採摘供應。
❋ 果實尺寸／小、植莖高度／60～90cm
❋ 果材壽命／14天以上　換水／○　❋ 乾燥／○

莢蒾

果實色 ——

特寫！

花朵

ビバーナム

科／五福花科
屬／莢蒾屬
原產地／南歐、日本、北非、中亞

英文名稱／Laurustinus、European Cranberrybush
日文名／常盤莢迷（トキワガマズミ）、洋種肝木（ヨウシュカンボク）

包含了形形色色不同種類的觀果植物

所謂的莢蒾Viburnum是莢蒾屬的總稱，同屬的花朵、果實都是很受歡迎的花材，花市流通的果實，主要有藍紫色與紅色這兩個品種。

地中海莢蒾Viburnum tinus（右圖）帶有金屬光澤的深藍紫色小果，會聚集在枝椏上方結果，因為擁有其他觀果植物所沒有的美麗光澤，無論是搭配優雅還是自然風格花藝都很適合，因而獲得不小的人氣。若以花朵形式上市時，則會是以常磐莢迷之名來流通。

另外，以橘色、紅色果實在花市流通的品種，則是密冠歐洲莢蒾（下圖），分杈的枝條前端會有累累的結果，果實有著從綠色到成熟色的混和色彩。而以莢蒾Viburnum名稱流通的花朵、全名為Viburnum opulus，其實與果材的密冠歐洲莢蒾是同類近親。

密冠歐洲莢蒾，會結出帶有光澤的累累圓果。

▼插花前準備

購買時要挑選果實顏色鮮豔、並帶有光澤的莢蒾；至於密冠歐洲莢蒾則要選擇綠色的果實。修剪枝條並在切口處劃上幾刀。

＊奄奄一息的時候
修剪枝條並在切口處劃上幾刀。

▼搭配建議

地中海莢蒾以自身的高級感及成熟氛圍為最大魅力，如果修短枝條並安插填補在白玫瑰花中間，就能夠帶來華麗氛圍。密冠歐洲莢蒾則要挑選果實顏色有多種變化的枝條，搭配上紅色花朵，則可以為整體花藝創造深度。

＊切果百科

上市時期／（地中海莢蒾）6～2月
（密冠歐洲莢蒾）8～11月

▷有國產及進口貨流通。

果實尺寸／小、枝材尺寸／30～120cm

果材壽命／14天左右

換水／○　乾燥／○

金絲桃

ヒペリカム

科／金絲桃科
屬／金絲桃屬
原產地／歐洲、中亞

英文名稱／Tutsan
日文名／小坊主弟切（コボウズオトギリ）

果實色

特寫！

夏季會開出黃色花朵並結出小巧果實。

Other Type

True Romance

Magical Victory

Magical Midnight Glow

如花俏領子一樣的花萼是最吸睛的焦點

帶有大片綠色花萼，像是橡實模樣的金絲桃，屬於觀果植物之一，在日本則是自古以來就被視為是草藥植物來運用。包括海外原生種以及交配種，現在都一律都以金絲桃 Hypericum 來稱呼。

果實會在細碎分杈的枝條上，朝上方結果，原生種的金絲桃會從綠色轉變成黃、橘、紅等，直到成熟為止，果實顏色都會持續的變化。園藝品種則是有粉紅、白、綠到咖啡色等等，有各種豐富顏色出現。果實模樣也有大顆的、狹長的、或是扁平，尺寸到形狀也各有不同，花市流通的品種數量非常多，也因此成為了目前最容易取得的代表性觀果植物。

夏季時還有開著可愛黃花、秋季時則有紅葉的類型等，也都能在花市找到。

插花前準備

修剪枝條。太過悶熱的話會讓果實、葉子發黑，因此適度整理掉過多的葉子再來插花吧。

＊奄奄一息的時候

修剪枝條並在切口處劃上幾刀，或者在切口處以火燒過再來插花。

搭配建議

金絲桃是觀果植物中，少見會帶葉子一起上市的花材，並且還同時肩負有綠色葉材的搭配功能。果實數量較多的時候可以分枝來使用，由於花萼本身很具有存在感，適合自然風的搭配。另外，若集結不同果實顏色的金絲桃插在一起也很迷人。

＊切果百科

上市時期／全年

▷流通的都是來自厄瓜多、肯亞、衣索比亞等地的進口貨。葉片漂亮、果實小巧的國產，旺季則是7～9月。

果實尺寸／小、枝材尺寸／**50 ～ 90cm**

果材壽命／**14 天以上**

換水／〇　乾燥／〇

蓖麻

果實色

ヒマ

長滿尖刺的獨特果實

蓖麻的果實長滿尖刺形狀很獨特，而如同手掌般大小的葉子也令人印象深刻，流通於花市裡的、是果實與植莖顏色都是紅色的紅蓖麻。

藏在果實裡的種子，能壓榨出蓖麻子油，會使用於瀉藥、塗料等用途上。

科／大戟科
屬／蓖麻屬
原產地／東非
英文名稱／Castor bean
日文名／蓖麻（ヒマ）、唐胡麻（トウゴマ）

＊切果百科　上市時期／9～10月

▷流通量雖然非常少，在入秋以後會有國產上市。

果實尺寸／中、植莖高度／60～150cm

果材壽命／14天左右　換水／○　乾燥／╳

▼插花前準備

挑選顏色漂亮且形狀完整的蓖麻。修剪植莖。

▼搭配建議

因為植莖與葉脈都呈現紅色，適合添加在紅色系的漸層變色花藝上。

唐棉

果實色

フウセントウワタ

像氣球一樣圓滾滾

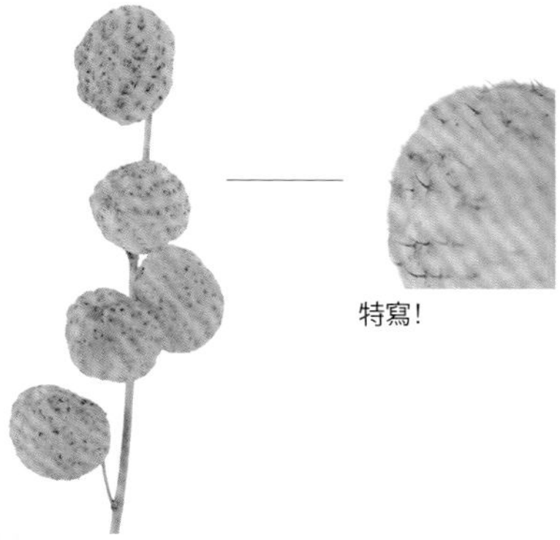

特寫！

唐棉是一種開完白色花朵以後，果實會像氣球一樣膨脹起來的綠色觀果植物，果實表面長滿了柔軟尖刺，裡面塞滿了長著細毛的種子，等到果實成熟以後就會綳裂彈開。花市裡也會流通、能看到種子模樣的裂開唐棉。

科／蘿藦亞科
屬／釘頭果屬
原產地／南非
英文名稱／Milkweed
日文名／風船唐綿（フウセントウワタ）

＊切果百科　上市時期／8～10月

▷國產會在初秋到深秋間流通，旺季是9～10月。

果實尺寸／大、植莖高度／50～100cm

果材壽命／7～10天　換水／○　乾燥／╳

▼插花前準備

修剪植莖。從植莖流出來的白色汁液也要充分洗乾淨。

▼搭配建議

可與大型枝條花材一起搭配，或與花朵全擠在一起的組合也十分有趣。

五指茄

果實色

フォックスフェイス

跟狐狸臉一模一樣?!

彩茄的一種，在粗壯植莖上長出大顆黃色果實，由於果實上長出大小數個突起，看起來就像狐狸的臉一樣，英文也稱為Fox Face。在中國屬於新年的裝飾植物，在日本則是萬聖節的常用花藝裝飾。果實有著不會褪色的優點。

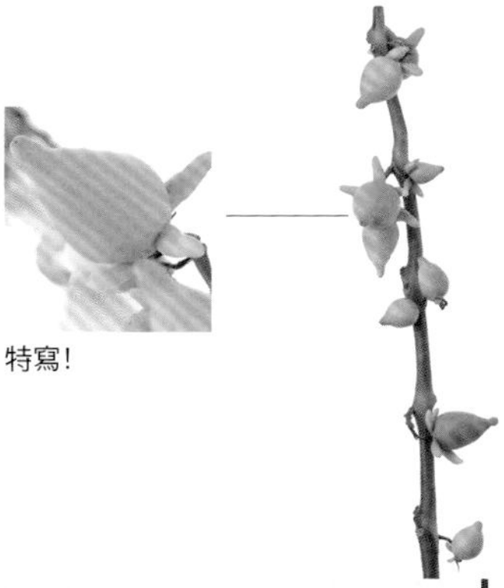

特寫！

科／茄科
屬／茄屬
原產地／熱帶美洲
英文名稱／Nipplefruit
日文名／角茄子（ツノナス）

＊切果百科　上市時期／9～11月

▷旺季是9～10月，由國產供應。

果實尺寸／大、植莖高度／60～150cm

果材壽命／14天以上　換水／○　乾燥／╳

▼插花前準備

挑選果實顏色鮮豔且果實沒有受損的五指茄。修剪植莖。

▼搭配建議

果實具有重量，要確實固定好或挑選較穩的花器，也可將果實排列擺設。

科／醋栗科
屬／醋栗屬
原產地／歐洲
英文名稱／Redcurrant
日文名／房酸塊（フサスグリ）

帶著透明感 成串而生的小小漿果

水嫩又帶有透明感的紅色漿果，長的像葡萄一樣、成串地結實累累，流通於花市裡的品種，是初夏時會擁有紅色果實的紅醋栗，另外，在日本也有著像是闊葉茶藨子等等，有數種的原生種。

可食用的果實因為帶著酸味，所以在日文中也有意指酸圓果的酢塊之命名。

特寫！

果實色

紅醋栗

フサスグリ

▼插花前準備

整理容易發黃的葉子，修剪枝條並在切口處劃上幾刀。

＊奄奄一息的時候

修剪枝條，並在切口處劃上幾刀。

▼搭配建議

充滿野性風韻的紅醋栗，與自然風花藝是絕佳組合。要是混合尚未成熟的黃綠色果實，則能呈現出更加自然的氣息。

＊切果百科

上市時期／5～7月

▷由國產供應，從青色果實到成熟果實都有流通。

果實尺寸／小、植莖高度／50～100cm

果材壽命／7天左右　換水／○　乾燥／╳

科／薔薇科
屬／懸鉤子屬
原產地／美國
英文名稱／Blackberry
日文名／西洋藪莓（セイヨウヤブイチゴ）

青綠或紅色果實 帶來了大自然氛圍

半蔓性柔韌植莖上分散結出果實的黑莓，屬於充滿大自然氣息的觀果植物，也是在莓果類中，人氣特別高的花材。

初夏時節開始上市的黑莓為清爽綠色，隨著季節變化而開始轉紅，等到成熟時再變化為低調的黑色，因此挑選還是青綠色、正要轉變成紅色果實的黑莓，觀賞期會比較久。

特寫！

果實色

黑莓

ブラックベリー

▼插花前準備

要注意植莖上長有尖刺，整理不需要的葉子再來使用。修剪植莖。

▼搭配建議

可以選購還是綠色的果實，享受自然變色的樂趣。添加其他觀果植物的果實一起配置，也會很可愛。

＊切果百科

上市時期／5～9月

▷由國產供應，產地非常多，會依照季節而有不同。

果實尺寸／中、植莖高度／20～40cm

果材壽命／5～7天　換水／○　乾燥／╳

藍莓

ブルーベリー

果實色

花材以綠色最受歡迎

既是人氣水果、也能做為花材，但一般不會是已經成熟的紫色果實，而是青澀的綠色或者是正在轉變顏色的果實。果實掉落以後的枝椏，也能做為葉材繼續使用，另外帶有紅葉的藍莓類型，則從夏末開始上市。

科／杜鵑花科
屬／越橘屬
原產地／北美
英文名稱／Blueberry
日文名／アメリカ酢ノ木（スノキ）

▼插花前準備
整理多餘葉子好讓果實更加顯眼。修剪枝條並劃上幾刀。

▼搭配建議
帶著明亮綠意的果實與葉子十分清新，適合添加在充滿新鮮氣息的花藝中。

＊切果百科 上市時期／**5～7月**
▷由國產供應，帶有紅葉的枝條類型在9～11月間流通。
果實尺寸／小、枝材尺寸／**30～120cm**
果材壽命／**10天左右** 換水／○ 乾燥／╳

胡椒木

ペッパーベリー

果實色

小小顆粒宛如成串鈴鐺

煙燻粉色澤般的小小果實，就像是快要滿出來一樣結實成串，胡椒木大都會以乾燥花材狀態來流通，而且還能看得到漆上綠色、銀色、金色等顏色的類型。另外色彩豐富的香料類粉紅胡椒，同樣也很具人氣。

科／漆樹科
屬／肖乳香屬
原產地／南非
英文名稱／Pepper tree
日文名／胡椒木（コショウボク）

▼插花前準備
要挑選結出較多果實的胡椒木，不需要給水，直接將枝條修剪即可。

▼搭配建議
會結出非常多果實，可以分枝運用。容易折斷的枝條不妨纏上鐵絲再使用。

＊切果百科 上市時期／全年
▷從南非、義大利、南美進口而來，旺季是10～12月。
果實尺寸／小、枝材尺寸／**15～25cm**
果材壽命／**14天以上** 換水／不需要 乾燥／╳

大西洋常春藤

ヘデラベリー

果實色

扮演聚焦時尚的角色

常春藤的同類，植莖頂端會有著結成圓球狀的暗黑色果實，但果實顏色在初夏時節是綠色，隨著時間會漸漸變色，到最後才會整個變黑。Hedera一詞是來自於常春藤屬的拉丁文，為了與葉材做區分而命名為Hedera hibernica。

科／五加科
屬／常春藤屬
原產地／北非、歐洲、亞洲
英文名稱／Hedera hibernica
日文名／木蔦（キヅタ）

▼插花前準備
挑選果實鼓脹且顏色鮮豔的枝條。修剪植莖。

▼搭配建議
果實的重量會讓植莖彎曲，不妨利用這樣的動感曲線，做出時尚的花藝。

＊切果百科 上市時期／**10～3月**
▷大多數是進口，國產供應在1～3月間，旺季是12～3月。
果實尺寸／小、植莖高度／**20～100cm**
果材壽命／**14天以上** 換水／○ 乾燥／╳

燈籠果

果實色 ——

ホオズキ

科／茄科
屬／酸漿屬
原產地／日本、中國
英文名稱／Chinese lantern plant
日文名／鬼灯（ホオズキ）

大果實是夏天時令美景

橘色果實是日本中元節時不可缺少的花藝裝飾，夏季在全國各地會舉辦燈籠果花市，宛如季節風情畫。綠葉襯托著果實的盆栽、枝條上結滿果實一字排開。而仍是綠色狀態的燈籠果，則能欣賞逐漸變色的樂趣。

特寫！

▼插花前準備
可以依照使用目的來挑選不同顏色的燈籠果。修剪植莖。

▼搭配建議
綠色果實的燈籠果搭配草花等，能夠帶來更具有想像力的組合風格。

＊切果百科　上市時期／7～8月
▷中元節使用的燈籠果，由九州、靜岡縣、長野縣等來供應。
❋ 果實尺寸／中・大、植莖高度／40～120cm
❋ 果材壽命／14天左右　換水／○　❋ 乾燥／○

松果

果實色 ——

マツカサ

科／松科
屬／松屬
原產地／北半球的寒帶到亞熱帶
英文名稱／Conifer cone、Pinecone
日文名／松毬・松傘・松笠（マツカサ）

突顯出冬季的花藝氛圍

松果是松樹的毬果，也叫做松塔，常常能在公園裡發現掉落的松果，是很容易入手的果實。耶誕節、新年花藝裝飾或者是冬季插花時，都是很受到喜愛與常用花材。擁有各式不同形狀與大小，可依照使目的來挑選。

▼插花前準備
注意有無缺角或髒汙，挑選形狀漂亮的松果，不需要給水。

▼搭配建議
非常活躍於耶誕節的花藝裝飾或耶誕花圈上，染色松果也很好運用。

＊切果百科　上市時期／11～12月
▷由國產、北美、中國供應，旺季是12月。
❋ 果實尺寸／中・大
❋ 果材壽命／14天以上　換水／不需要　❋ 乾燥／╳

蘋果

果實色 ——

リンゴ

科／薔薇科
屬／蘋果屬
原產地／日本、中國
英文名稱／Apple
日文名／姬林檎（ヒメリンゴ）

迷你尺寸是主流

以花材流通於花市裡的是直徑3 cm左右、大小更加便於使用的姬蘋果。夏～秋天是綠色，到了秋～冬季時就會變成紅色，因可愛迷人的顏色與外型，光添加一顆小蘋果，就能讓花藝氣氛變得豐富。屬於觀賞用，不能吃。

▼插花前準備
因為會釋放乙烯，所以要避免搭配香豌豆等容易被乙烯催老的植物。

▼搭配建議
插在木棍上再加進花藝或花圈裡，即使只讓蘋果滾落在周邊也風情滿點。

＊切果百科　上市時期／全年
▷由國產供應，以長野縣、青森縣為中心。
❋ 果實尺寸／中
❋ 果材壽命／14天以上　換水／不需要　❋ 乾燥／╳

日本紫珠

ムラサキシキブ

果實色——●○

特寫！

科／唇形科
屬／紫珠屬
原產地／日本、中國、朝鮮半島

英文名稱／Japanese beautyberry
日文名／紫式部（ムラサキシキブ）

充滿光澤感的紫色點亮秋天色彩

擁有紫水晶般的漂亮顏色，也是有著美麗名字的觀果植物，細小果實密集成串地長在帶有曲線的枝條上。

原生在日本各地雜木林中的一款常見落葉灌木，也是庭園樹木中的常客，自古以來就是人們所熟悉的一款花材。而作為花材時會將葉子摘光，只留下果實的模樣，另外也能看到有著白色果實的白式部。

▼插花前準備

修剪植莖，並在切口處劃上幾刀。

＊奄奄一息的時候

修剪植莖，並在切口處劃上幾刀。

▼搭配建議

利用日本紫珠的纖長枝條，及小小果實成串而生的模樣吧。與秋天柔和色調草花十分搭配，充滿光澤的紫色果實也能充分襯托出紅葉。

＊切果百科

上市時期／9～11月

▷主要由長野縣、千葉縣、福島縣供應，旺季是11月。

❋果實尺寸／小、枝材尺寸／50～100cm

❋果材壽命／7天左右　💧換水／○　❋乾燥／○

槲寄生

ヤドリギ

果實色——●●●

特寫！

科／檀香科
屬／槲寄生屬
原產地／日本、中國、朝鮮半島、歐洲

英文名稱／Mistletoe
日文名／宿り木（ヤドリギ）

在歐美認為能帶來幸福耶誕節專屬的獨特植物

槲寄生果實有著圓球模樣，是寄生於櫸樹或山毛櫸等落葉樹的常綠植物，種子會透過鳥兒當媒介來繁殖。

半透明的果實流通在市面上的大多數都是黃色，不過也能看得到綠色、橘色等顏色。在歐洲還將槲寄生視為神聖的植物，自古以來就是耶誕節的裝飾之一，在日本的流通量也逐年增加當中。

▼插花前準備

挑選大把的或修剪過的槲寄生。修剪枝條。

＊奄奄一息的時候

修剪枝條並劃上幾刀。

▼搭配建議

在枝椏前端長著像是竹蜻蜓般的葉子模樣非常有趣，可與果實一起來搭配。若是添加紅或白花，就能裝點出濃厚耶誕氣息。

＊切果百科

上市時期／11～12月

▷由國產供應，分成短枝與球狀枝條2個類型上市。

❋果實尺寸／小、枝材尺寸／15～200cm

❋果材壽命／7天左右　💧換水／○　❋乾燥／╳

Basic Knowlege — ❹

花材養護＊其二

本篇分別整理出吸水能力較差的花材處理，以及每日的養護方法。

敲碎切口根部

對於植莖或枝條堅硬，吸水能力較差的花材效果非常好，因為敲碎植莖或枝條的切口，內部纖維遭到破壞會露出其中的導管，或者是增加斷面面積，可提高吸水能力。如果合併使用浸燙法，效果會更好。

＼方法／

不必猶豫直接敲碎

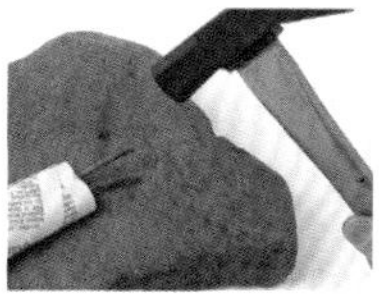

❶ 為了減輕撞擊力道，可以先用報紙等將花朵、花枝，確實地捲起來包好，接著準備有一定硬度的底座，放上花材再以鐵鎚或木槌用力敲碎。

❷ 確認切口處周邊的植莖枝條纖維已經被敲開，只要纖維都已經散開，就可以浸入深水中，需至少1小時。

❸ 吸飽水以後，因為敲碎而變色成咖啡色的部分，修剪過後就能夠進行插花作業。

灼燒法

這是將植莖以火燒成碳狀，快速逼出留在植莖中的空氣的方法，燒灼後再浸入深水中即可提高吸水能力，效果比浸燙法要好。對於水分少、堅硬的植莖，用燒灼法，不用花太長時間就能完成，可說是非常有效的方法。

＼方法／

將切口完全燒黑

1

2

❶ 與浸燙法一樣，先用報紙包起來，並將植莖修剪成一致長度。

❷ 利用瓦斯爐的爐火等，將植莖燒到碳化為止，燒灼長度大約是3cm左右。

❸ 完成②以後立刻浸入深水中。

浸燙法

將植莖浸入熱水後，馬上放進冷水來幫助吸水，利用溫差改變植莖內部的氣壓，以提高吸水能力。若使用深水浸泡也不容易吸水，或者因氣溫低、導致吸水力變差的時候，都能派上用場，但這方法不適用於植莖較粗，水分含量多的花材。

＼方法／

使用沸騰的熱水

❶ 先斜剪植莖，為了不讓熱氣傷害到花朵或葉子，可用報紙將整把花全部包起來，只露出底部的植莖根部，記得必須毫無間隙地包好，如果有葉子從報紙之間露出來，會讓熱水傷害到葉子。

❷ 將3～4cm的植莖根部浸入熱水5～10秒，這樣就可以排除掉、吸水的導管內部殘留的空氣，時間長短大約是一次完整呼吸。

❸ 植莖變色以後浸入深水中，而動作迅速也是一個重要關鍵。

浸入深水

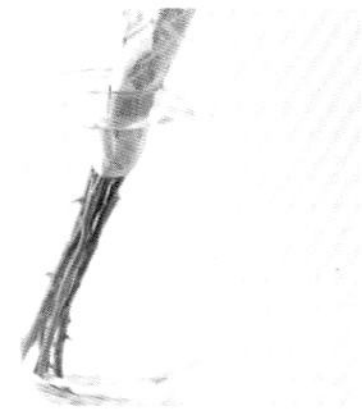

同字面意思，就是將花材完全浸泡到水裡，當已經試過水中折斷、水中修剪法，吸水能力卻還是不好的花材，就可再試試浸入深水法，算是二度的補救方法。深水能提高水壓，無論植莖或葉子都能到吸水，讓花材從頭到尾都能擁有水分。

＼方法／

用報紙包起來放進深水裡

❶ 拿報紙將花材包起來並用膠帶固定好，從植莖切口處往上留10cm左右，其餘部分包括花朵全都要包好，而在包裝以前記得先去除多餘的葉子或植莖。

❷ 在水中修剪植莖，放進越深的容器越好，並放置至少1個小時以上，最好選擇能讓花材長度一半以上都泡在水中的容器。

保特瓶或

牛奶盒很好用

就算沒合適容器，將保特瓶或牛奶盒頂端剪開後，就能當替代品。

每日養護

使用淺水

指的是花材插花時使用的水量要少，適用於泡在水中植莖容易腐壞的類型的處理方法，水量估計是花材高度的1/5～1/4左右即可。

摘除殘花

摘掉已經萎凋花朵的養護作業，因為花瓣要是落入花瓶的水中，會成為污染水質的原因，不妨以剪刀前端小心地剪除吧。

修剪

在插花以後，再一次重新修剪花莖、枝條切口的方法，換水的時候先洗掉植莖上的黏液，再做修剪的效果會更好，沒做這道手續的話，植莖、枝條都會變色。

換水

這是在插花以後，幫容器換水的作業，以2～3天一次的頻率換上乾淨的水，可以防止細菌繁殖、讓花朵壽命延長，夏天要是能夠每日換水最為理想。

本書花材上市時間的花材曆

接著就來一覽本書所介紹的202種「花卉」的上市時期吧，
什麼時間、有什麼樣的花材會登場，都可以按照時間來查詢。

花材曆的使用方式

該項花材以切花型態流通於日本的市場＝在花店販售的月份；以顏色顯示。
流通時節＝ 流通旺季＝流通量最大、容易購買的時期＝
不過還是會依照氣候、地區而有差異。
＊也有花材流通量相對穩定，並沒有所謂的旺季。

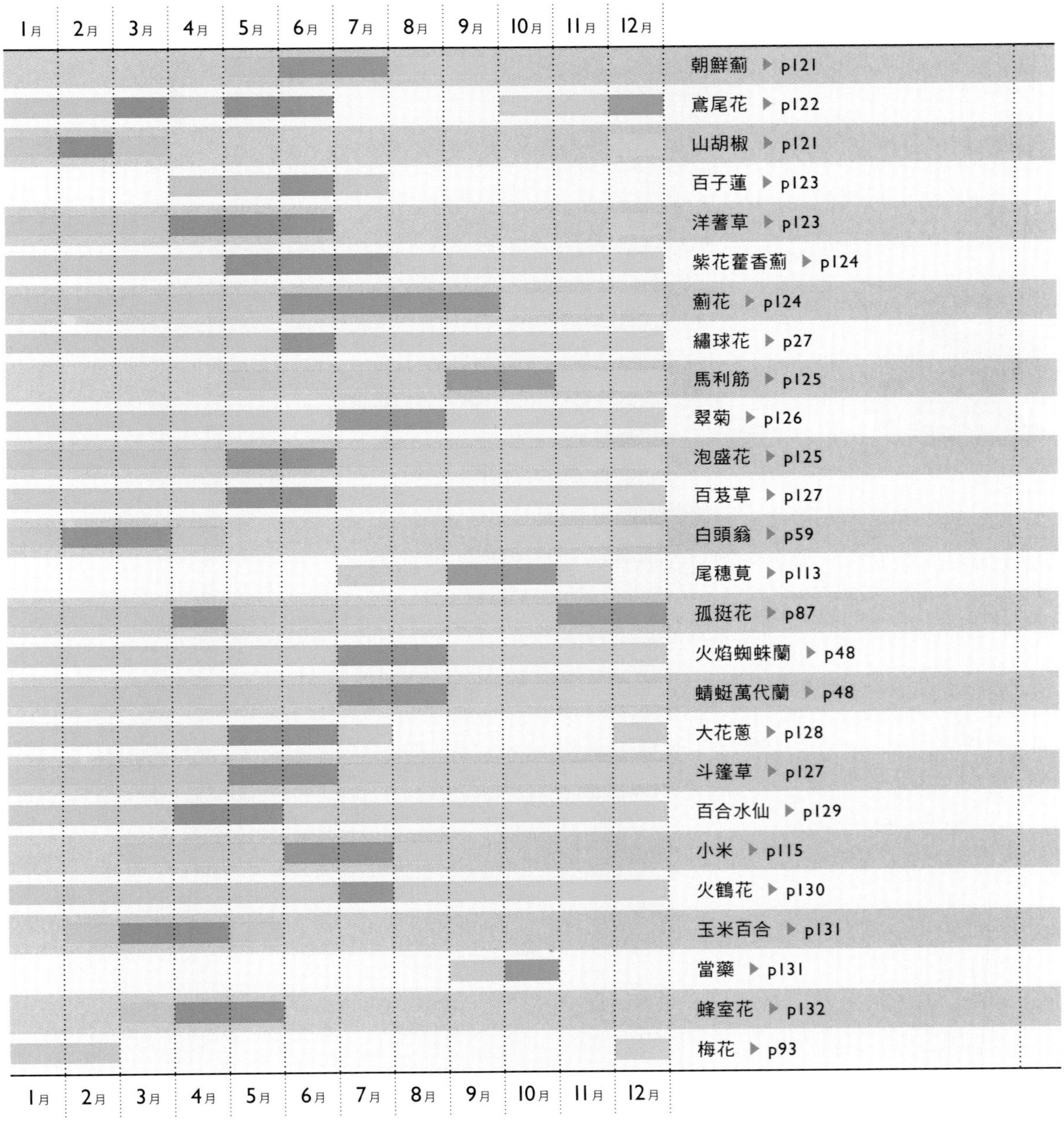

1月 2月 3月 4月 5月 6月 7月 8月 9月 10月 11月 12月
朝鮮薊 ▶ p121
鳶尾花 ▶ p122
山胡椒 ▶ p121
百子蓮 ▶ p123
洋蓍草 ▶ p123
紫花藿香薊 ▶ p124
薊花 ▶ p124
繡球花 ▶ p27
馬利筋 ▶ p125
翠菊 ▶ p126
泡盛花 ▶ p125
百芨草 ▶ p127
白頭翁 ▶ p59
尾穗莧 ▶ p113
孤挺花 ▶ p87
火焰蜘蛛蘭 ▶ p48
蜻蜓萬代蘭 ▶ p48
大花蔥 ▶ p128
斗篷草 ▶ p127
百合水仙 ▶ p129
小米 ▶ p115
火鶴花 ▶ p130
玉米百合 ▶ p131
當藥 ▶ p131
蜂室花 ▶ p132
梅花 ▶ p93
1月 2月 3月 4月 5月 6月 7月 8月 9月 10月 11月 12月

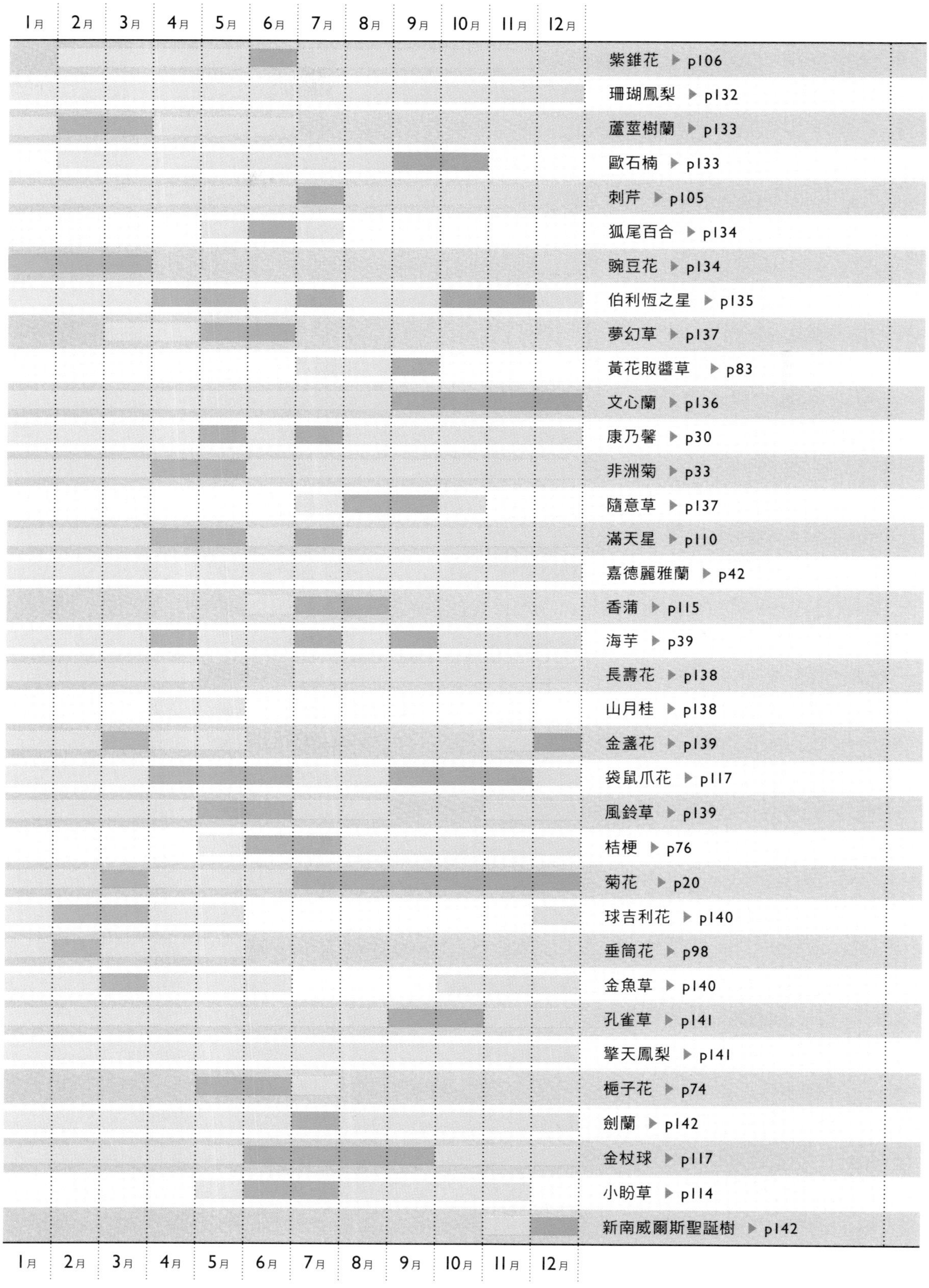
1月 2月 3月 4月 5月 6月 7月 8月 9月 10月 11月 12月
紫錐花 ▶ p106
珊瑚鳳梨 ▶ p132
蘆莖樹蘭 ▶ p133
歐石楠 ▶ p133
刺芹 ▶ p105
狐尾百合 ▶ p134
豌豆花 ▶ p134
伯利恆之星 ▶ p135
夢幻草 ▶ p137
黃花敗醬草 ▶ p83
文心蘭 ▶ p136
康乃馨 ▶ p30
非洲菊 ▶ p33
隨意草 ▶ p137
滿天星 ▶ p110
嘉德麗雅蘭 ▶ p42
香蒲 ▶ p115
海芋 ▶ p39
長壽花 ▶ p138
山月桂 ▶ p138
金盞花 ▶ p139
袋鼠爪花 ▶ p117
風鈴草 ▶ p139
桔梗 ▶ p76
菊花 ▶ p20
球吉利花 ▶ p140
垂筒花 ▶ p98
金魚草 ▶ p140
孔雀草 ▶ p141
擎天鳳梨 ▶ p141
梔子花 ▶ p74
劍蘭 ▶ p142
金杖球 ▶ p117
小盼草 ▶ p114
新南威爾斯聖誕樹 ▶ p142
1月 2月 3月 4月 5月 6月 7月 8月 9月 10月 11月 12月

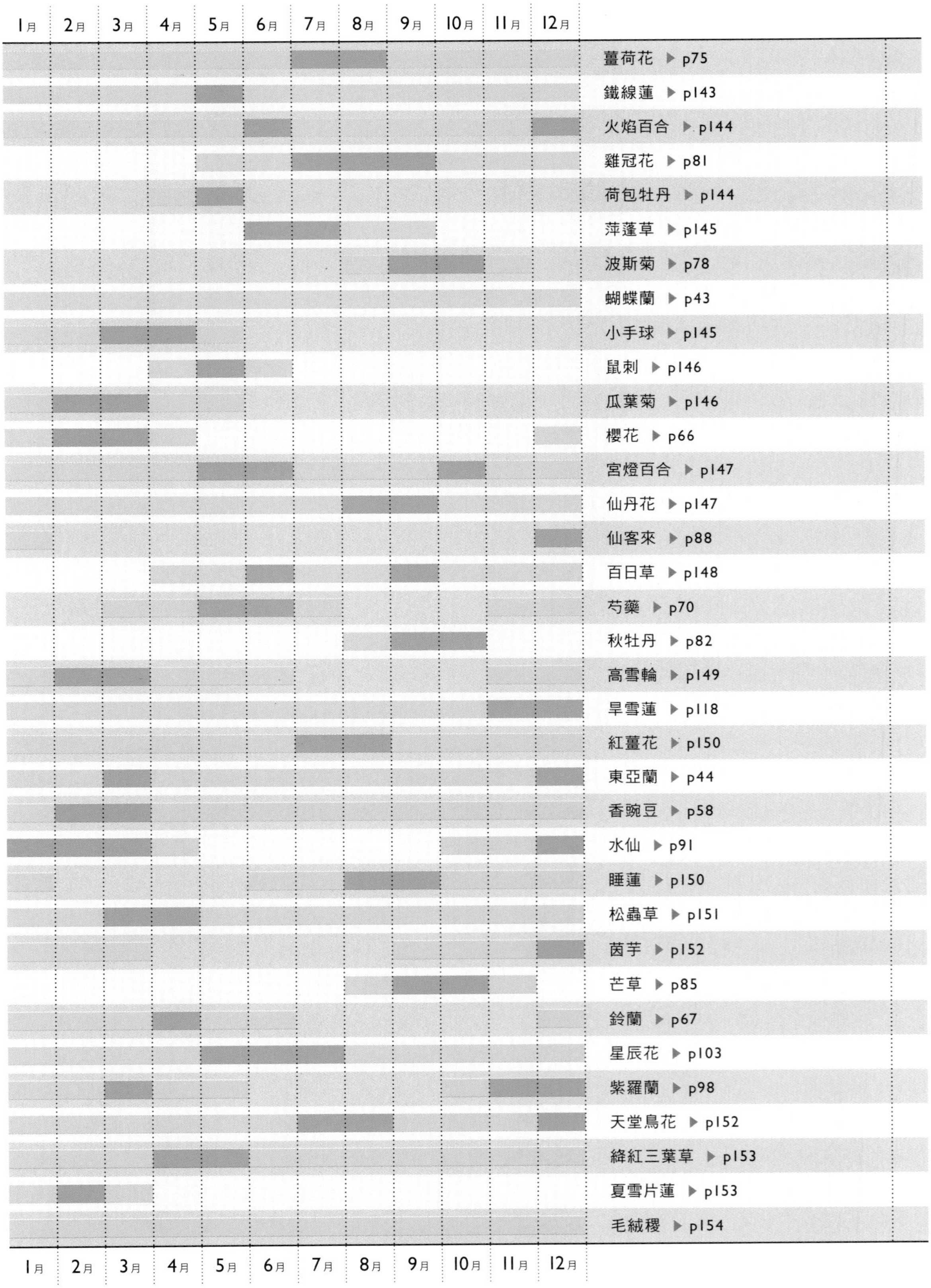
1月 2月 3月 4月 5月 6月 7月 8月 9月 10月 11月 12月
薑荷花 ▶ p75
鐵線蓮 ▶ p143
火焰百合 ▶ p144
雞冠花 ▶ p81
荷包牡丹 ▶ p144
萍蓬草 ▶ p145
波斯菊 ▶ p78
蝴蝶蘭 ▶ p43
小手球 ▶ p145
鼠刺 ▶ p146
瓜葉菊 ▶ p146
櫻花 ▶ p66
宮燈百合 ▶ p147
仙丹花 ▶ p147
仙客來 ▶ p88
百日草 ▶ p148
芍藥 ▶ p70
秋牡丹 ▶ p82
高雪輪 ▶ p149
旱雪蓮 ▶ p118
紅薑花 ▶ p150
東亞蘭 ▶ p44
香豌豆 ▶ p58
水仙 ▶ p91
睡蓮 ▶ p150
松蟲草 ▶ p151
茵芋 ▶ p152
芒草 ▶ p85
鈴蘭 ▶ p67
星辰花 ▶ p103
紫羅蘭 ▶ p98
天堂鳥花 ▶ p152
絳紅三葉草 ▶ p153
夏雪片蓮 ▶ p153
毛絨稷 ▶ p154
1月 2月 3月 4月 5月 6月 7月 8月 9月 10月 11月 12月

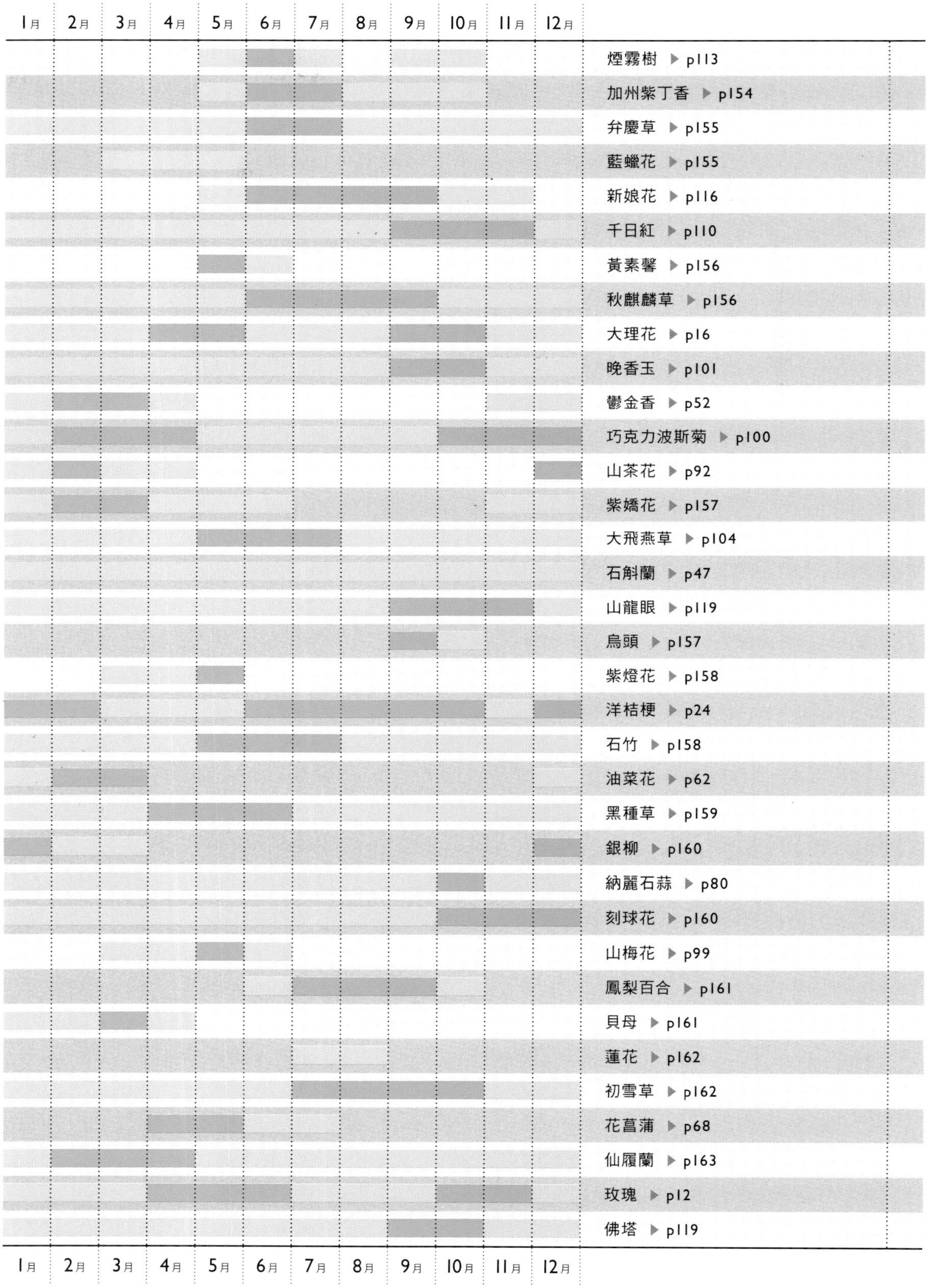
1月 2月 3月 4月 5月 6月 7月 8月 9月 10月 11月 12月
煙霧樹 ▶ p113
加州紫丁香 ▶ p154
弁慶草 ▶ p155
藍蠟花 ▶ p155
新娘花 ▶ p116
千日紅 ▶ p110
黃素馨 ▶ p156
秋麒麟草 ▶ p156
大理花 ▶ p16
晚香玉 ▶ p101
鬱金香 ▶ p52
巧克力波斯菊 ▶ p100
山茶花 ▶ p92
紫嬌花 ▶ p157
大飛燕草 ▶ p104
石斛蘭 ▶ p47
山龍眼 ▶ p119
烏頭 ▶ p157
紫燈花 ▶ p158
洋桔梗 ▶ p24
石竹 ▶ p158
油菜花 ▶ p62
黑種草 ▶ p159
銀柳 ▶ p160
納麗石蒜 ▶ p80
刻球花 ▶ p160
山梅花 ▶ p99
鳳梨百合 ▶ p161
貝母 ▶ p161
蓮花 ▶ p162
初雪草 ▶ p162
花菖蒲 ▶ p68
仙履蘭 ▶ p163
玫瑰 ▶ p12
佛塔 ▶ p119
1月 2月 3月 4月 5月 6月 7月 8月 9月 10月 11月 12月

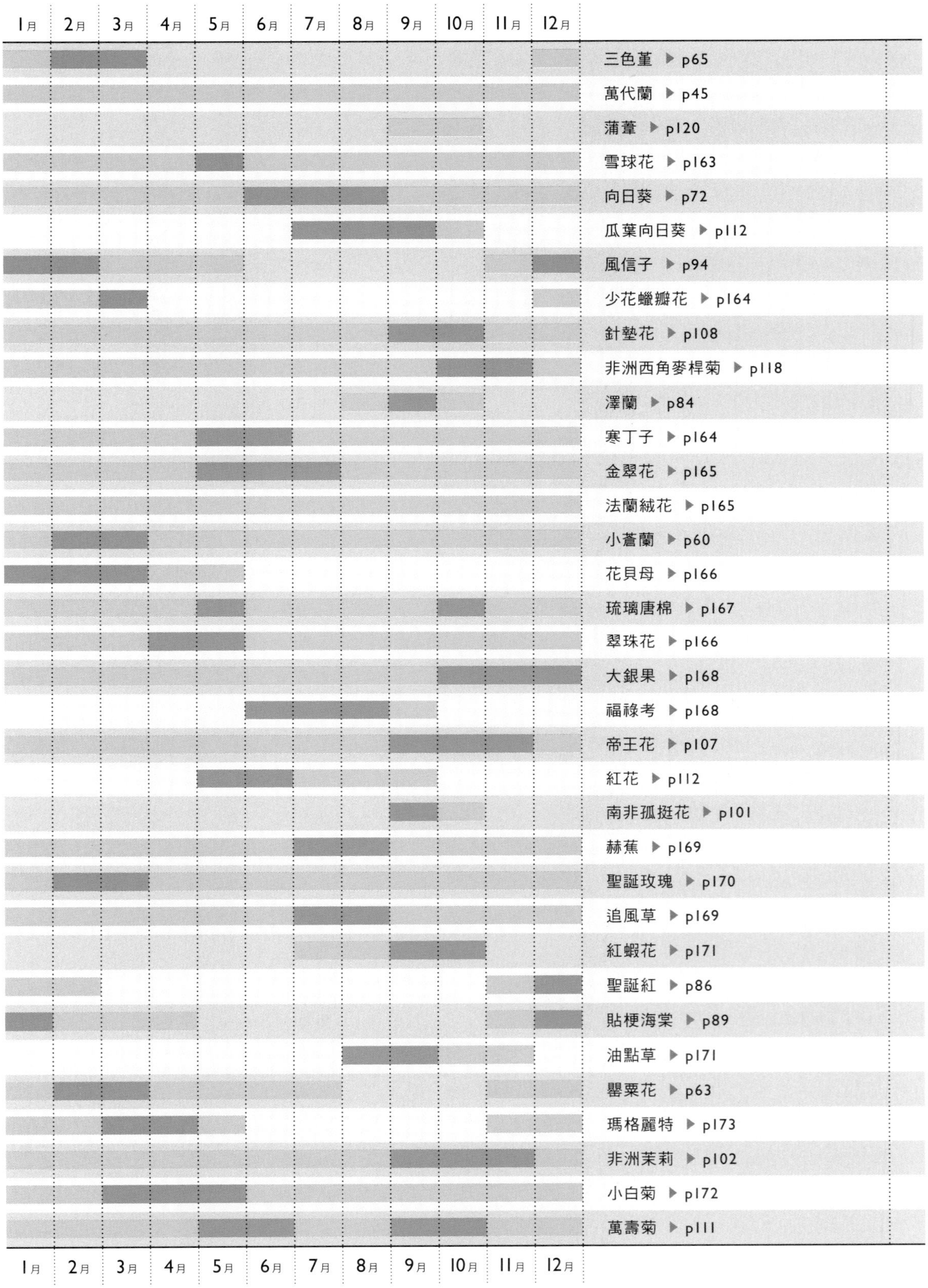
1月 2月 3月 4月 5月 6月 7月 8月 9月 10月 11月 12月
三色堇 ▶ p65
萬代蘭 ▶ p45
蒲葦 ▶ p120
雪球花 ▶ p163
向日葵 ▶ p72
瓜葉向日葵 ▶ p112
風信子 ▶ p94
少花蠟瓣花 ▶ p164
針墊花 ▶ p108
非洲西角麥桿菊 ▶ p118
澤蘭 ▶ p84
寒丁子 ▶ p164
金翠花 ▶ p165
法蘭絨花 ▶ p165
小蒼蘭 ▶ p60
花貝母 ▶ p166
琉璃唐棉 ▶ p167
翠珠花 ▶ p166
大銀果 ▶ p168
福祿考 ▶ p168
帝王花 ▶ p107
紅花 ▶ p112
南非孤挺花 ▶ p101
赫蕉 ▶ p169
聖誕玫瑰 ▶ p170
追風草 ▶ p169
紅蝦花 ▶ p171
聖誕紅 ▶ p86
貼梗海棠 ▶ p89
油點草 ▶ p171
罌粟花 ▶ p63
瑪格麗特 ▶ p173
非洲茉莉 ▶ p102
小白菊 ▶ p172
萬壽菊 ▶ p111
1月 2月 3月 4月 5月 6月 7月 8月 9月 10月 11月 12月

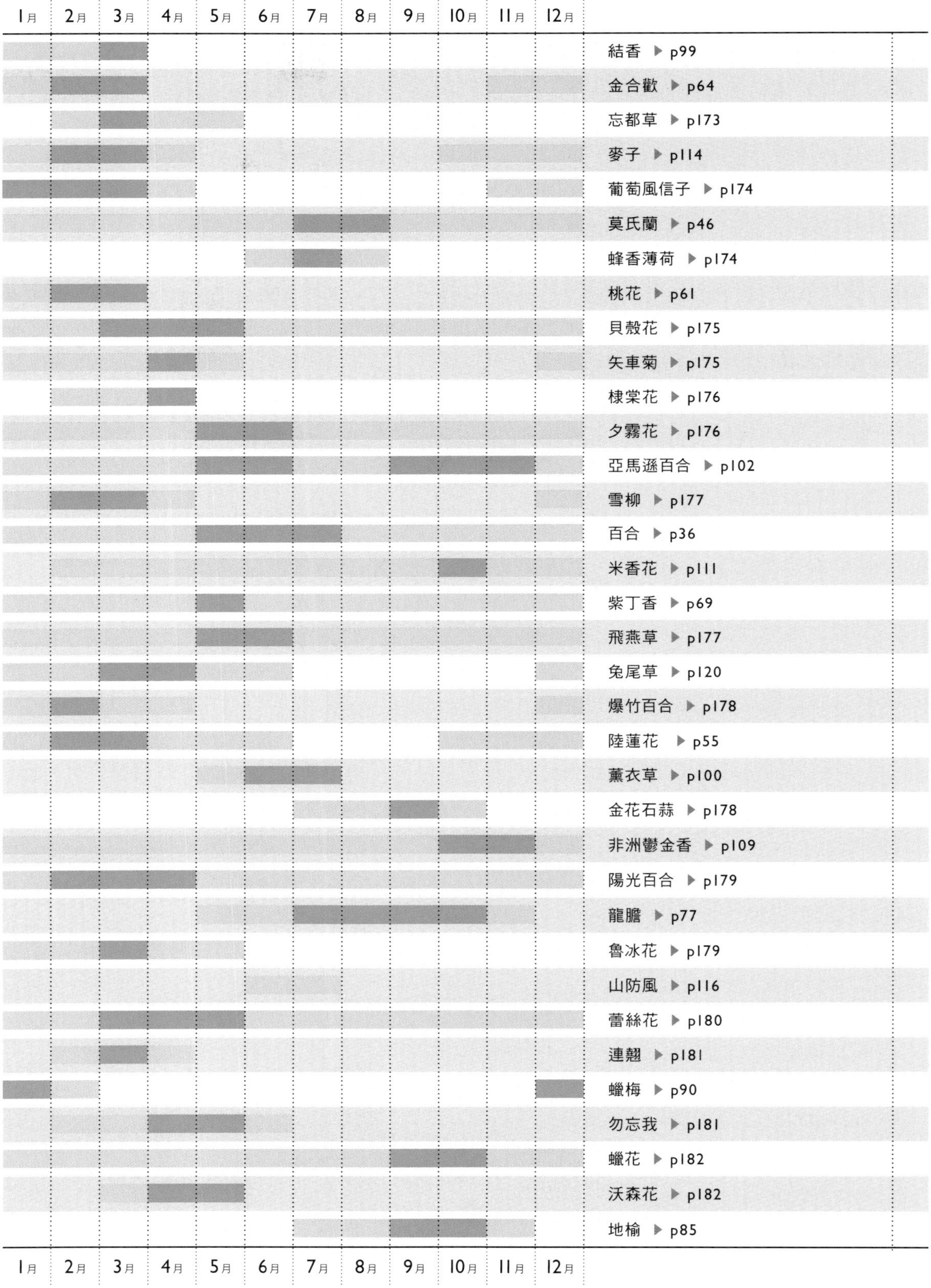
1月 2月 3月 4月 5月 6月 7月 8月 9月 10月 11月 12月
結香 ▶ p99
金合歡 ▶ p64
忘都草 ▶ p173
麥子 ▶ p114
葡萄風信子 ▶ p174
莫氏蘭 ▶ p46
蜂香薄荷 ▶ p174
桃花 ▶ p61
貝殼花 ▶ p175
矢車菊 ▶ p175
棣棠花 ▶ p176
夕霧花 ▶ p176
亞馬遜百合 ▶ p102
雪柳 ▶ p177
百合 ▶ p36
米香花 ▶ p111
紫丁香 ▶ p69
飛燕草 ▶ p177
兔尾草 ▶ p120
爆竹百合 ▶ p178
陸蓮花 ▶ p55
薰衣草 ▶ p100
金花石蒜 ▶ p178
非洲鬱金香 ▶ p109
陽光百合 ▶ p179
龍膽 ▶ p77
魯冰花 ▶ p179
山防風 ▶ p116
蕾絲花 ▶ p180
連翹 ▶ p181
蠟梅 ▶ p90
勿忘我 ▶ p181
蠟花 ▶ p182
沃森花 ▶ p182
地榆 ▶ p85
1月 2月 3月 4月 5月 6月 7月 8月 9月 10月 11月 12月

花材名稱索引

本書中所介紹到的植物，全部依照中文字筆畫排列，
細體字為主要的植物名稱，*細體字則為別稱。
圖示分別是 =花材、 =葉材、 =觀果。

Index

花材名稱索引

Index

Special Thanks（省略敬稱）

鳶尾花／Hanao douya

合歡／國司Green

繡球花／青木園藝、吉忠

百芨草、鐵線蓮、大理花、大飛燕草、洋桔梗、百部／JA Minami信州

孤挺花、佛塔、萬代蘭、紫丁香等／大谷商會

百合水仙／Takii種苗、福花園種苗、橫濱植木

百合水仙、百合／JA上伊那

梅花／丸福清花園

康乃馨／JA松本High Land

非洲菊／JA Aichi經濟連、JA靜岡經濟連、JA全農Fukuren、日本非洲菊生產者機構、JA和歌山縣農

滿天星、大飛燕草、百合／JA北Ishikari

朱蕉、金絲桃、針墊花、帝王花等／Class

芍藥／JA中野市

星辰花／TS Meri Tech

煙霧樹／JA Alida、JA Ehime中央

香葉天竺葵 、黑種草、薄荷、蕾絲花／折原園藝

草珊瑚／遠藤小左衛門

納麗石蒜／橫山園藝

鬱金香／JA全農Niigata、JA高岡營農Center

日本吊鐘花／Hanadonya associe

洋桔梗／JA Nagano須高、靜岡市農協

洋桔梗、玫瑰／JA靜岡市

葉牡丹／JA紀之里、JA豐橋、Bouffier black label、前橋園藝

玫瑰／JA遠州中央、JA遠州夢、JA掛川市、JA靜岡經濟連、JA Shimizu、靜岡縣花 KI 消費擴大推進協議會

向日葵／JA安房花卉部西岬共撰部會

小蒼蘭／石川縣農林水產部生產流通課

松樹／鹽入勝峰

金合歡／長作園

百合／JA越後中央、 JA Niigata岩船荒川、JA Fukaya、JFN、千歲園

山防風／JA Naganochikuma

「花」的實用圖鑑

嚴選327款花卉植物、850款相近品種，
從購買、插花到照顧，優雅享受有花的日子

作者（監修）深野俊幸、大田花卉
譯者林安慧
主編呂宛霖
責任編輯周麗淑
封面設計羅婕云
內頁美術設計徐昱

執行長何飛鵬
PCH集團生活旅遊事業總經理暨社長李淑霞
總編輯汪雨菁
行銷企畫經理呂妙君
行銷企畫主任許立心

出版公司
墨刻出版股份有限公司
地址：115台北市南港區昆陽街16號7樓
電話：886-2-2500-7008／傳真：886-2-2500-7796／E-mail：mook_service@hmg.com.tw
發行公司
英屬蓋曼群島商家庭傳媒股份有限公司城邦分公司
城邦讀書花園：www.cite.com.tw
劃撥：19863813／戶名：書虫股份有限公司
香港發行城邦（香港）出版集團有限公司
地址：香港九龍土瓜灣土瓜灣道86號順聯工業大廈6樓A室
電話：852-2508-6231／傳真：852-2578-9337／E-mail：hkcite@biznetvigator.com
城邦（馬新）出版集團 Cite (M) Sdn Bhd
地址：41, Jalan Radin Anum, Bandar Baru Sri Petaling, 57000 Kuala Lumpur, Malaysia.
電話：(603)90563833／傳真：(603)90576622／E-mail：services@cite.my
製版・印刷漾格科技股份有限公司
ISBN978-986-289-710-2・978-986-289-721-8（EPUB）
城邦書號KJ2049 **初版**2022年5月 **三刷**2024年7月
定價680元
MOOK官網www.mook.com.tw
Facebook粉絲團
MOOK墨刻出版 www.facebook.com/travelmook

國家圖書館出版品預行編目資料

花的實用圖鑑：嚴選327款花卉植物、850款相近品種，從購買、插花到照顧，優雅享受有花的日子 /深野俊幸、大田花卉 作；林安慧譯. -- 初版. -- 臺北市：墨刻出版股份有限公司出版：英屬蓋曼群島商家庭傳媒股份有限公司城邦分公司發行, 2022.5
256面；19×26公分. -- (SASUGAS ;49)
譯自：花屋さんに並ぶ植物がよくわかる「花」の便利帖
ISBN 978-986-289-710-2(平裝)
1.花卉 2.植物圖鑑
435.4025　　　111005104